职业教育“双高建设”规划教材

道路与桥梁工程技术专业群校企合作一体化教材

路基设计与施工

主　编　高宏新

副主编　王卓娅　周　烨　才西月

　　　　刘　洋　朱　永　卢阳阳

主　审　胡　伟

本书立体化资源

黄河水利出版社

· 郑州 ·

内容提要

本书是职业教育“双高建设”规划教材、道路与桥梁工程技术专业群校企合作一体化教材。全书共设置五个学习模块，编写思路以路基工程施工过程为导向，教学过程与路基施工过程相衔接，考核评价体系与职业资格认证体系相衔接，充分体现了职业教育的特点。

本书可作为职业院校道路与桥梁工程技术专业、工程测量技术专业和市政工程技术专业等交通土建类专业的教材，也可以作为继续教育和职业培训教材，并可供从事道路与桥梁工程技术、工程测量和市政工程技术的工作人员学习参考。

图书在版编目(CIP)数据

路基设计与施工/高宏新主编. —郑州：黄河水利出版社，2023. 8

ISBN 978-7-5509-3626-3

Ⅰ. ①路… Ⅱ. ①高… Ⅲ. ①公路路基-设计-高等职业教育-教材②公路路基-工程施工-高等职业教育-教材 Ⅳ. ①U416. 1

中国国家版本馆 CIP 数据核字(2023)第 134909 号

策划编辑：贾会珍　电话：0371-66028027　E-mail：110885539@qq. com

责任编辑　母建茹　　责任校对　杨秀英
封面设计　黄瑞宁　　责任监制　常红昕
出版发行　黄河水利出版社
地址：河南省郑州市顺河路 49 号　邮政编码：450003
网址：www. yrcp. com　E-mail：hhslcbs@126. com
发行部电话：0371-66020550
承印单位　河南承创印务有限公司
开　　本　787 mm×1 092 mm　1/16
印　　张　16. 75
字　　数　387 千字
版次印次　2023 年 8 月第 1 版　　2023 年 8 月第 1 次印刷

定　　价　49. 00 元

前　言

“路基设计与施工”是以职业能力培养为核心，基于行动导向的职业教育理念，积极响应党的二十大精神，以道路路基工程的施工过程为主线编写的适应道路与桥梁工程技术专业职业教育的教材。本教材是以国家和交通运输部颁发的最新技术标准、规范和试验规程为依据，以职业岗位工作目标为切入点，紧紧围绕道路路基工程施工过程编写的，在编写的过程中，注重理论联系实际，强化实用性和可操作性，重点突出行业岗位对从业人员知识结构和职业能力的要求，充分体现高等职业教育的特点。

本套教材具有以下特点：

(1)教材以行动为导向，以工学结合人才培养模式改革与实践为基础，按照典型性、对知识和能力的覆盖性、可行性原则，遵循认知规律与能力形成规律，设计教学载体，梳理理论知识，明确学习内容，使学生在职业情境中“学中做、做中学”。

(2)打破传统教材按章节划分理论知识的方法，将理论知识按照路基工程施工进行重构，通过任务的完成使学生学有所用，学以致用，与传统的理论灌输有着本质的区别。

(3)教材体现了以学生为主，老师为辅。通过专业教室与多媒体教学设备的运用，引导学生自学、资料查阅、相互交流，老师只起引导和指导作用。

(4)教材体现了以学习过程进行教学评价，强调学生的过程成绩，彻底打破了期末笔试定成绩的传统。

(5)教材内容充分体现新知识、新技术、新工艺和新方法，突出工艺要领和操作技能的培养，具有超前性和先进性。

本书由引言和五个学习模块组成，学习模块一是路基结构设计，学习模块二是路基土石方工程施工，学习模块三是特殊地基处理，学习模块四是路基排水设施施工，学习模块五是路基防护与加固工程施工。

本书由辽宁省交通高等专科学校高宏新制定编写大纲并担任主编，由辽宁省交通建设投资集团有限责任公司胡伟担任主审，辽宁省交通高等专科学校王卓娅、周烨、才西月、刘洋、朱永、李俊丹、王加弟、周非及辽宁省市政工程设计研究院有限责任公司卢阳阳等参与了本书的编写。具体分工如下：高宏新编写学习模块一；王卓娅、才西月、刘洋编写引言和学习模块二；朱永、卢阳阳编写学习模块三；王加弟、周非编写学习模块四；周烨、李俊丹编写学习模块五，最后由高宏新进行统稿。

在编写过程中，参考和引用了大量有关文献资料，在此对原作者顺致谢意。

由于时间仓促，水平有限，书中内容难免存在缺点和错误，敬请读者批评指正。

编　者

2023 年 5 月

目　录

引 言

一、什么是公路?

连接城市、乡村和工矿基地之间,主要供汽车行驶并具备一定技术标准和设施的道路称公路。

相关链接 公路与道路是两个不同内涵的概念,道路是供各种车辆(无轨)和行人通行的工程设施。按其使用特点分为城市道路、公路、厂矿道路、林区道路及乡村道路等。

道路与公路的区别同学们如果还没理解,大家可以扫码听听老师的微课讲解哦!

道路的分类

二、公路分类

(一)按行政等级划分

公路按行政等级可分为:国家公路、省公路、县公路和乡公路(简称为国、省、乡道)及专用公路五个等级。一般把国道和省道称为干线,县道和乡道称为支线。

(二)根据功能和适应的交通量划分

公路根据功能和适应的交通量分为以下五个等级.

1. 高速公路

高速公路为专供汽车分向分车道行驶并应全部控制出入的多车道公路。

(1)四车道高速公路应能适应将各种汽车折合成小客车的年平均日交通量25 000~55 000辆。

(2)六车道高速公路应能适应将各种汽车折合成小客车的年平均日交通量45 000~80 000辆。

(3)八车道高速公路应能适应将各种汽车折合成小客车的年平均日交通量60 000~100 000辆。

2. 一级公路

一级公路为供汽车分向分车道行驶并可根据需要控制出入的多车道公路。

(1)四车道一级公路应能适应将各种汽车折合成小客车的年平均日交通量15 000~30 000辆。

(2)六车道一级公路应能适应将各种汽车折合成小客车的年平均日交通量25 000~55 000辆。

3. 二级公路

二级公路为供汽车行驶的双车道公路。

双车道二级公路应能适应将各种汽车折合成小客车的年平均日交通量5 000~15 000辆。

4. 三级公路

三级公路为主要供汽车行驶的双车道公路。

三级公路应能适应将各种车辆折合成小客车的年平均日交通量2 000~6 000辆。

5. 四级公路

四级公路为主要供汽车行驶的双车道或单车道公路。

(1) 双车道四级公路应能适应将各种车辆折合成小客车的年平均日交通量2 000辆以下。

(2) 单车道四级公路应能适应将各种车辆折合成小客车的年平均日交通量400辆以下。

有关公路的分类与分级等相关知识点，我们在道路工程勘测这门课程中已经学过，同学们可以扫码听听老师的微课讲解复习一下哦！

公路的分类与分级

三、公路的组成

公路是一个空间带状的建筑物，是由各种各样的构造物组成的，根据各构造物的特点、用途，公路一般可以划分为路基工程、路面工程、隧道工程、桥梁工程、互通立交工程、交通安全设施、环保工程、机电工程等，如图0-1所示。

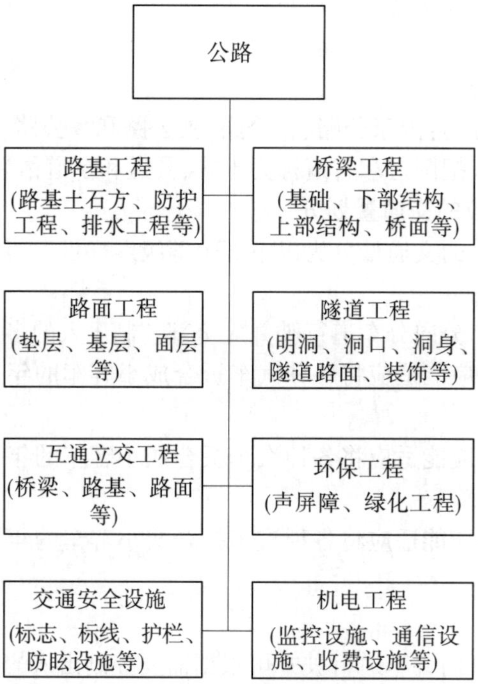

图0-1　公路的组成

公路工程基本建设项目划分

任何一项基本建设工程，都有其自身的复杂性，都要进行若干项技术的、经济的和物质形态的工作。为了加强对基本建设工作的管理,便于编制设计文件、概预算文件和施工组织设计文件,便于工程招标投标工作和施工管理,必须对基本建设工程项目进行科学地分解和合理地划分。

根据建设任务、施工管理和质量检验评定的需要,应在施工准备阶段将建设项目,划分为单位工程、分部工程和分项工程。施工单位、工程监理单位和建设单位应按相同的工程项目划分进行工程质量的监控和管理。

一、单位工程

单位工程是在建设项目中,根据签订的合同,具有独立施工条件的工程。公路工程单位工程包括路基工程、路面工程、桥梁工程、互通立交工程、隧道工程、环保工程、机电工程等。

二、分部工程

在单位工程中,应按结构部位、路段长度及施工特点或施工任务划分为若干个分部工程。

三、分项工程

在分部工程中,应按不同的施工方法、材料、工序及路段长度等划分为若干个分项工程。《公路工程质量检验评定标准 第一册 土建工程》(JTG F80/1—2017)中对路基及路面单位工程中分部工程及分项工程的划分如表 0-1 所示。

表 0-1 路基、路面单位工程中分部工程及分项工程的划分

单位工程	分部工程	分项工程
路基工程(每 10 km 或每标段)	路基土石方工程(1~3 km 路段)①	土方路基,填石路基,软土地基处治,土工合成材料处治层等
	排水工程(1~3 km 路段)①	管节预制,混凝土排水管施工,检查(雨水)井砌筑,土沟,浆砌水沟,盲沟,跌水,急流槽,水簸箕,排水泵站沉井、沉淀池等
	小桥及符合小桥标准的通道,人行天桥,渡槽(每座)	钢筋加工及安装,砌体,混凝土扩大基础,钻孔灌注桩,混凝土墩、台,墩、台身安装,台背填土,就地浇筑梁、板,预制安装梁、板,就地浇筑拱圈,混凝土桥面板桥面防水层,支座垫石和挡块,支座安装,伸缩装置安装,栏杆安装,混凝土护栏,桥头搭板,砌体坡面护坡,混凝土构件表面防护,桥梁总体等
	涵洞、通道(1~3 km 路段)①	钢筋加工及安装,涵台,管节预制,管座及涵管安装,波形钢管涵安装,盖板预制,盖板安装,箱涵浇筑,拱涵浇(砌)筑,倒虹吸竖井,集水井砌筑,一字墙和八字墙,涵洞填土,顶进施工的涵洞,砌体坡面防护,涵洞总体等
	防护支挡工程(1~3 km 路段)①	砌体挡土墙,墙背填土,边坡锚固防护,土钉支护,砌体坡面防护,石笼防护,导流工程等
	大型挡土墙、组合挡土墙(每处)	钢筋加工及安装,砌体挡土墙,悬臂式挡土墙,扶壁式挡土墙,锚杆、锚定板和加筋土挡土墙,墙背填土等
路面工程(每 10 km 或每标段)	路面工程(1~3 km 路段)①	垫层,底基层,基层,面层,路缘石,路肩等

注:①按路段长度划分的分部工程,高速公路、一级公路宜取低值,二级及二级以下公路可取高值。

有关公路工程基本建设项目划分的学习要点同学们是否已经掌握，让我们来扫下面的二维码听听老师的微课讲解复习一下吧！

公路工程基本建设项目划分

路基的强度和稳定性

一、路基工程的特点

（一）路基的定义

路基是按照路线位置和一定技术要求修筑的带状构造物，是路面的基础，承受由路面传递下来的行车荷载。它贯穿公路全线，与桥梁、隧道相连，构成公路的整体。

（二）路基的特点

作为公路建筑的主体，路基工程具有以下特点：工程数量大、耗费劳力多、涉及面广、投资高等。路基是带状的土工建筑，路基施工改变了原有地面的自然状态，挖、填、借、弃土涉及当地生态平衡、水土保持和农田水利等自然环境。因此，路基设计和施工必须与当地农田水利建设和环境保护相配合。路基工程对工期影响大，在工程地质和水文条件复杂的路段，不但工程技术问题多，施工难度大，增加工程投资，而且常成为影响全线工期的关键。路基工程质量对公路的质量和运营具有十分重要的影响，路基质量差，将引起路面沉降变形和破坏，增加养护维修费用，影响行车舒适、安全和道路的服务水平。因此，对路基的设计和施工质量必须予以重视，确保路基工程质量。

（三）路基的基本要求

1. 具有足够的整体稳定性

路基是直接在地面上填筑或挖去一部分地面建成的。路基建成后，改变了原地面的天然平衡状态。在工程地质不良地区，修建路基则可能加剧原地面的不平衡状态；开挖路堑使两侧边坡土体失去支承力，可能导致边坡坍塌或滑坡；天然坡面特别是陡坡面上的路堤，可能因自重而下滑。对于上述种种情况，都必须因地制宜地采取一定措施来保证路基的整体稳定性。

2. 具有足够的强度

公路上的行车荷载，通过路面传递给路基，对其产生一定压力，路基自重及路面的重量也给予路基和地基一定压力。这些压力都可使路基产生一定的变形，使路面变形而遭到破坏，直接影响路面的使用品质。因此，要求路基应具有足够的强度，以保证在外力作用下，不致产生超过容许范围的变形。

3. 具有足够的水温稳定性

路基在地面水和地下水作用下，其强度将显著降低。特别是在季节性冰冻地区，由于水温状况的变化，路基将发生周期性冻融作用，使路基强度急剧下降。因此，对路基不仅要求其具有足够的强度，而且应保证在最不利的水温状况下，强度不至于显著降低，以使路面处于正常稳定状态,亦即要求路基具有足够的水温稳定性。

为了保障公路工程的施工质量,明确对路基工程的质量要求非常重要,同学们一定理解并掌握,课后可以扫码听听老师的微课讲解复习一下哦!

对路基的基本要求

路基土的分类及工程性质

自然界的土往往是各种不同大小颗粒的混合物。在公路工程的勘察、设计与施工中,需要对组成路基土的混合物进行分析、计算与评价。因此,对地基土进行科学的分类与定名十分必要。

世界各国公路用土的分类方法虽然不尽相同,但是分类的依据则大致相近,一般都根据土颗粒的粒径组成、土颗粒的矿物成分或其余物质的含量、土的塑性指标进行划分。各国、各地区、各部门,根据自己的传统与经验,又有自己的分类标准。例如,按照美国的统一分类,把各种土分成砾石、砂、无机粉土和细砂、无机黏土、有机粉土和黏土等共 5 大组,再细分为若干亚组。

我国公路用土依据土的颗粒组成特征、土的塑性指标和土中有机质存在的情况,分为巨粒土、粗粒土、细粒土和特殊土 4 类,并进一步细分为 12 种土。土的颗粒组成特征用不同粒径粒组在土中的百分含量表示。

一、土的分类依据

根据《公路土工试验规程》(JTG 3430—2020)中对公路路基土的分类,把以下特征作为土的分类依据。

(1)土的颗粒组成特征以土的级配指标的不均匀系数(C_u)和曲率系数(C_c)表示。

不均匀系数(C_u)反映土的粒径分布曲线上土粒分布范围,其计算公式为:

$$C_u = \frac{d_{60}}{d_{10}} \tag{0-1}$$

曲率系数(C_c)反映土的粒径分布曲线上土粒分布形状,其计算公式为:

$$C_c = \frac{(d_{30})^2}{d_{10} \times d_{60}} \tag{0-2}$$

式中 d_{10}、d_{30}、d_{60}——土的粒径分布曲线上对应通过率 10%、30%、60%的粒径。

当 $C_u \geqslant 5$、$C_c = 1 \sim 3$ 时,属良好级配;如不同时满足此条件,则属不良级配。

(2)土的塑性指标以塑限(ω_P)、液限(ω_L)和塑性指数(I_P)表示。

(3)土中的有机质存在情况。

二、路基土的分类

首先按有机质含量分为有机土和无机土两大类;其次将无机土按粒组含量分为巨粒组、粗粒组和细粒组。表 0-2 所列为不同粒组的划分界线及范围。

表 0-2　粒组划分界线和范围

单位：mm

200	60	20	5	2	0.5	0.25	0.075	0.002	
巨粒组		粗粒组						细粒组	
漂石（块石）	卵石（小块石）	砾（角砾）			砂			粉粒	黏粒
		粗	中	细	粗	中	细		

土分类总体包括 4 类并且细分为 12 种，如图 0-2 所示。

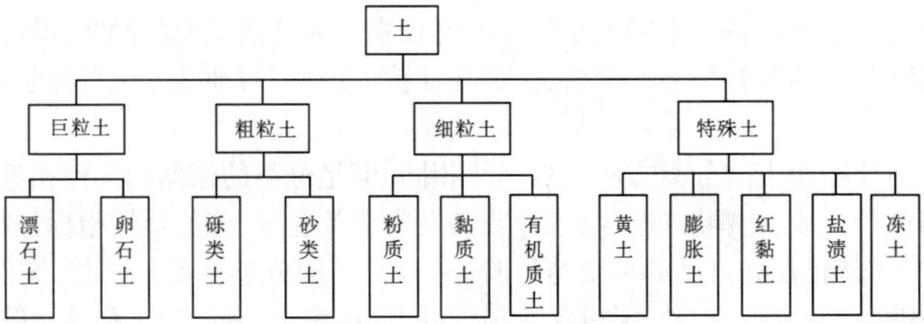

图 0-2　土的分类总体系

（一）巨粒组分类

巨粒组质量多于总质量 75%的土称漂（卵）石。

巨粒组质量为总质量 50%~75%（含 75%）的土称漂（卵）石夹土。

巨粒组质量为总质量 15%~50%（含 50%）的土称漂（卵）石质土。

巨粒组质量少于或等于总质量 15%的土，可扣除巨粒，按粗粒土或细粒土的相应规定分类定名。

巨粒土分类体系见图 0-3。

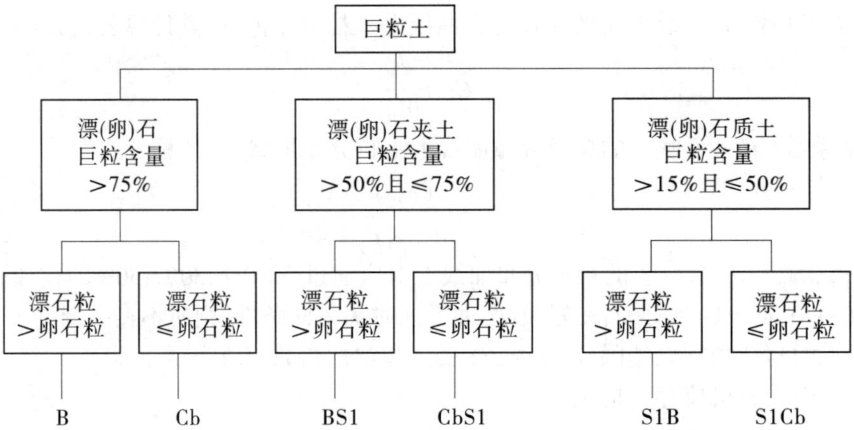

图 0-3　巨粒土分类体系

（二）粗粒土分类

试样中巨粒组土粒质量小于或等于总质量的 15%，且巨粒组土粒与粗粒组土粒质量之和大于总土质量 50%的土称粗粒土。

粗粒土中砾粒组质量大于砂粒组质量的土称砾类土。砾类土应根据其中细粒含量和类别及粗粒组的级配进行分类。分类体系见图 0-4。

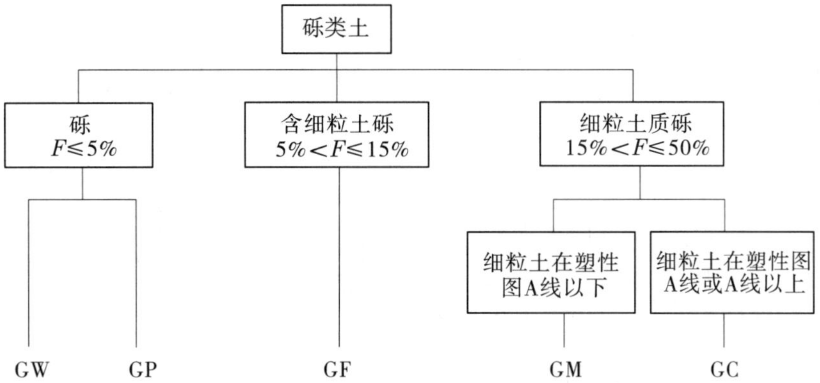

图 0-4 砾类土分类体系

粗粒土中砾粒组质量小于或等于砂粒组质量的土称砂类土。砂类土应根据其中细粒含量和类别以及粗粒组的级配进行分类。分类体系见图 0-5。

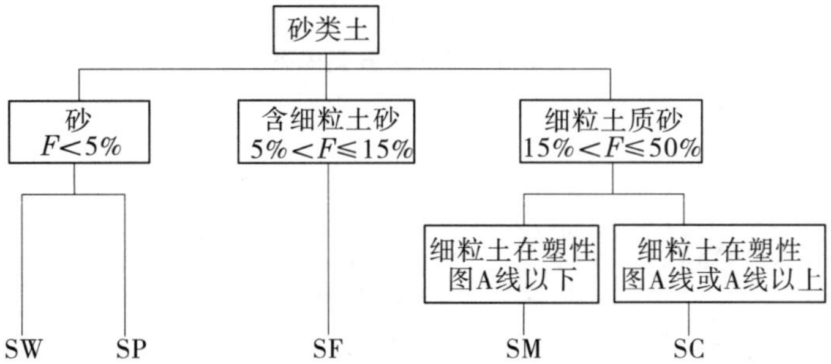

注:需要时,砂可进一步细分为粗砂、中砂和细砂。
粗砂——粒径大于0.5 mm颗粒大于总质量的50%;
中砂——粒径大于0.25 mm颗粒大于总质量的50%;
细砂——粒径大于0.075 mm颗粒大于总质量的75%。

图 0-5 砂类土分类体系

(三)细粒土的分类

试样中细粒组土粒质量大于或等于总质量 50%的土称细粒土。分类体系见图 0-6。

细粒土应按下列规定划分:

细粒土中粗粒组质量小于或等于总质量 25%的土称粉质土或黏质土。

细粒土中粗粒组质量为总质量 25%~50%(含 50%)的土称含粗粒的粉质土或含粗粒的黏质土。

试样中有机质含量大于或等于总质量的 5%,且小于总质量的 10%的土称有机质土。

试样中有机质含量大于或等于 10%的土称为有机土。

细粒土应按图 0-7 所示的塑性图分类。其中，低液限 $\omega_L<50\%$，高液限 $\omega_L\geqslant50\%$。

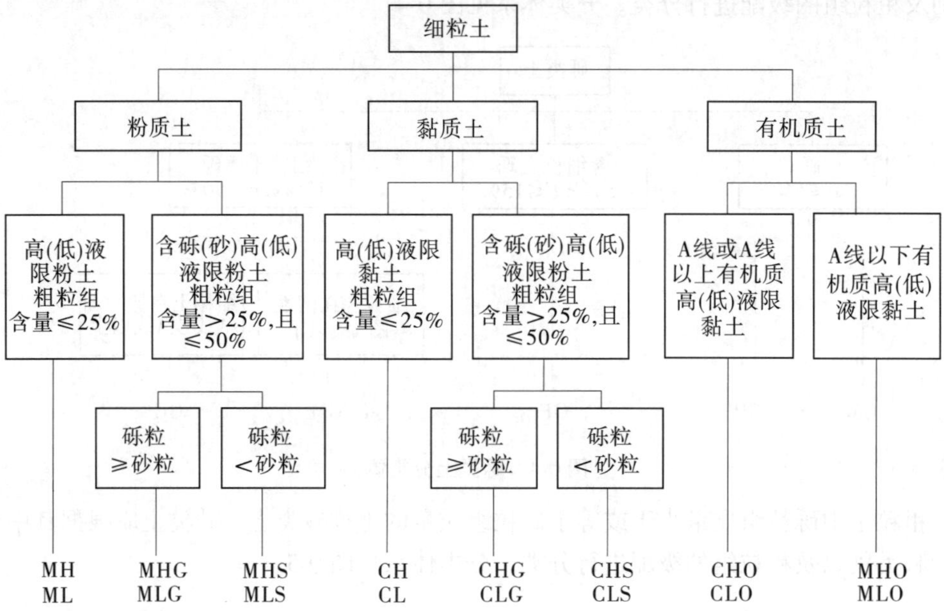

图 0-6　细粒土分类体系

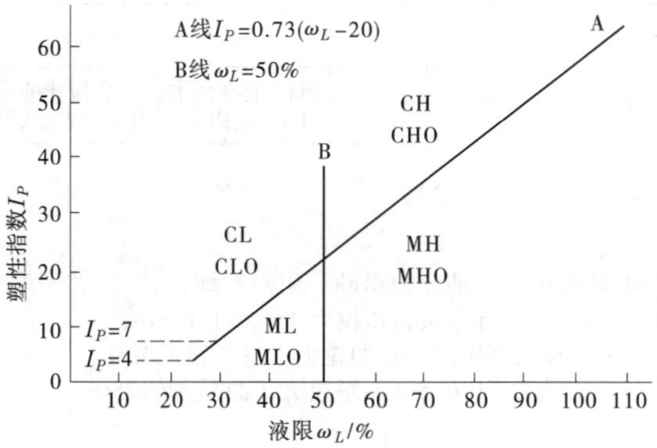

图 0-7　塑性图(一)

(四)特殊土分类

(1)黄土、膨胀土和红黏土按图 0-8 定名。

黄土：低液限黏土(CLY)，分布范围大部分在 A 线以上，$\omega_L<40\%$。

膨胀土：高液限黏土(CHE)，分布范围大部分在 A 线以上，$\omega_L>50\%$。

红黏土：高液限粉土(MHR)，分布范围大部分在 A 线以下，$\omega_L>55\%$。

(2)盐渍土工程分类按表 0-3 分类。

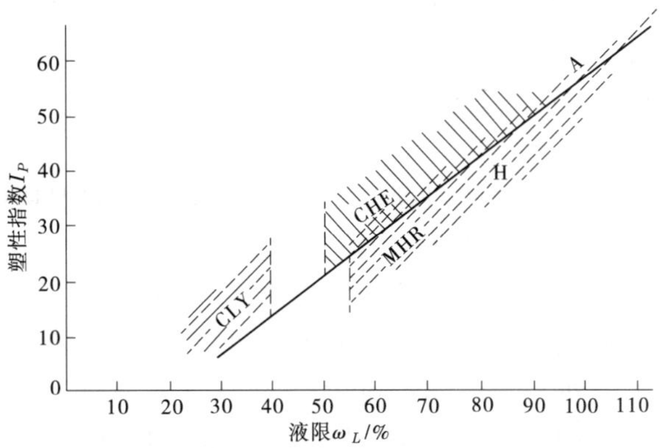

图 0-8 塑性图(二)

表 0-3 盐渍土工程分类

土层中平均总盐量(质量%) \ Cl^-/SO_4^{2-}比值 \ 名称	氯盐渍土	亚氯盐渍土	亚硫酸盐渍土	硫酸盐渍土
	>2.0	1.0~2.0	0.3~1.0	<0.3
弱盐渍土	0.3~1.5	0.3~1.0	0.3~0.8	0.3~0.5
中盐渍土	1.5~5.0	1.0~4.0	0.8~2.0	0.5~1.5
强盐渍土	5.0~8.0	4.0~7.0	2.0~5.0	1.5~4.0
过盐渍土	>8.0	>7.0	>5.0	>4.0

(3)根据冻土冻结状态持续时间的长短,我国冻土可分为多年冻土、隔年冻土和季节冻土三种类型(见表 0-4)。

表 0-4 冻土按冻结状态持续时间分类

类型	持续时间 t/年	地面温度/℃	冻融特征
多年冻土	$t\geq 2$	年平均地面温度≤0	季节融化
隔年冻土	$1\leq t<2$	最低月平均地面温度≤0	季节冻结
季节冻土	$t<1$	最低月平均地面温度≤0	季节冻结

三、各类路基土的工程性质

各类公路用土具有不同的工程性质,在选择路基填筑材料,以及修筑稳定土路面结构层时,应根据不同的土类分别采取不同的工程技术措施。

(1)巨粒土,包括漂石(块石)和卵石(块石),有很高的强度和稳定性,用以填筑路基是良好的材料,亦可用于砌筑边坡。

级配良好的砾石混合料,密实程度好,强度和稳定性均能满足要求,除填筑路基外,可以用于铺筑中级路面,经适当处理后可以铺筑高级路面的基层、底基层。

(2)砂土,无塑性,透水性强,毛细上升高度小,具有较大的内摩擦系数,强度和水稳定性较好。砂土黏结性小,易于松散,压实困难,但是经充分压实的砂土路基,压缩变形小,稳定性好。为了加强压实和提高稳定性,可以采用振动法压实,并可掺加少量黏土,以改善级配组成。

(3)砂性土,既含有一定数量的粗颗粒,又含有一定数量的细颗粒,级配适宜,强度、稳定性等都能满足要求的砂性土是理想的路基填筑材料。如细粒土质砂土,其粒径组成接近最佳级配,遇水不黏着、不膨胀,雨天不泥泞,晴天不扬尘,便于施工。

(4)粉性土,含有较多的粉土颗粒,干时虽有黏性,但易于破碎,浸水时容易成为流动状态。粉性土毛细作用强烈,毛细上升高度大(可达 1.5 m)。在季节性冰冻地区容易造成冻胀、翻浆等病害。粉性土属于不良的公路用土,如必须用粉性土填筑路基,则应采取技术措施改良土质,并加强排水及采取隔离水等措施。

(5)黏性土,细颗粒含量多,土的内摩擦系数小而黏聚力大,透水性小而吸水能力强,毛细现象显著,有较大的可塑性。黏性土干燥时较坚硬,施工时不易破碎。浸湿后能长期保持水分,不易挥发,因而承载力小。对于黏性土如在适当含水量时加以充分压实和设置良好的排水设施,筑成的路基也能获得稳定。

(6)重黏土,工程性质与黏性土相似,但其含黏土矿物成分不同时,性质有很大差别。黏土矿物主要包括蒙脱土、高岭土、伊利土。蒙脱土主要分布在东北地区,其塑性大,吸湿后膨胀强烈,干燥时收缩大,透水性极低,压缩性大,抗剪强度低。高岭土分布在南方地区,其塑性较低,有较高的抗剪强度和透水性,吸水和膨胀量较小。伊利土分布在华中和华北地区,其性质介于上述两者之间。重黏土不透水,黏聚力强,塑性很大,干燥时很坚硬,施工时难以挖掘与破碎。

总之,土作为路基建筑材料,砂性土最优,黏性土次之,粉性土属不良材料,最容易引起路基病害,重黏土特别是蒙脱土是不良的路基土。此外,还有一些特殊土类,如有特殊结构的土(黄土)、含有机质的土(腐殖土)及含易溶盐的土(盐渍土)等,用以填筑路基时必须采取相应技术措施。

同学们,有关路基土的分类及各类路基土的工程性质问题如果还没理解掌握好,大家课后可以扫码听听老师的微课讲解复习一下哦!

路基土的分类及各类路基土的工程性质

路基的强度

一、路基受力与工作区

(一)路基受力状况

一般情况下,路基承受两种荷载,一种是路面和路基自重引起的静力荷载;另一种是车轮荷载引起的动力荷载。在两种荷载的共同作用下,路基土处于受力状态。理想的设计应使路基受力时只产生弹性变形,而车轮驶过以后恢复原状,以确保路基的相对稳定,不致引起路面破坏。

当车轮荷载为圆形均布荷载时,圆形均布荷载中心下土基的垂直压应力可用式(0-3)

近似计算：

$$\sigma_1 = \frac{p}{1 + 2.5\left(\frac{Z}{D}\right)^2} \tag{0-3}$$

式中 p——车轮的单位压力，kPa；

D——圆形均布荷载作用面积的直径，m；

Z——应力作用深度，m。

自重引起土基中的压应力，考虑到在一定深度以下，同路基自重相比较，路面重力的影响不大，所以在研究荷载作用最大深度时，为简化计算，近似地将路面材料相当于土基材料，则土基材料自重引起的压应力可用式(0-4)计算：

$$\sigma_2 = \rho Z \tag{0-4}$$

式中 ρ——土基的湿密度，kN/m^3。

车轮荷载所产生的垂直应力 σ_1，土基自重引起的垂直应力 σ_2 及两者的应力曲线如图 0-9 所示。

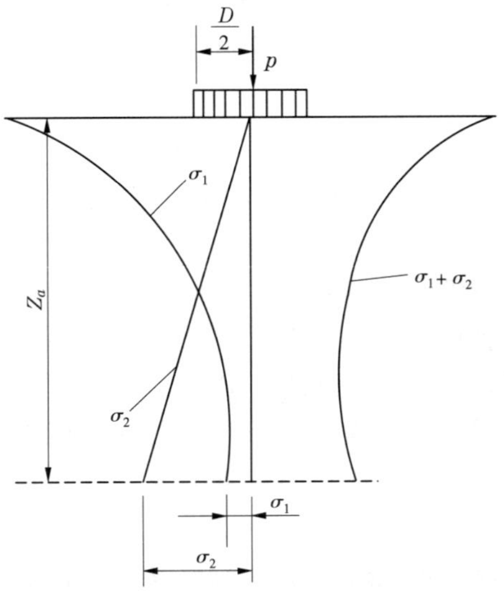

图 0-9 土基应力分布

(二)路基工作区

由图 0-9 可以看出，汽车荷载引起的应力 σ_1 随着深度增加而逐渐减小(曲线变化)，自重引起的应力 σ_2 则随着深度增加而增大(直线变化)。在某一深度 Z_a 处，汽车荷载所产生的应力仅为自重应力的 0.1，在深度 Z_a 以下，汽车荷载对土基强度和稳定性影响很小，故而可略去不计。将 $\frac{p}{1 + 2.5\left(\frac{Z_a}{D}\right)^2} = 0.1\rho Z_a$，则可得出车轮荷载所引起的应力分布深度 Z_a。我们把汽车荷载通过路面传递到路基的应力与路基土自重应力之比大于 0.1 的应力分布深度范围称为路基工作区，Z_a 称为路基工作深度。

几种汽车车型的路基工作区深度的近似值见表 0-5。

表 0-5　路基工作区深度的近似值

汽车型号	每侧后轮重 P/kN	工作区深度 Z_a/m
解放 CA-10B 载重汽车	1/2×60.85	1.6
东风 EQ-140 载重汽车	1/2×69.20	1.7
黄河 JN-150 载重汽车	1/2×101.60	1.9
北京 BJ-130 载重汽车	1/2×27.18	1.2
黄河 QD-351 倾卸汽车	1/2×97.15	1.9
上海 SH-380 倾卸汽车	1/2×360.00	2.9
天津 TJ-644C 大客车	1/2×75.30	1.7
红旗 CA-773 小客车	1/2×15.75	1.0

由表 0-5 可以看出,轻、重型汽车车轮荷载的影响深度相差很大,设计时应予注意。

(三) 当量厚度

由于路基、路面不是均质体,路面材料的密度较路基为大,路基工作区的实际深度随路面强度的增加而减少。因此,要精确计算 Z_0,应将路面折算为与路基同一性质的整体后,再进行计算。柔性路面的当量厚度换算公式为:

$$Z_0 = \sum_{i=1}^{n-1} h_i \sqrt[2.4]{\frac{E_i}{E_0}} \tag{0-5}$$

式中　Z_0——各层路面材料换算为路基土层的当量厚度,m;

E_i——路面各结构层的回弹模量,MPa;

h_i——路面各结构层的厚度,m;

E_0——路基土的回弹模量,MPa。

车轮荷载在路基内的作用深度应为 $Z_a - Z_0$。

路基工作区内,土基的强度与稳定性,对于保证路面的强度与稳定,满足行车要求极为重要。因此,对应力作用区内的土质选择、含水量与压实程度等,在设计时均应特别注意。

当应力作用深度大于路基填土高度时,车轮荷载不仅作用于路堤,而且作用于天然地基上部土层,此时,天然地基上部土层和路堤应同时满足路基工作区的设计要求。路基高度与工作区深度的关系如图 0-10 所示。

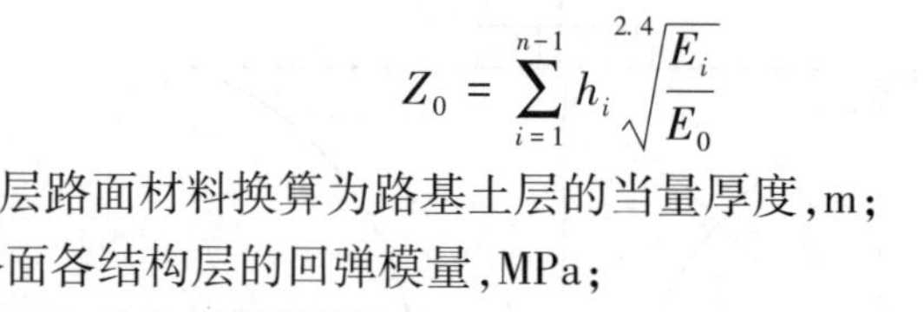

(a)路堤高度大于Z_a　　(b)路堤高度小于Z_a

图 0-10　路基高度与工作区深度的关系

同学们,有关路基受力与工作区的相关知识点如果有不理解的地方,可以扫码听听老师的微课讲解再复习一下哦！

二、路基的强度

路基受力与工作区

路基在外荷载及自重的作用下，土体可能发生相对滑动位移变形和竖向垂直位移变形，路基的强度以抵抗这两种变形的能力作为具体指标。

（一）抗剪强度

在路基边坡内，若强度不足以抵抗剪应力的作用时，则相邻两部分土体将沿某一剪切面（滑动面）产生相对移动，于是边坡破坏，丧失稳定性。这种沿剪切面使土体破坏的现象称为剪切破坏。土体所具有的抵抗剪切破坏的能力称为抗剪强度。土体的抗剪强度按式（0-6）计算：

$$S = \sigma\tan\varphi + c \tag{0-6}$$

式中 S——土体的抗剪强度，kPa；

σ——作用于剪切面上的法向压应力，kPa；

c——土的凝聚力，kPa；

φ——土的内摩擦角，（°）。

由式（0-6）可知，土体的抗剪强度是由凝聚力 c 及内摩擦力 $\sigma\tan\varphi$ 组成的。凝聚力 c 和内摩擦角 φ 称为抗剪强度指标，是路基稳定性验算和挡土墙设计中必不可少的参数。

土的颗粒愈细，凝聚力愈大；土颗粒愈粗，内摩擦角愈大。由于凝聚力不如内摩擦力影响大，因此土的颗粒愈大，抗剪强度愈高。

（二）回弹模量

回弹模量是指路基、路面及筑路材料在荷载作用下产生的应力与其相应的回弹应变的比值。

通过路面传至土基的垂直压力，使土基产生一定程度的竖向位移变形，假定土基为均质的弹性体，在圆形垂直均布荷载作用下，在应力与应变成直线关系时，可用弹性理论来建立荷载与变形之间的关系式

$$L_r = \frac{2p\delta(1-\mu_0^2)}{E_0}\alpha \tag{0-7}$$

式中 L_r——路表距离荷载中心轴为 r 点处的垂直位移，亦称弯沉值，cm；

p——圆形垂直均布荷载，MPa；

δ——圆形均布荷载面积半径，cm；

E_0——土基回弹模量，MPa；

μ_0——土的泊松比，一般取 0.35；

α——竖向位移系数。

由式（0-7）可知，土基回弹模量表示土基（见图 0-11）在圆形均布荷载作用下土基表面的垂直位移在弹性变形阶段内，在垂直荷载作用下，抵抗竖向变形的能力，如果垂直荷载为定值，土基的回弹模量值愈大，则产生的垂直位移就愈小；如果竖向位移是定值，回弹模量值愈大，则土基承受外荷载作用的能力就愈大。因此，路面设计中采用回弹模量作为

路基抗压强度的指标。回弹模量值的大小，取决于荷载的作用形式及竖向垂直位移的大小，以及土的性质与状态。

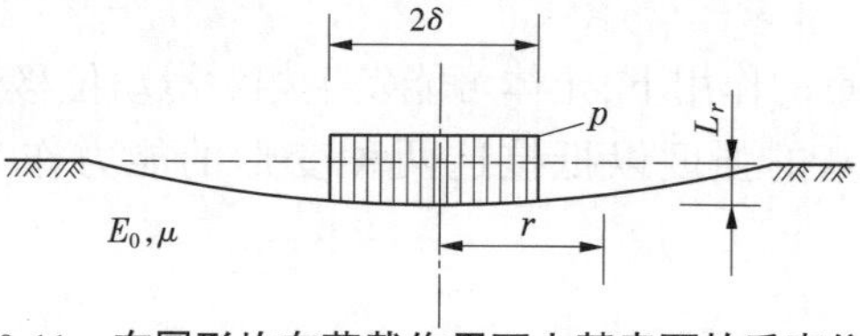

图 0-11 在圆形均布荷载作用下土基表面的垂直位移

路基的干湿类型和路基临界高度

一、路基的干湿类型

路基干湿类型及湿度来源如下：

路基干湿类型可分为干燥、中湿、潮湿和过湿四种。这四种类型表示路基工作时，路基土所处的含水状态。

路基的干湿类型，影响其强度与稳定性，正确区分路基的干湿类型，是搞好路基路面设计的前提。路基土所处的状态是由土体的含水量或相对含水量决定的，含水量取决于湿度的来源及作用的延续时间。导致路基湿度变化的水源见图 0-12。

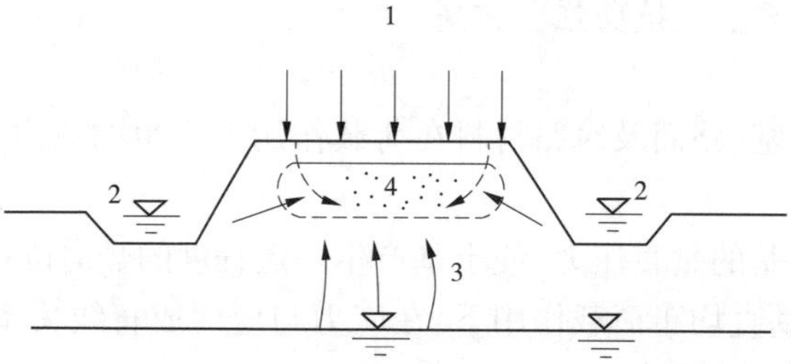

1—大气降水，大气降水通过路面、路肩和边坡渗入路基；
2—地面水，边沟水及排水不良时的地表积水，以毛细水的形式渗入；
3—地下水，靠近地面的地下水，借助毛细作用上升到路基内部；
4—凝结水，在土颗粒空隙中流动的水蒸气，遇冷凝结为水。

图 0-12 导致路基湿度变化的水源示意

二、大气温度及其对路基水温状况的影响

路基湿度除水的来源之外，另一个重要因素是受当地大气温度的影响。由湿度与温度变化对路基产生的共同影响称为路基的水温状况。沿路基深度，出现较大的温度梯度时，水分在温差的影响下以液态或气态由热处向冷处移动，并积聚在该处。这种现象在季节性冰冻地区尤为严重。

我国华北、东北和西北地区为季节性冰冻地区，这些地区的路基在冬季冻结的过程中

会在负温度坡降的影响下,出现湿度积聚现象。气温下降到0 ℃以下,路面和路基结构内的温度也随之由上而下地逐渐降到零度以下。在负温度区内,自由水、毛细水和弱结合水随温度降低而相继冻结,于是土粒周围的水膜减薄,剩余了许多自由表面能,增加了土的吸湿能力,促使水分由高温处向上移动,以补充低温处失去的部分。由试验得知,在温度下降到-3 ℃以下时,土中未冻结的水分在负温差的影响下实际上已不可能向温度更低处移动。因此,负温度区的水分移动一般发生在0~-3 ℃等温线。在正温度区内,因0 ℃等温线附近土中自由水和毛细水的冻结,形成了与深层土层之间的温度坡差,从而促使下面的水分向0 ℃等温线附近移动。而这部分上移的水分便又成了负温度区水分移动的补给来源,这就造成了上层路基水源的大量积聚。

积聚的水冻结后体积增大,使路基隆起而造成面层开裂,即冻胀现象。春暖化冻时,路面和路基结构由上而下逐渐解冻,而积聚在路基上层的水分先融解,水分难以迅速排除,造成路基上层的湿度增加,路面结构的承载能力便大大降低。若是在交通繁重的地区,经重车反复作用,路基路面结构会产生较大的变形,严重时,路基土以泥浆的形式从胀裂的路面缝隙中冒出,形成了翻浆。冻胀和翻浆的出现,使路面遭受严重损坏。

当然并不是在季节性冰冻地区所有的道路都会产生冻胀与翻浆。对于渗透性较高的砂性土及渗透性很低的黏性土,水分都不容易积聚,因此不易发生冻胀与翻浆。而相反,对于粉性土和极细砂,由于毛细水活动力强,则极易发生冻胀与翻浆。周边的水文条件和气候条件亦是重要原因。地面排水不良,地下水水位高,路基湿度大,水源充足,冬季温暖与寒冷反复交替,路基冻结缓慢,这些都是产生冻胀与翻浆的重要自然条件。

三、路基干湿类型划分

路基的强度与稳定性同路基的干湿状态有密切关系,并在很大程度上影响路面结构设计。

路基按其干湿状态不同,分为四类:干燥、中湿、潮湿和过湿。为了保证路基路面结构的稳定性,一般要求路基处于干燥或中湿状态。过湿状态的路基必须经处理后方可铺筑路面。上述四种干湿类型以分界稠度 ω_{c1}、ω_{c2} 和 ω_{c3} 来划分。稠度 ω_c 定义为土的含水量 ω 与土的液限 ω_L 之差与土的塑限 ω_P 与液限 ω_L 之差的比值,即

$$\omega_c = (\omega_L - \omega)/(\omega_L - \omega_P) \tag{0-8}$$

式中　ω_c ——土的稠度;

ω_L ——土的液限;

ω ——土的含水量;

ω_P ——土的塑限。

土的稠度较准确地表示了土的各种形态与湿度的关系,稠度指标综合了土的塑性特性,包含了液限与塑限,全面直观地反映了土的硬软程度,物理概念明确。

(1) $\omega_c = 1.0$,即 $\omega = \omega_P$,为半固体与硬塑状的分界值;

(2) $\omega_c = 0$,即 $\omega = \omega_L$,为流塑与流动状的分界值;

(3) $1.0 > \omega_c > 0$,即 $\omega_L > \omega > \omega_P$,土处于可塑状态。

以稠度作为路基干湿类型的划分标准是合理的,但是不同的自然区划、不同的土组的

分界稠度是不同的,详见表 0-6。

表 0-6 各自然区划土基干湿分界稠度

干湿状态 \ 土组	干燥状态	中湿状态	潮湿状态	过湿状态
	$\omega_c \geqslant \omega_{c1}$	$\omega_{c1} > \omega_c \geqslant \omega_{c2}$	$\omega_{c2} > \omega_c \geqslant \omega_{c3}$	$\omega_c < \omega_{c3}$
土质砂	$\omega_c \geqslant 1.20$	$1.20 > \omega_c \geqslant 1.00$	$1.00 > \omega_c \geqslant 0.85$	$\omega_c < 0.85$
黏质土	$\omega_c \geqslant 1.10$	$1.10 > \omega_c \geqslant 0.95$	$0.95 > \omega_c \geqslant 0.80$	$\omega_c < 0.80$
粉质土	$\omega_c \geqslant 1.05$	$1.05 > \omega_c \geqslant 0.90$	$0.90 > \omega_c \geqslant 0.75$	$\omega_c < 0.75$

注:ω_{c1}、ω_{c2}、ω_{c3} 分别为干燥、中湿、潮湿和过湿状态的分界稠度;

ω_c 为路床表面以下 80 cm 深度内的平均稠度。

在公路勘测设计中,确定路基的干湿类型需要在现场进行勘查,对于原有公路,按不利季节路槽底面以下 80 cm 深度内土的平均稠度确定。对于路槽底面以下 80 cm 内,每 10 cm 取土样测定其天然含水量、塑限含水量和液限含水量,以下式求算:

$$\omega_{ci} = (\omega_{Li} - \omega_i)/(\omega_{Li} - \omega_{Pi}) \tag{0-9}$$

$$\overline{\omega_c} = \sum_{i=1}^{8} \omega_{c_i}/8 \tag{0-10}$$

式中 ω_i ——路槽底面以下 80 cm 内,每 10 cm 为一层,第 i 层土的天然含水量;

ω_{Li} ——同一层土的液限含水量(100 g 平衡锥);

ω_{Pi} ——同一层土的塑限含水量;

ω_{ci} ——第 i 层的稠度;

$\overline{\omega_c}$ ——路槽以下 80 cm 内土的算术平均稠度。

根据 $\overline{\omega_c}$ 判别路基的干湿类型,要按照道路所在的自然区划和路基土的类别,查表 0-6,与分界稠度作比较,并按表 0-7 所列区划界线确定道路所属的路基干湿类型。

同学们,这种用分界稠度来判别路基干湿类型的方法大家是否掌握了呢? 快来扫码做一道习题巩固一下吧!

判别路基干湿类型方法的习题演练

对于新建道路,路基尚未建成,无法按上述方法现场勘查路基的湿度状况,可以用路基临界高度作为判别标准。当路基的地下水水位或地表积水水位一定的情况下,路基的湿度由下而上逐渐减小,如图 0-13 所示。与分界稠度相对应的路基离地下水水位或地表积水水位的高度称为路基临界高度。

表 0-7 路基干湿类型

路基干湿类型	路床表面以下 80 cm 深度内平均稠度 $\overline{\omega_c}$ 与分界稠度 ω_{ci} 的关系	一般特征
干燥	$\overline{\omega_c} \geqslant \omega_{c1}$	土基稳定,路面强度和稳定性不受地下水或地表积水影响,路基高度 $H_0 > H_1$
中湿	$\omega_{c1} > \overline{\omega_c} \geqslant \omega_{c2}$	土基上部土层处于地下水或地表积水影响的过渡区内,路基高度 $H_2 < H_0 \leqslant H_1$

续表 0-7

路基干湿类型	路床表面以下 80 cm 深度内平均稠度 $\overline{\omega_c}$ 与分界稠度 ω_{ci} 的关系	一般特征
潮湿	$\omega_{c2} > \overline{\omega_c} \geqslant \omega_{c3}$	土基上部土层处于地下水或地表积水毛细影响区内,路基高度 $H_3 < H_0 \leqslant H_2$
过湿	$\overline{\omega_c} < \omega_{c3}$	路基极不稳定,冰冻区春融翻浆,非冰冻区软弹土基经处理后方可铺筑路面,路基高度 $H_0 \leqslant H_3$

注:① H_0 为不利季节路床表面距地下水水位或地表积水水位的高度;

②地表积水指不利季节积水 20 d 以上;

③ H_1、H_2、H_3 分别为干燥、中湿和潮湿状态的路基临界高度,见表 0-8。

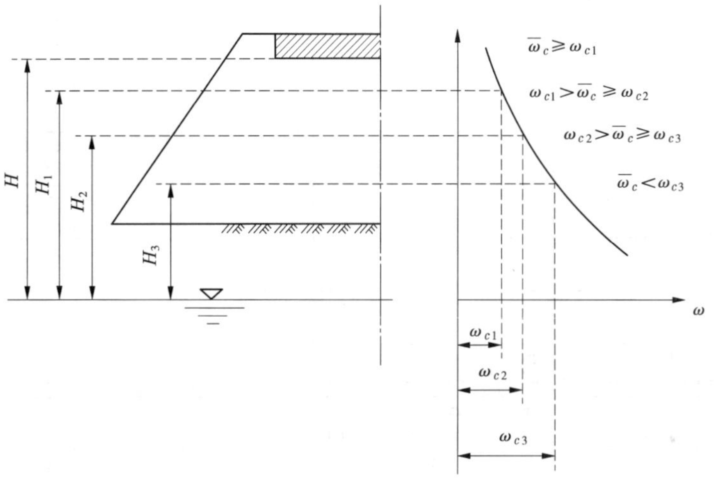

图 0-13 路基临界高度与路基干湿类型

在设计新建道路时,如能确定路基临界高度值,则可以此作为判别标准,与路基设计高度作比较,由此确定路基的干湿类型,如表 0-8 所示。图 0-13 所示为路基临界高度与路基干湿类型,为了保证路基的强度和稳定性不受地下水及地表积水的影响,在设计路基时,要求路基保持干燥或中湿状态,路槽底距地下水或地表积水的距离,要大于或等于干燥、中湿状态所对应的临界高度。不同土质和自然区的路基临界高度见表 0-8。

路基的干湿类型与路基临界高度之间的关系,同学们在理解上可能存在一定的难度,如果还没熟练掌握的话,那么大家来扫码听听老师的微课讲解复习一下哦!

路基的干湿类型与路基临界高度

表 0-8　路基临界高度参考值

单位：m

土组	砂质土									黏质土									粉质土								
	地下水			地表长期积水			地表临时积水			地下水			地表长期积水			地表临时积水			地下水			地表长期积水			地表临时积水		
	H_1	H_2	H_3	H_1	H_2	H_3	H_1	H_2	H_3	H_1	H_2	H_3	H_1	H_2	H_3	H_1	H_2	H_3	H_1	H_2	H_3	H_1	H_2	H_3	H_1	H_2	H_3
Ⅱ$_1$										2.9	2.2								3.8	3.0	2.2						
Ⅱ$_2$										2.7	2.0								3.4	2.6	1.9						
Ⅱ$_3$	1.9~2.2	1.3~1.6								2.5	1.8								3.0	2.2	1.6						
Ⅱ$_4$										2.4~2.6	1.9~2.1	1.2~1.4							2.6~2.8	2.1~2.3	1.4~1.6						
Ⅱ$_5$	1.1~1.5	0.7~1.1								2.1~2.5	1.6~2.0								2.4~2.9	1.8~2.3							
Ⅲ$_1$																			2.4~3.0	1.7~2.4							
Ⅲ$_{1a}$																			2.4~3.0	1.7~2.4							
Ⅲ$_2$	1.3~1.6	1.1~1.3	0.9~1.1	1.1~1.3	0.9~1.1	0.6~0.9	0.9~1.0	0.6~0.9	0.4~0.6	2.2~2.75	1.7~2.2	1.3~1.7	1.75~2.2	1.3~1.7	0.9~1.3	1.3~1.75	0.9~1.3	0.45~0.9	2.4~2.85	1.9~2.4	1.4~1.9	1.9~2.4	1.0~1.9	1.0~1.4	1.4~1.9	1.0~1.4	0.5~1.0

续表 0-8

土组	砂质土									黏质土									粉质土								
	地下水			地表长期积水			地表临时积水			地下水			地表长期积水			地表临时积水			地下水			地表长期积水			地表临时积水		
	H_1	H_2	H_3	H_1	H_2	H_3	H_1	H_2	H_3	H_1	H_2	H_3	H_1	H_2	H_3	H_1	H_2	H_3	H_1	H_2	H_3	H_1	H_2	H_3	H_1	H_2	H_3
Ⅲ$_{2a}$	1.4~1.7	1.0~1.3																	2.4~3.0	1.7~2.4							
Ⅲ$_3$	1.3~1.6	1.1~1.3	0.9~1.1	1.1~1.3	0.9~1.1	0.6~0.9	0.9~1.0	0.6~0.9	0.4~0.6	2.1~2.5	1.6~2.1	1.2~1.6	1.6~2.1	1.2~1.6	0.9~1.2	1.2~1.6	0.9~1.2	0.55~0.9	2.3~2.75	1.8~2.3	1.4~1.8	1.8~2.3	1.4~1.8	1.0~1.4	1.4~1.8	1.0~1.4	0.55~1.0
Ⅲ$_4$																			2.4~3.0	1.7~2.4							
Ⅳ$_1$、Ⅳ$_{1a}$										1.7~1.9	1.2~1.3	0.8~0.9							1.9~2.1	1.3~1.4	0.9~1.0						
Ⅳ$_2$										1.6~1.7	1.1~1.2	0.8~0.9							1.7~1.9	1.2~1.3	0.8~0.9						
Ⅳ$_3$										1.5~1.6	1.1~1.2	0.8~0.9							1.7~1.9	1.2~1.3	0.8~0.9	0.9~1.0	0.6~0.7	0.3~0.4			

续表 0-8

土组	砂质土									黏质土									粉质土								
	地下水			地表长期积水			地表临时积水			地下水			地表长期积水			地表临时积水			地下水			地表长期积水			地表临时积水		
	H_1	H_2	H_3	H_1	H_2	H_3	H_1	H_2	H_3	H_1	H_2	H_3	H_1	H_2	H_3	H_1	H_2	H_3	H_1	H_2	H_3	H_1	H_2	H_3	H_1	H_2	H_3
Ⅳ$_4$	1.0~1.1	0.7~0.8								1.7~1.8	1.0~1.2	0.8~1.0	0.8~0.9	0.5~0.6	0.3~0.4												
Ⅳ$_5$										1.7~1.9	1.3~1.4	0.8~1.0							1.79~2.1	1.3~1.5	0.9~1.1						
Ⅳ$_6$	1.0~1.1	0.7~0.8								1.8~2.0	1.3~1.5	0.9~1.0	1.0~1.1	0.6~0.7	0.3~0.4				2.0~2.2	1.5~1.6	1.0~1.1						
Ⅳ$_{6a}$										1.6~1.7	1.1~1.2	1.0~1.2	0.9~1.0	0.5~0.6	0.3~0.4				1.8~2.0	1.3~1.4	0.9~1.1						
Ⅳ$_7$				0.9~1.0	0.7~0.8	0.6~0.7				1.7~1.8	1.4~1.5	0.7~0.8															
Ⅴ$_3$	1.3~1.6	1.1~1.3	0.9~1.1	1.1~1.3	0.9~1.1	0.6~0.9	0.9~1.1	0.6~0.9	0.4~0.6	2.0~2.4	1.6~2.0	1.1~1.2	1.0~1.1	0.7~0.8	0.4~0.5				2.2~2.65	1.7~2.2	1.3~1.7	1.7~2.2	1.3~1.7	0.9~1.3	1.3~1.7	0.9~1.3	0.55~0.9

续表 0-8

土组	砂质土									黏质土									粉质土								
	地下水			地表长期积水			地表临时积水			地下水			地表长期积水			地表临时积水			地下水			地表长期积水			地表临时积水		
	H_1	H_2	H_3	H_1	H_2	H_3	H_1	H_2	H_3	H_1	H_2	H_3	H_1	H_2	H_3	H_1	H_2	H_3	H_1	H_2	H_3	H_1	H_2	H_3	H_1	H_2	H_3
V_2、V_{2a}（紫色土）										2.0~2.2	0.9~1.1	0.4~0.6	1.6~2.0	1.2~1.6	0.8~1.2	1.2~1.6	0.8~1.2	0.45~0.8	2.3~2.5	1.4~1.6	0.5~0.7						
V_3										1.7~1.9	0.8~1.0	0.4~0.6							1.9~2.1	1.3~1.5	0.5~0.7						
V_2、V_{2a}（黄壤土，现代冲积土）										1.7~1.9	0.7~0.9	0.3~0.5							2.3~2.5	1.4~1.6	0.5~0.7						
V_4、V_5、V_{5a}										1.7~1.9	0.9~1.1	0.4~0.6							2.2~2.5	1.4~1.6	0.5~0.7						
VI_1	(2.1)	(1.7)	(1.3)	(1.8)	(1.4)	(1.0)	0.7	0.3		(2.3)	(1.9)	(1.6)	(2.1)	(1.7)	(1.3)	0.9	0.5		(2.5)	(2.0)	(1.6)	(2.3)	(1.8)	(1.3)	(1.2)	0.7	0.4
VI_{1a}	(2.0)	(1.6)	(1.2)	(1.7)	(1.3)	(1.0)	(1.0)	(0.5)		(2.2)	(1.9)	(1.5)	(2.0)	(1.6)	(1.2)	(0.9)	(0.5)		(2.5)	(2.0)	(1.5)	(2.2)	(1.7)	(1.2)	0.6		
VI_2	1.4~1.7	1.1~1.4	0.9~1.1	1.1~1.4	0.9~1.1	0.6~0.9	0.9~1.1	0.76~0.90	0.4~0.6	2.2~2.75	1.65~2.2	1.2~1.65	1.65~2.2	1.2~1.65	0.75~1.2	1.2~1.65	0.75~1.2	0.45~0.75	2.3~2.65	1.85~2.3	1.4~1.85	1.85~2.3	1.4~1.85	0.98~1.4	1.4~1.85	0.9~1.4	0.5~0.9
VI_3	(2.1)	(1.7)	(1.3)	(1.9)	(1.5)	(1.1)				(2.4)	(2.0)	(1.6)	(2.1)	(1.7)	(1.4)	(0.8)	(0.6)		(2.6)	(2.1)	(1.6)	(2.4)	(1.8)	(1.4)	(1.3)	(0.7)	

续表 0-8

土组	砂质土									黏质土									粉质土								
	地下水			地表长期积水			地表临时积水			地下水			地表长期积水			地表临时积水			地下水			地表长期积水			地表临时积水		
	H_1	H_2	H_3	H_1	H_2	H_3	H_1	H_2	H_3	H_1	H_2	H_3	H_1	H_2	H_3	H_1	H_2	H_3	H_1	H_2	H_3	H_1	H_2	H_3	H_1	H_2	H_3
$Ⅵ_4$	(2.2)	(1.8)	(1.4)	(1.9)	(1.5)	(1.2)	0.8			2.4	2.0	1.6	(2.2)	(1.7)	(1.3)	$\underline{1.0}$	$\underline{0.6}$		(2.6)	(2.2)	$\underline{1.7}$	$\underline{2.4}$	1.9	1.4	1.3	0.8	
$Ⅵ_{4a}$	(1.9)	(1.5)	(1.1)	(1.6)	(1.2)	(0.9)	(0.5)			(2.2)	(1.7)	(1.4)	(1.9)	(1.4)	(1.1)	$\underline{0.7}$			(2.4)	(1.9)	$\underline{1.4}$	$\underline{2.1}$	1.6	$\underline{1.1}$	$\underline{1.0}$	0.5	
$Ⅵ_{4b}$	(2.0)	(1.6)	(1.2)	(1.7)	(1.3)	(1.0)				(2.3)	(1.8)	(1.4)	(2.0)	(1.6)	(1.2)	$\underline{(0.8)}$			(2.5)	$\underline{1.9}$	$\underline{1.4}$	(2.2)	(1.7)	(1.2)	$\underline{1.0}$	0.5	
$Ⅶ_1$	(2.2)	(1.9)	(1.6)	(2.1)	(1.6)	(1.3)	(0.8)	(0.4)		2.2	(1.9)	(1.5)	(2.1)	(1.6)	(1.2)	(0.9)	(0.5)		(2.5)	(2.0)	(1.5)	(2.4)	1.8	(1.3)	1.1	0.6	
$Ⅶ_2$										(2.3)	(1.9)	(1.6)	1.8	1.4	1.1	0.8	0.4		(2.5)	(2.1)	(1.6)	(2.2)	1.6	1.1	0.9	0.4	
$Ⅶ_3$	1.5~1.8	1.2~1.5	0.9~1.2	1.2~1.5	0.9~1.2	0.6~0.9	0.9~1.2	0.7~0.9	0.4~0.6	2.3~2.85	1.75~2.3	1.3~1.75	1.75~2.3	1.3~1.75	0.75~1.3	1.3~1.75	0.75~1.3	0.45~0.75	2.4~3.1	(2.0~2.4)	1.6~2.0	(2.0~2.4)	(1.6~2.0)	(1.0~1.6)	(1.6~2.0)	1.0~1.6	0.55~1.0
$Ⅶ_4$	(2.1)	(1.6)	1.3	(1.8)	(1.4)	1.0	(0.9)			(2.1)	(1.6)	(1.3)	(1.8)	(1.4)	(1.1)	(0.7)			(2.3)	(1.8)	(1.3)	(2.1)	(1.6)	(1.1)			
$Ⅶ_5$	(3.0)	(2.4)	1.9	(2.4)	(2.0)	1.6	(1.5)	(1.1)	(0.5)	(3.3)	$\underline{(2.6)}$	(2.1)	(2.4)	(2.0)	(1.6)	(1.5)	(1.1)	(0.5)	(3.8)	(2.2)	(1.6)	(2.9)	(2.2)	(1.5)		(1.3)	(0.5)
$Ⅶ_6$、$Ⅶ_{6a}$										(2.8)	$\underline{2.4}$	$\underline{1.9}$	$\underline{2.5}$	2.0	1.6	$\underline{1.4}$	(0.8)		(2.9)	(2.5)	$\underline{1.8}$	(2.7)	2.1	$\underline{1.5}$	$\underline{1.6}$	1.1	

注:1. 表中 H_1、H_2、H_3 分别为路基干燥、中湿、潮湿状态的临界高度;路床面至地下水水位高度小于 H_3 时为过湿路基,经处治后方能铺筑路面;

2. Ⅵ、Ⅶ区有横线者,表示实测资料较少,有括号者表示没有实测资料,根据规律推算的;

3. $Ⅲ_2$、$Ⅲ_3$、$Ⅵ_1$、$Ⅵ_2$、$Ⅶ_3$ 资料系甘肃省 1984 年所提建议值,其他地区供参考;

4. 缺少资料的二级区可论证地参考相邻二级区数值,并应积极调研并积累本地区的资料。

四、路基最小填土高度

路基最小填土高度是指为保证路基稳定，根据土质、气候和水文地质条件，所规定的路肩边缘距原地面的最小高度。为利于排水，干燥路基最小填土高度规定为：细粒土质砂0.3~0.5 m；黏质土0.4~0.7 m；粉质土0.5~0.8 m。

挖方或填筑路堤有困难的地段可加深边沟，使路肩边缘距边沟底面的高度符合上述规定。当路基填土高度不能满足上述规定时，则应采取相应的措施，以保证路基的强度与稳定。

沿河受水浸淹的路基高度应高出路基设计洪水频率计算水位加壅水高、再加波浪侵袭高以上0.5 m。

路基的水温稳定性

路基湿度状况的变化是影响路基强度、刚度和稳定性的重要因素，因此也必然影响路基路面整体结构的强度、刚度和稳定性。在南方无冰冻地区，路基湿度状况的年周期变化主要受降雨影响，因此其最不利季节在雨季。其湿度状况的变化主要取决于路基构成（填土高度、土质类别和施工质量等）、降雨量和延续时间、排水状况等。

在北方季节性冰冻地区，处于不良地质、地下水水位较高或地表排水不良等情况下，特别是路基填土是粉质土时，由于路基土冻结过程中发生水分迁移和重新分布，使冻土层中的冰体含量剧烈增加，造成路基土的冻胀，过大的冻胀或不均匀冻胀可以造成路面拱裂、错台或不平整。春融期间，路基上部开始融化，而下部尚未融化，形成不透水层，上部土层中过多的水无法排出，造成土基过湿软弱，强度急剧降低，在车辆荷载作用下，路面便发生了弹簧、裂缝、断裂、鼓包、唧泥或泥浆涌出等现象，称为翻浆。冻结期的路面冻胀和春融期的翻浆现象，统称为道路的冻害现象。

翻浆现象往往伴随着冻胀而发生，冻胀和翻浆是路基冻结和融解过程中形成的两个不同的阶段。一般来说，冻胀剧烈则翻浆的破坏程度较严重，但有时也会出现冻胀较严重而并不发生翻浆的现象，这是由于路面结构较厚和路基过湿层次在路基的下部，或者春融期车辆较少、荷载较轻等原因。

形成冻胀和翻浆的主要原因是路基在冻结期间发生的水分积聚，其剧烈的程度主要取决于土质类别（粉粒含量多更严重）、有无地下水（冻结期浅层有地下水更严重）和路基在冻结期负温度坡差及其进程（负温度坡差大且下渗缓慢更严重）。

因此，在季节性冰冻地区，路基的强度和稳定性更大程度地取决于水和负温度的共同作用，形成特定的水温状况，从而影响路基的强度、刚度和稳定性，称为路基的水温稳定性。

一、土冻结时的水分重分布

当冬季来临，气温降至负温度，路面和路基上部首先冻结，随着气温不断降低，冻结的土层厚度不断向深层发展，此时土基上部温度低而下层温度高，形成负温度梯度。当气温降至地区最低温度时，冻土层达到年度的最大厚度，其深度称为最大冻结深度。春季气温逐渐升高，路基上部首先融解，随着气温不断升高，冻土层逐渐由上下两方面逐渐融解，直至全部融化。路基内部冻深变化的年进程如图 0-14 所示。冻深的进程情况各地不同，随气温的进程而定。

土在冻结过程中，土中水分发生明显的迁移运动，形成水分重分布现象，此时水分的移动同正温度时土中水分的蒸发、下渗及毛细管作用等的运动是不相同的。冻土中的水分迁移运动，主要是在负温度梯度和冰晶的综合作用下，发生的十分复杂的物理—力学变化过程。

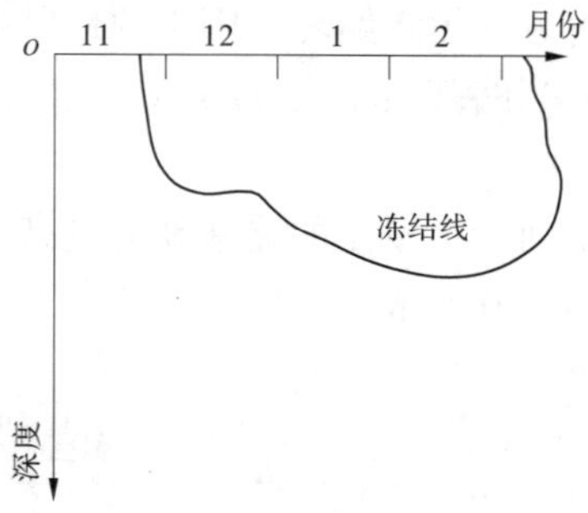

图 0-14 土基冻结发展过程

实践和试验观测表明，土在冻结时的水分重分布现象具有规律性。

冻结期在供水条件方面，按土体在自然界中存在的状态，一般可分为两种体系，一种是无外界水源补给的情况，冻结过程中只有土体内部的水分迁移而发生的水分重分布现象，称为封闭体系；另一种是有外界水源补给的情况，冻结时水分增加量主要是由外部补给水迁移而决定的，称为开放体系。

土在冻结过程中，水分迁移现象的有无和数量的多少，直接受土质类别和供水条件的影响。对于黏性土和其他细粒土，在开放体系条件下，冻结过程中由于下卧未冻土层的水向冻结锋面迁移时，可以得到地下水源不断补充。所以，冻结后在整个冻深范围内，土的含水量较冻结前都有大幅度的增加，土层冻胀量很大。

在封闭体系条件下，由于缺乏地下水的补给，冻结后含水量仅在上部土层中（一般在 1/2~2/3 冻结深度以上部分），较冻结前，显著增加，而下部土层含水量则减少。

对于不含粉、黏粒的粗砾石、砂等粗颗粒土，冻结过程中一般不产生水分迁移现象（可能有少量气态水凝结）。但当粗粒土被污染，含有较多粉土、黏土颗粒时，在冻结过程中，不但有明显的水分向冻结锋面迁移的现象，而且随着粉土、黏粒含量增加，其性质逐渐接近黏性土。但当黏粒含量增加较多时，会使土层增加不透水性，阻碍水分的运动，其水分迁移数量又会减少。

可以看出，当不利的土质（粉土颗粒）和开放体系的供水条件组合时，发生最强烈的水分迁移现象，造成上部土层局部聚集大量的冰透镜体，使土体的含水量增大。

负温度的作用是造成水分迁移的另一个必要外部条件。负温度对水分迁移的影响主要表现在冻结速度上（冻结线下渗的速度），如果冻结速度过快，水分尚来不及从下卧土层向冻结锋面迁移，就在原处冻结成冰，因而最终的水分迁移量就较小，反之，如果冻结速度缓慢，则有利于水分的迁移，其水分积聚的数量就多。一般认为，引起水分迁移的负温度是-3~-5 ℃，温度更低时，水分迁移的数量较少。这一负温度在路基某一深度处停留的时间长短，直接影响该层位水分积聚的数量。

此外，土体外部压力的增大，在一定程度上可以制约水分迁移的数量。

二、路基聚冰层的分布规律

由于各地负气温的进程、冻结深度及地下水的补给条件不同,路基土层中聚冰的分布规律也不同。土基冻结前含水量较大、地下水水位较深但受地表水影响较多,或者冻结过程中负温度在路基上层停留时间较长,造成主聚冰带位于路基的上部,使其含水量较大,如图 0-15 中的 *a* 所示。

若冻结前土基含水量不大,冻结过程中水的迁移和聚冰主要受地下水的影响,较深土层中冻结速度缓慢,水的补给充足,造成在路基下部形成主聚冰带。如图 0-15 中的 *b* 所示。

当冻结前土基含水量大,地下水水位高,冻结过程中水源补给条件充分时,随冻结锋面下渗的进程,土基冻结深度内可能存在几个主要聚冰带。如图 0-15 中的 *c* 所示。

聚冰带的形成是细粒土在冻结过程中发生的水分迁移和积聚现象造成的,特别是在有充足外部水源补给的条件下,这种冰的积聚现象更为强烈。冻土层中沿垂直方向,在某一层位或几个层位,冰的透镜体密集,冰晶和土互相层叠,称为聚冰带,厚度为 5~10 cm 或更厚。

聚冰带的形成破坏了土层的原有结构,使土体体积增大,形成冻胀。春融时,冰晶体融解使局部土层含水过多,往往超过土的液限含水量,当有车辆荷载作用和路面较薄时,泥浆涌出,造成翻浆。

聚冰带的层位深度不同,对路面的影响有很大差异。一般说来,聚冰带的位置愈靠近路表面,对路面破坏的影响愈大,反之,路基上层聚冰较少,可能的主要聚冰带在土基深层,对路面的影响就较小。

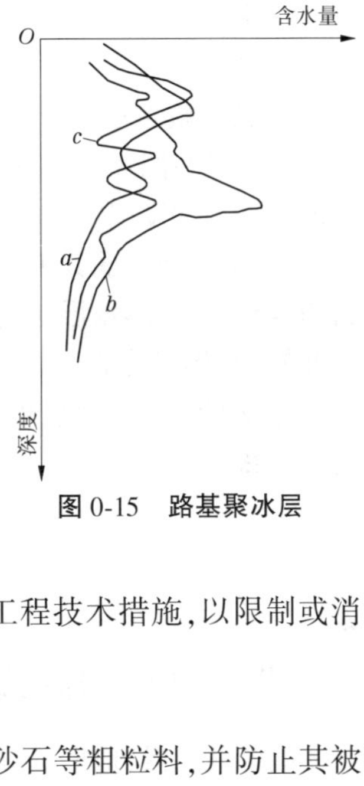

图 0-15 路基聚冰层

三、调节路基水温稳定性的措施

由于路基聚冰的形成及其剧烈程度主要取决于一定的土质类别、冻结期是否有比较充分的补给水源和负温度梯度的作用及其进程。因此,可以从不同的角度出发,采取工程技术措施,以限制或消除水分迁移和聚冰的形成、数量及其影响。

(一)换土

在路基上层一定深度内,采用冰冻稳定性好的土类,如砂石等粗粒料,并防止其被污染,从土质类别上消除冰冻作用的破坏影响。在条件适合时,可以采用此方法。

(二)使路面具有一定防冻总厚度

由于路基上层可能造成的聚冰,对路面强度和稳定性的影响较大,因此使路面具有一定的防冻总厚度,以消除或减弱不利的水温条件对路基的影响。为防止冻胀对高级和次高级路面造成的破坏,在季节性冰冻地区有冻胀可能的中湿和潮湿路段,应使路面总厚度满足路面防冻最小厚度的要求。

如按强度计算的路面总厚度小于规定的防冻最小厚度时,应采用加厚垫层来补足。

在路面防冻最小厚度范围内,各层材料除应满足所需的强度、刚度和水稳定性外,同时也必须是耐冻的,或者说不致产生因水分迁移和聚冰现象造成的破坏影响。

常用砂砾、粗砂、中砂等粗粒材料作防冻垫层。近年来,较多采用石灰类稳定土、二灰类混合料或工业废料等强度高、具有一定整体性、水稳定性高并符合一定耐冻要求的材料,修筑路面垫层。

(三)设置隔离层

隔离层是以隔断外界补给水源向路基上层移动为目的而设置的。隔离层一般设置在路基顶面以下 0.5~0.8 m 处。

隔离层可分为透水性隔离层和不透水隔离层两类。透水性隔离层采用砂石、粗砂等材料,利用其大孔隙切断毛细水的上升,其层厚一般为 0.1~0.2 m,须采取措施防止其被污染。不透水、透水材料,用以切断水分移动的通路。隔离层的设置情况如图 0-16 所示。

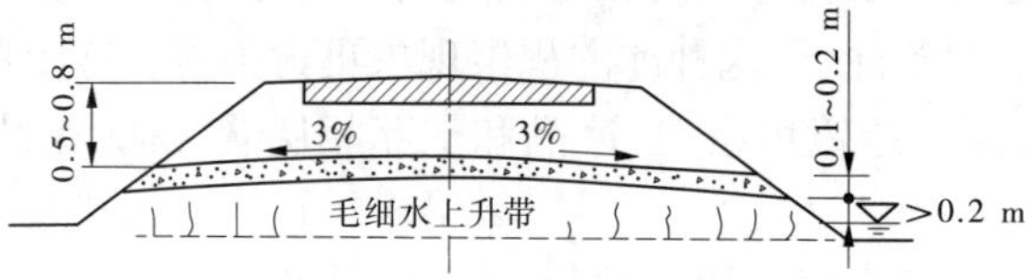

图 0-16 隔离层设置图

(四)设置隔温层

隔温层是在路面下设置导热系数小的材料层,其目的是控制负温度向路基的渗入,减小或调整冻结深度,从控制负温度方面,减弱或消除路基上层在冻结期的水分迁移现象和数量,从而消除或减弱其破坏影响。隔温层的材料常用炉渣、矿渣等多孔材料,其厚度一般为 20~50 cm。隔温层材料本身的性质,应满足强度、稳定性和耐冻的要求。

此外,使路基满足一定的填土高度、设置盲沟等地下排水设备以降低冻结期的地下水水位、疏通边沟、清除秋季和冻结期的地面积水等,都可以改善路基的水温状况,提高其水温稳定性。

中国公路自然区划

一、公路自然区划依据

我国各地气候、地形、地貌、水文地质等自然条件相差很大,而这些自然条件与公路建设密切相关。为区分不同地理区域自然条件对公路工程影响的差异性,并在路基路面的设计、施工和养护中采取适当的技术措施和采用合适的设计参数,以体现各地公路设计与施工的特点,侧重必须解决的问题,更有利于保证公路的质量和经济合理,特制定公路自然区划。

为使自然区划便于在实践中应用,结合我国地理、气候特点,将全国的公路自然区划分为三个等级。该区划是根据以下三个原则制订的:

(1)道路工程特征相似的原则。即在同一区划内,在同样的自然因素下筑路具有相似性，例如，北方不利季节主要是春融时期，有翻浆病害，南方不利季节在雨季，有冲刷、水毁等病害。

(2)地表气候区划差异性的原则。即地表气候是地带性差异与非地带性差异的综合结果。通常，地表气候随着当地纬度而变，如北半球，北方寒冷，南方温暖，这称为地带性差异。除此之外，还与高程的变化有关，即沿垂直方向的变化，如青藏高原，由于海拔高，与纬度相同的其他地区相比，气候更加寒冷。即称为非地带性差异。

(3)自然气候因素既有综合又有主导作用的原则。即自然气候的变化是各种因素综合作用的结果，但其中又有某种因素起着主导作用。例如，道路冻害是水和热综合作用的结果，但是在南方，只有水而没有寒冷气候的影响，不会有冻害，说明温度起主导作用；西北干旱区与东北潮湿区，同样都有负温度，但前者冻害轻于后者，说明水起主导作用。

二、公路自然区划划分及特点

“公路自然区划”分三级进行区划，首先将全国划分为多年冻土、季节冻土和全年不冻土三大地带，然后根据水热平衡和地理位置，划分为冻土、温润、干湿过渡、湿热、潮湿、干旱和高寒7个一级自然区。

(一)一级区划

根据不同地理、气候、构造、地貌界限的交错和叠合，将我国分为以下7个自然区：

Ⅰ.北部多年冻土区；

Ⅱ.东部温润季冻区；

Ⅲ.黄土高原干湿过渡区；

Ⅳ.东南湿热区；

Ⅴ.西南潮湿区；

Ⅵ.西北干旱区；

Ⅶ.青藏高寒区。

(二)二级区划

二级区划仍以气候和地形为主导因素，但具体标志与一级区划有显著差别。一级自然区的共同标志为气候因素潮湿系数 K 值(年降水量与年蒸发量之比)，地形因素是独立的地形单元。二级区划的划分则需因区而异，将上述标志具体化或加以补充，其标志是以潮湿系数 K 为主的一个标志体系。

根据二级区划的主导因素与标志，在全国7个一级自然区内又分为33个二级区和19个副区(亚区)，共有52个二级自然区。

(三)三级区划

三级区划是二级区划的进一步划分。三级区划的方法有两种，一种是按照地貌、水文和土质类型将二级自然区进一步划分为若干类型单元；另一种是继续以水热、地理和地貌等为标志将二级区划细分为若干区域。各地可根据当地的具体情况选用。

我国7个一级自然区的路面结构设计注重的特点各有不同，根据各地区经验，可大致归纳如下：

Ⅰ区——北部多年冻土区

该区北部为连续分布多年冻土,南部为岛状分布多年冻土。对于泥沼地多年冻土层,最重要的道路设计原则是保温,不可轻易挖去覆盖层,使路堤下保持冻结状态,若受大气热量影响融化,后患无穷。对于非多年冻土层的处理方法则不同,须将泥炭层全部或局部挖去,排干水分,然后填筑路堤。该区主要是林区道路,路面结构为中级路面。林区山地道路,因表土湿度大,地面径流大,最易翻浆,应采取换土、稳定土、砂垫层等处理方法。

Ⅱ区——东部温润季冻区

该区路面结构突出的问题是防止翻浆和冻胀。翻浆的轻重程度取决于路基的潮湿状态。可根据不同的路基潮湿状态采取措施。该区缺乏砂石材料,采用稳定土基层已取得一定的经验。

Ⅲ区——黄土高原干湿过渡区

该区特点是黄土对水分的敏感性,干燥土基强度高、稳定性好。在河谷盆地的潮湿路段及灌区耕地,土基稳定性差,强度低,必须认真处理。

Ⅳ区——东南湿热区

该区雨量充沛集中,雨型季节性强,台风暴雨多,水毁、冲刷、滑坡是道路的主要病害,路面结构应结合排水系统进行设计。该区水稻田多,土基湿软,强度低,必须认真处理。由于气温高、热季长,要注意黑色面层材料的热稳定性和防透水性。

Ⅴ区——西南潮湿区

该区山多,筑路材料丰富,应充分利用当地材料筑路,对于水文不良路段,必须采取措施,稳定路基。

Ⅵ区——西北干旱区

该区大部分地下水水位很低,虽然冻深多在 100~150 cm,但一般道路冻害较轻。个别地区,如河套灌区,内蒙古草原洼地,地下水水位高,翻浆严重。丘陵区 1.5 m 以上的深路堑冬季积雪厚,雪水浸入路面造成危害。所以,沥青面层材料应具有良好的防透水性,路肩也应作防水处理。由于气候干燥,砂石路面经常出现松散、搓板和波浪现象。

Ⅶ区——青藏高寒区

该区局部路段有多年冻土,须按保温原则设计,由于地处高原,气候寒冷,昼夜气温相差很大,日照时间长,沥青老化很快,又因为年平均气温相对偏低,路面易遭受冬季雪水渗入而破坏。

习题演练

引言　课后习题

学习模块一 路基结构设计

学习目标

【知识目标】

完成本学习模块的学习，学生能够熟练掌握路基的基本概念，结合实训场地，理解施工图纸所代表的具体意义。熟练掌握工程量计算的方法。

【能力目标】

学生能够正确地使用图纸；合理地填写工程量清单。

模块设计

【实施时间】

(1)投标时，利用工程量清单编制商务标；

(2)开工前；

(3)施工过程中，根据工程量清单进行计量。

【实施地点】

项目部、施工现场。

【实施人员】

计量员、预算员、施工员、测量员。

【实施内容】

(1)熟悉施工图，提取施工测量数据；

(2)计算工程量，为投标、计量与支付提供依据。

【职业素养】

领会党的二十大会议精神，把会议的精髓践行到设计方法和方案之中，培养学生关注相关学科发展动态，紧跟技术发展前沿，终身适应科技发展水平，树立创新意识，培养创新精神。培养学生既具有独立思考能力，又具有团队精神。善于组织团队，团结协作，共同解决技术问题。提高团队意识，创新意识。

项目一 一般路基设计

一般路基通常是指在正常的地质和水文等条件下，填土高度或挖方深度小于规范规定值的路基。根据长期的生产实践和科学研究总结，这类路基已有了成熟的设计规定，拟定了典型的横断面图。因此，设计此类路基可比照当地地形、地质等情况，直接套用标准横断面图，而不必进行个别论证和验算。

一、路基典型横断面

通常根据公路路线设计确定的路基标高与天然地面标高是不同的，路基设计标高低于天然地面标高时，需进行挖掘；路基设计标高高于天然地面标高时，需进行填筑。由于填挖情况的不同，路基横断面的典型形式，可归纳为路堤、路堑和填挖结合路基等三种类型。

（一）路堤

路堤是高于原地面的填方路基。图 1-1 是路堤的几种常见形式。按路堤的填土高度不同，划分为矮路堤、高路堤和一般路堤。填土高度小于路基工作区深度的路堤属于矮路堤；路基填土边坡高度大于 20 m 的路堤属于高路堤。路堤随其所处的条件和加固类型的不同，还有沿河路堤、护脚路堤、挖沟填筑路堤等形式。

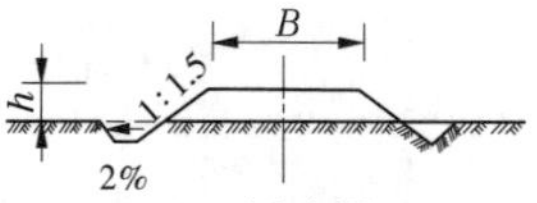 (a)矮路堤	**设计要领** 矮路堤常在平坦地区取土困难时选用。平坦地区地势低，水文条件较差，易受地面水和地下水的影响，设计时应注意满足最小填土高度的要求。力求不低于规定的临界高度，使路基处于干燥或中湿状态。路基两侧均应设边沟
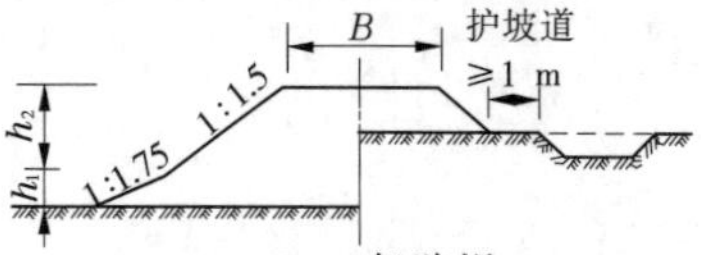 (b)一般路堤	**设计要领** 一般路堤是指在一般水文和水文地质、地形地貌条件下，路基的填方高度不大，无须进行特殊处理的路基。 对这类路基，人们在长期的实践中，已总结出了较为成熟的经验。所以，它可以结合当地的地形、水文地质情况和当地成功的经验，根据有关设计手册规定，直接套用典型横断面图，确定路基的断面形式和有关尺寸，可不必进行逐个论证和力学验算
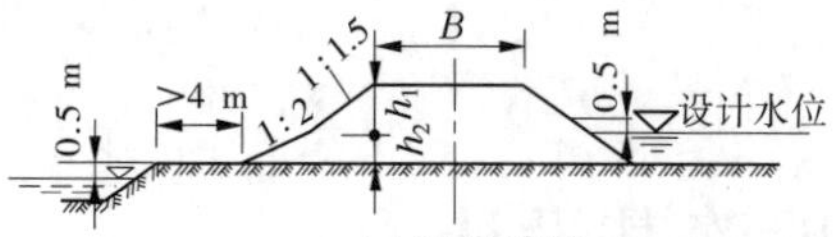 (c)沿河路堤	**设计要领** 沿河路基是指公路走向与河流基本平行，且受设计水位浸淹的路基。设计的路基边缘标高，应不低于路基设计洪水频率的水位加壅水高、波浪侵袭高，以及 0.5 m 的安全高度

图 1-1 路堤的几种常见形式

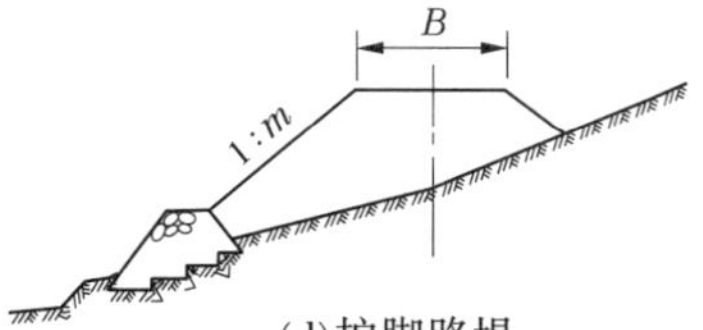

(d)护脚路堤

设计要领　当地面横坡较陡时，为防止填方路堤沿山坡向下滑动，可将天然地面挖成台阶，或设置石砌护脚。护脚高度不宜超过 5 m，受水浸淹的路堤护脚，应予防护或加固

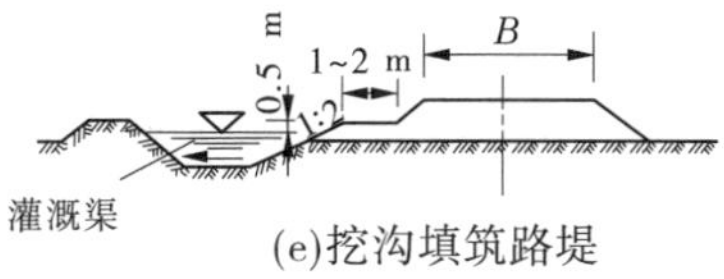

(e)挖沟填筑路堤

设计要领　填方高度不大，$h=2\sim3$ m 时，填方数量较少，全部或部分填方可以在路基两侧设置取土坑，使之与排水沟渠结合。为保护填方坡脚不受流水侵害，保证边坡稳定，可在坡脚与沟渠之间预留 1~2 m 的护坡道

续图 1-1

(二)路堑

路堑是指全部在天然地面开挖而成的路基。图 1-2 是路堑的几种常见形式。

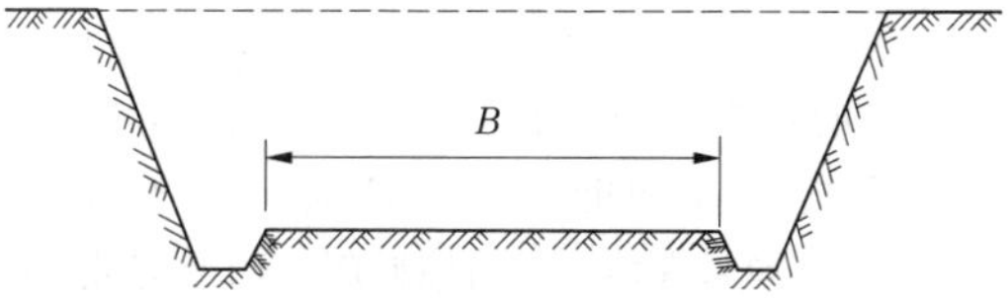

(a)平地挖方路基

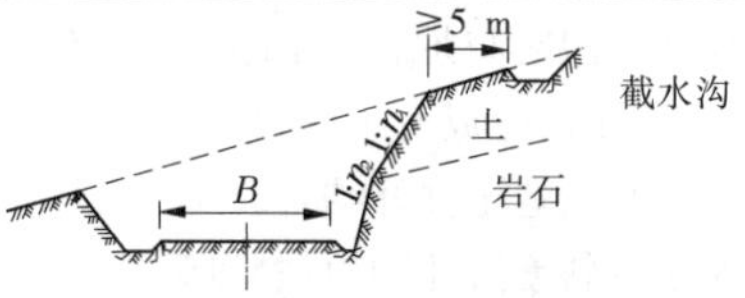

(b)斜坡下挖方路基

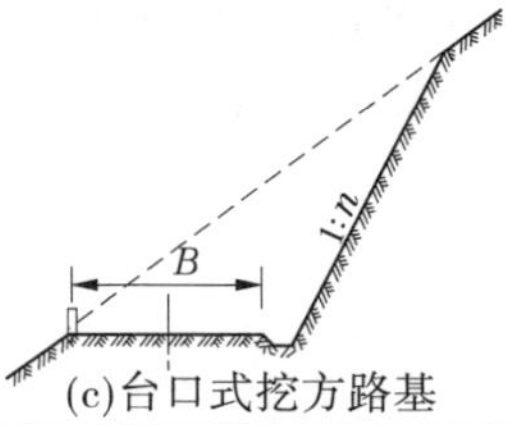

(c)台口式挖方路基

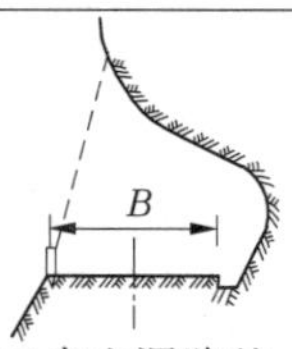

(d)半山洞路基

设计要领　由于路堑开挖后破坏了原地层的天然状况，其稳定性主要取决于地质条件与挖方深度，并且集中表现在边坡稳定性上。因此，地质条件差、挖方深时，边坡就必须放缓或予以必要的加固，以策安全。

深路堑在岩层变化时，其边坡应适应岩性的变化采取折线形边坡；陡峻山坡上的半路堑，可挖成台口式路基，力求避免少量的局部填方。

整体性的坚硬岩层，为减少石方工程，可采用半山洞路基，但要确保安全可靠，不得滥用。此外，路堑边坡的稳定性还与水文状况有关，地质愈差，水的破坏愈明显。因此，路堑的排水应特别引起注意

图 1-2　路堑的几种常见形式

(三)填挖结合路基

当天然地面横坡大，且路基较宽，需要一侧开挖而另一侧填筑时，为填挖结合路基，也称为半填半挖路基。在丘陵或山区公路上，填挖结合是路基横断面的主要形式。图 1-3 是填挖结合路基的几种常见形式。

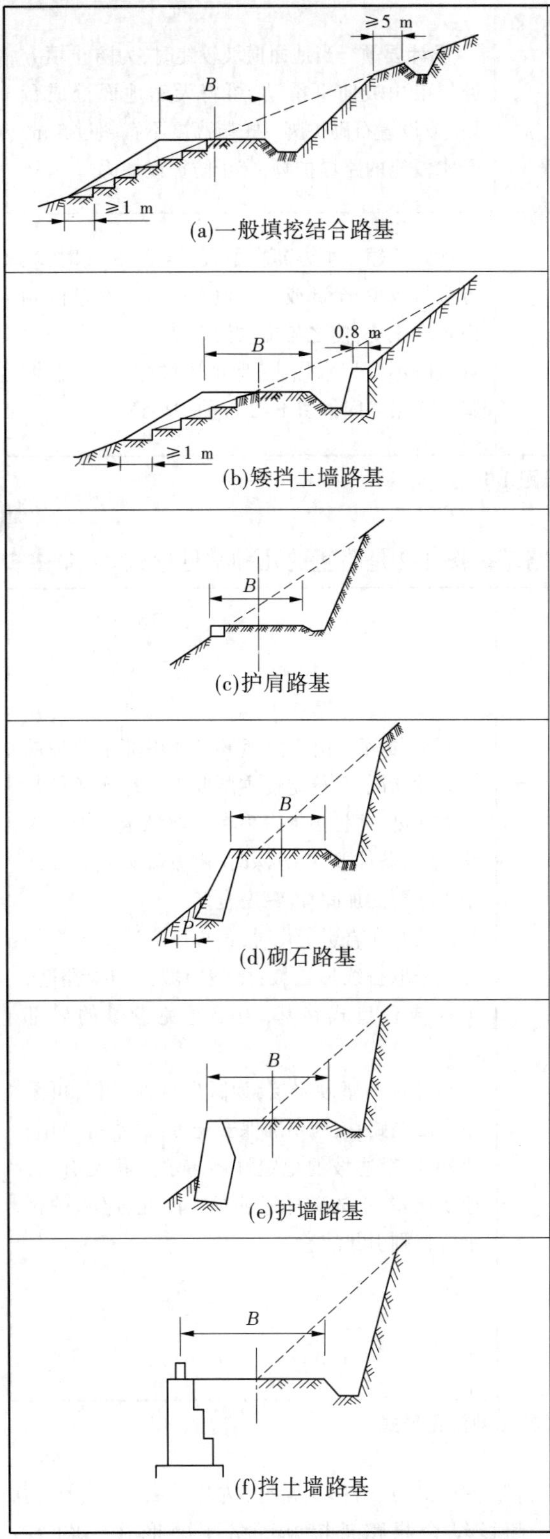

设计要领 半填半挖路基是将路堤与路堑(挖方路基)相结合的形式,主要设在山坡或横坡倾斜达10°~20°的地面上。

此类路基横断面的形式及其稳定性,同原地面的倾斜度有密切关系。其中填方部分,在自重作用下有可能下滑,为增强新、老土的密切结合,要求在填筑前将原倾斜地面或陡坡上的杂草、松动浮土和石块等加以清除,并做好排水设施。同时将原倾斜面陡于1∶5的填方部分,在填土前挖成台阶(阶梯形)再行分层填筑压实,使新、老土良好结合。

对于倾斜度过陡的山坡,以致无法填筑或占地太宽,填方数量甚大,则可视实际情况,充分利用废石方,修筑支撑式路基,其中包括叠砌、护墙、护脚、挡土墙、栈道、栈桥等多种形式

图1-3 填挖结合路基的常见形式

二、路基的断面尺寸

路基横断面的几何尺寸由路基宽度、路基填方或挖方高度和边坡坡度三者所构成。路基宽度由公路等级和使用要求确定，路基的填方或挖方高度除与路线的设计标高有关外，还与边坡坡度是紧密联系的。

(一)路基宽度

1. 路基的标准横断面

路基标准横断面见图1-4、图1-5。

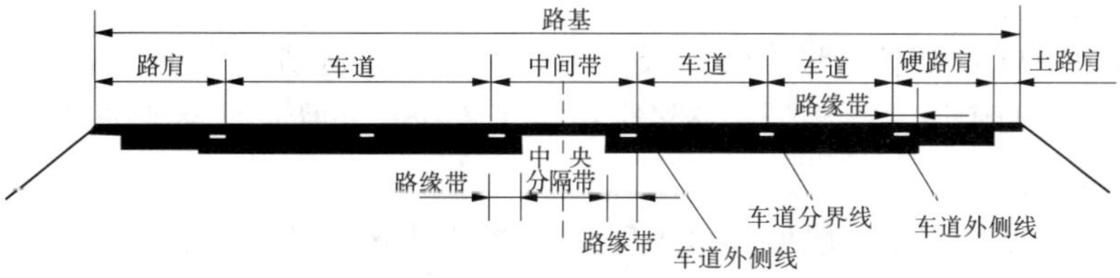

图1-4 高速公路、一级公路路基标准横断面

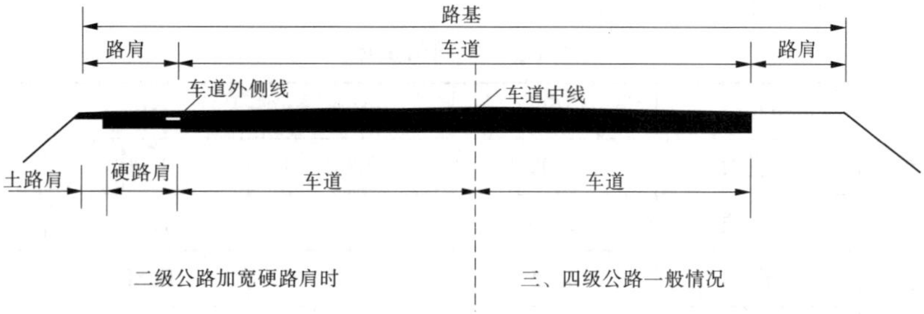

图1-5 二、三、四级公路路基标准横断面

2. 车道宽度

车道是指专为纵向排列、安全顺适地通行车辆为目的而设置的公路带状部分。

所谓车道宽度是为了交通上的安全和行车上的顺适，根据汽车大小、车速高低而确定的各种车辆以不同速度行驶时所需的宽度。

车道宽度应该满足车辆行驶的需要，双车道公路应满足错车、超车行驶所必需的余宽，四车道公路应满足车辆并列行驶所需的宽度。

车道宽度是根据设计车辆的最大宽度，加上错车、超车所必需的余宽确定的，如表1-1所示。

表1-1 车道宽度

设计速度/(km/h)	120	100	80	60	40	30	20
车道宽度/m	3.75	3.75	3.75	3.50	3.50	3.25	3.00(单车道时为3.50)

3. 车道数的确定

高速公路、一级公路各路段的车道数根据预测的设计交通量、设计速度、服务水平等确定。

二级、三级公路为双车道公路。二级公路混合交通量大,非汽车交通对汽车运行影响较大时,可划线分快慢车道(慢车道可利用硬路肩及土路肩的宽度),但这种公路仍属双车道范畴。

4. 中间带

高速公路和一级公路必须设置中间带,因为不设中间带无法保证行车安全,也难以达到该公路等级应有功能。

中间带由中央分隔带和路缘带组成。中央分隔带在构造上起到分隔对向交通的作用。在分隔带的两侧设置路缘带。路缘带提供了安全行车所必需的侧向余宽,并能引导驾驶员的视线。

中间带的宽度规定了一般值和最小值。正常状况下应采用一般值,特殊情况时经技术经济论证后可采用最小值。同时,考虑中小桥与前后线形的连接,在断面组合方面,应避免多变。中央分隔带宽度 1.00 m,仅限于在中间带内不埋设管线或不设置跨线桥桥墩时采用。中间带宽度如表 1-2 所示。

表 1-2　中间带宽度

设计速度/(km/h)		120	100	80	60
中央分隔带宽度/m	一般值	3.00	2.00	2.00	2.00
	最小值	2.00	2.00	1.00	1.00
左侧路缘带宽度/m	一般值	0.75	0.75	0.50	0.50
	最小值	0.75	0.50	0.50	0.50
中间带宽度/m	一般值	4.50	3.50	3.00	3.00
	最小值	3.50	3.00	2.00	2.00

5. 路肩

路肩设在行车道两侧外缘,用于保护行车道。对高速公路和汽车专用公路,路肩可以作为紧急停车带,对其他公路可以供慢车和非机动车或行人使用,如表 1-3 所示。

表 1-3　路肩宽度

设计速度/(km/h)		高速公路、一级公路				二级公路、三级公路、四级公路				
		120	100	80	60	80	60	40	30	20
右侧硬路肩宽度/m	一般值	3.00 或 3.50	3.00	2.50	2.50	1.50	1.50	—	—	—
	最小值	3.00	2.50	1.50	1.50	0.75	0.25			

续表 1-3

设计速度/(km/h)		高速公路、一级公路				二级公路、三级公路、四级公路				
		120	100	80	60	80	60	40	30	20
土路肩宽度/m	一般值	0.75	0.75	0.75	0.50	0.75	0.75	0.75	0.50	0.25(双车道) 0.50(单车道)
	最小值	0.75	0.75	0.75	0.50	0.50	0.50			

注:①“一般值”为正常情况下的采用值;“最小值”为条件受限制时可采用的值。

②设计速度为 120 km/h 的四车道高速公路,采用 3.50 m 的右侧硬路肩;六车道、八车道高速公路,采用 3.00 m 的右侧硬路肩。

高速公路、一级公路应在右侧硬路肩宽度内设右侧路缘带,其宽度为 0.50 m。

高速公路、一级公路采用分离式断面时,应设置左侧硬路肩,其宽度应符合表 1-4 规定,表中左侧硬路肩宽度包含左侧路缘带宽度。

表 1-4　分离式断面高速公路、一级公路左侧路肩宽度

设计速度/(km/h)	120	100	80	60
左侧硬路肩宽度/m	1.25	1.00	0.75	0.75
左侧土路肩宽度/m	0.75	0.75	0.75	0.50

6. 公路路基宽度

公路路基的宽度为路基两侧边缘点的水平距离。

高速公路、一级公路的路基横断面分为整体式和分离式两类。整体式断面包括车道、中间带(中央分隔带及左侧路缘带)、路肩(硬路肩及土路肩)及紧急停车带、爬坡车道、加(减)速车道等。分离式断面包括车道、路肩(硬路肩及土路肩)及紧急停车带、爬坡车道加(减)速车道等。

二级公路、三级公路、四级公路的路基横断面包括车道、路肩及错车道等。二级公路位于中、小城市城乡接合部、混合交通量大的连接线路段,实行快、慢车道分开行驶时,可根据当地经验设置慢车道或加宽右侧硬路肩。

表 1-5　路基宽度

公路等级		高速公路、一级公路								
设计速度/(km/h)		120			100			80		60
车道数		8	6	4	8	6	4	6	4	4
路基宽度/m	一般值	45.00	34.50	28.00	44.00	33.50	26.00	32.00	24.50	23.00
	最小值	42.00	—	26.00	41.00	—	24.50	—	21.50	20.00

续表 1-5

公路等级		二级公路、三级公路、四级公路					
设计速度/(km/h)		80	60	40	30	20	
车道数		2	2	2	2	2	1
路基宽度/m	一般值	12.00	10.00	8.50	7.50	6.50	4.50
	最小值	10.00	8.50	—	—	—	—

注:①“一般值”为正常情况下的采用值;“最小值”为条件受限制时可采用的值。

②八车道高速公路路基宽度“一般值”为设置左侧硬路肩、内侧车道采用 3.50 m 时的宽度;八车道高速公路路基宽度“最小值”为不设置左侧硬路肩、内侧车道采用 3.75 m 时的宽度。

(二)路基高度

路基高度是指路堤的填筑高度和路堑的开挖深度,是路基设计标高和地面标高之差。

新建公路的路基设计标高为路基边缘标高,在设置超高、加宽地段,则为设置超高、加宽前的路基边缘标高;改建公路的路基设计标高可与新建公路相同,也可采用路中线标高。设有中央分隔带的高速公路、一级公路,其路基设计标高为中央分隔带的外侧边缘标高。

相关链接 路基的填挖高度,是在路线纵断面设计时,综合考虑路线纵坡要求、路基稳定性和工程经济等因素确定的。从路基的强度和稳定性要求出发,路基上部土层应处于干燥或中湿状态。路基高度应根据临界高度并结合公路沿线具体条件和排水及防护措施确定路堤的最小填土高度再确定。

(三)路基边坡

为保证路基稳定,路基两侧需做成具有一定坡度的坡面。路基边坡坡度是以边坡的高度 H 与宽度 b 之比来表示。为方便起见,习惯将高度定为 1,相应的宽度是 b/H,一般写成 $1:m$,$m=b/H$ 称为坡率,如 1:0.5、1:1.5,如图 1-6 所示。m 值愈大,边坡愈缓,稳定性愈好,但工程数量增大,且边坡过缓而暴露面积过大,易受雨、雪侵蚀,反而不利。可见,路基边坡坡度对路基稳定起着重要的作用。如何恰当地设计边坡坡度,既使路基稳定,又节省造价,这在路基横断面设计中是极为重要的,尤其在深路堑及工程地质复杂的地区。

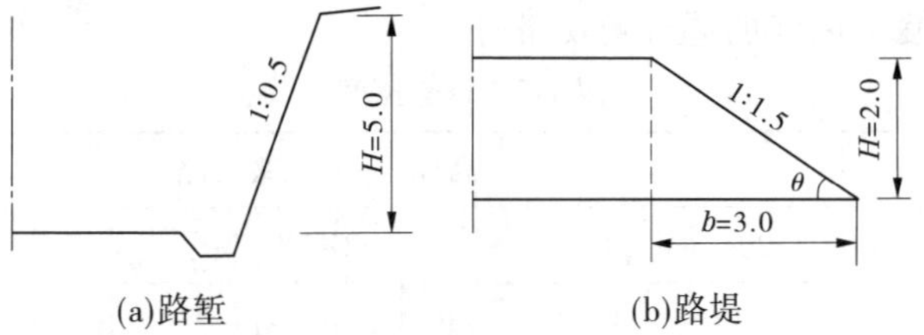

(a)路堑　　(b)路堤

图 1-6　路基边坡坡度示意图　(单位:m)

1.路堤边坡

路堤边坡形式和坡率应根据填料的物理力学性质、边坡高度和工程地质条件确定。

当地质条件良好,边坡高度不大于 20 m 时,其边坡坡率不宜陡于表 1-6 规定;对边坡高度超过 20 m 的路堤,边坡形式宜用阶梯形,边坡坡率应由稳定性分析计算确定,并应进行个别设计;浸水路堤在设计水位以下的边坡坡率不宜陡于 1∶1.75。

表 1-6　路堤边坡坡率

填料类别	边坡坡率	
	上部高度($H \leq 8$ m)	下部高度($H \leq 12$ m)
细粒土	1∶1.5	1∶1.75
粗粒土	1∶1.5	1∶1.75
巨粒土	1∶1.3	1∶1.5

2. 路堑边坡

路堑是从天然地层中开挖出来的路基结构物,设计路堑边坡时,首先应从地貌和地质构造上判断其整体稳定性。在遇到工程地质或水文地质条件不良的地层时,应尽量使路线避绕它;而对于稳定的地层,则应考虑开挖后,是否会由于减少支承,坡面风化加剧而引起失稳。

影响路堑边坡稳定的因素较为复杂,除路堑深度和坡体土石的性质外,地质构造特征、岩石的风化和破碎程度、土层的成因类型、地面水和地下水的影响、坡面的朝向及当地的气候条件等都会影响路堑边坡的稳定性,在边坡设计时必须综合考虑。

土质路堑边坡形式及坡率应根据工程地质与水文地质条件、边坡高度、排水措施、施工方法,并结合自然稳定边坡和人工边坡的调查及力学分析综合确定。

边坡高度不大于 20 m 时,边坡坡率不宜陡于表 1-7 的规定。

表 1-7　土质路堑边坡坡率

土的类别		边坡坡率
黏土、粉质黏土、塑性指数大于 3 的粉土		1∶1
中密以上的中砂、粗砂、砾砂		1∶1.5
卵石土、碎石土、圆砾土、角砾土	胶结和密实	1∶0.75
	中密	1∶1

岩质路堑边坡形式及坡率应根据工程地质与水文地质条件、边坡高度、施工方法,结合自然稳定边坡和人工边坡的调查综合确定。必要时可采用稳定分析方法予以检算。

边坡高度不大于 30 m 时,无外倾软弱结构面的边坡按表 1-8 和表 1-9 确定岩体类型,边坡坡率可按表 1-10 确定。

表 1-8　岩质边坡的岩体分类

<table>
<tr><th rowspan="2">边坡岩体类型</th><th colspan="4">判定条件</th></tr>
<tr><th>岩体完整程度</th><th>结构面结合程度</th><th>结构面产状</th><th>直立边坡自稳能力</th></tr>
<tr><td>Ⅰ</td><td>完整</td><td>结构面结合良好、一般</td><td>外倾结构面或外倾不同结构面的组合线倾角>75°或<35°</td><td>30 m 高边坡长期稳定,偶有掉块</td></tr>
<tr><td rowspan="3">Ⅱ</td><td>完整</td><td>结构面结合良好或一般</td><td>外倾结构面或外倾不同结构面的组合线倾角35°~75°</td><td rowspan="2">15 m 高的边坡稳定,15~30 m 高的边坡欠稳定</td></tr>
<tr><td>完整</td><td>结构面结合差</td><td>外倾结构面或外倾不同结构面的组合线倾角>75°或<35°</td></tr>
<tr><td>较完整</td><td>结构面结合良好、一般或差</td><td>外倾结构面或外倾不同结构面的组合线倾角<35°,有内倾结构面</td><td>边坡出现局部塌落</td></tr>
<tr><td rowspan="4">Ⅲ</td><td>完整</td><td>结构面结合差</td><td>外倾结构面或外倾不同结构面的组合线倾角35°~75°</td><td rowspan="4">8 m 高的边坡稳定,15 m 高的边坡欠稳定</td></tr>
<tr><td>较完整</td><td>结构面结合良好或一般</td><td>外倾结构面或外倾不同结构面的组合线倾角35°~75°</td></tr>
<tr><td>较完整</td><td>结构面结合差</td><td>外倾结构面或外倾不同结构面的组合线倾角>75°或<35°</td></tr>
<tr><td>较完整(碎裂镶嵌)</td><td>结构面结合良好或一般</td><td>结构面无明显规律</td></tr>
<tr><td rowspan="2">Ⅳ</td><td>较完整</td><td>结构面结合差或很差</td><td>外倾结构面以层面为主,倾角多为35°~75°</td><td rowspan="2">8 m 高的边坡不稳定</td></tr>
<tr><td>不完整(散体、碎裂)</td><td>碎块间结合很差</td><td></td></tr>
</table>

注:①边坡岩体分类中未含有软弱结构面控制的边坡和倾倒崩塌型破坏的边坡;

②Ⅰ类岩体为软岩、较软岩时,应降为Ⅱ类岩体;

③当地下水发育时,Ⅱ、Ⅲ类岩体可视具体情况降低一档;

④强风化岩和极软岩可划为Ⅳ类岩体;

⑤表中外倾结构面系指倾向与坡向的夹角小于30°的结构面;

⑥岩体完整程度按表 1-9 确定。

表 1-9 岩体完整程度划分

岩体完整程度	结构面发育程度	结构类型	完整性系数 K_v
完整	结构面 1~2 组,以构造节理或层面为主,密闭型	巨块状整体结构	>0.75
较完整	结构面 2~3 组,以构造节理或层面为主,裂隙多呈密闭型,部分为微张型,少有充填物	块状结构、层状结构、镶嵌碎裂结构	0.35~0.75
不完整	结构面大于 3 组,在断层附近受构造作用影响较大,裂隙以张开型为主,多有充填物,厚度较大	碎裂状结构、散体结构	<0.35

注:①完整性系数 $K_v=\left(\frac{V_R}{V_P}\right)^2$;$V_R$ 为弹性纵波在岩体中的传播速度;V_P 为弹性纵波在岩块中的传播速度;

②镶嵌碎裂结构为碎裂结构中碎块较大且相互咬合、稳定性相对较好的一种结构。

表 1-10 岩质路堑边坡坡率

边坡岩体类型	风化程度	边坡坡率	
		H<15 m	15 m≤H≤30 m
Ⅰ类	未风化、微风化	1:0.1~1:0.3	1:0.1~1:0.3
	弱风化	1:0.1~1:0.3	1:0.3~1:0.5
Ⅱ类	未风化、微风化	1:0.1~1:0.3	1:0.3~1:0.5
	弱风化	1:0.3~1:0.5	1:0.5~1:0.75
Ⅲ类	未风化、微风化	1:0.3~1:0.5	—
	弱风化	1:0.5~1:0.75	—
Ⅳ类	弱风化	1:0.5~1:1	—
	强风化	1:0.75~1:1	—

注:①有可靠的资料和经验时,可不受本表限制;

②Ⅳ类强风化包括各类风化程度的极软岩。

对于有外倾软弱结构面的岩质边坡、坡顶边缘附近有较大荷载的边坡、边坡高度超过表 1-10 范围的边坡等,边坡坡率应按有关规范规定通过稳定性分析计算确定。

三、路基的附属设施

为了使路基稳定和保证行车安全畅通,与路基使用品质及其稳定性相关的附属设施,如取土坑与弃土堆、护坡道与碎落台、堆料坪与单车道公路的错车道等,都应视为路基主体工程不可缺少的部分。

(一)取土坑与弃土堆

公路土石方数量经过合理调配后,或在养护过程中,不可避免地会在公路沿线附近借土或弃土。在公路沿线挖取土方填筑路基或作为养护材料所留下的整齐土坑，称为取土坑。利用挖方路基所剩余的土或不宜筑路而废弃的土堆积成有规则形状的土堆称为弃土堆。无论借土或弃土，首先要合理地选择地点，一般应从土质、数量、用地及运输等方面考虑选点。其次要结合沿线农田水利，改地造田，不毁农田，少占或不占良田，维护自然生态平衡，防止水土流失。再者，结合沿线规划，充分利用，做到“借之有利，弃而无害”。公路等级愈高，或位于城郊附近的干线，愈应注意。

取土坑一般设置在地势较高一侧。其深度或宽度，应视填土数量、施工方法及用地许可条件而定。平原区一般深度 1.0 m。为防止坑内积水，路基坡脚与坑之间，当堤顶与坑底高差超过 2 m 时，需设宽 1.0 m 的护坡道，坑底设纵横排水坡及相应设施，大致如图 1-7 所示。

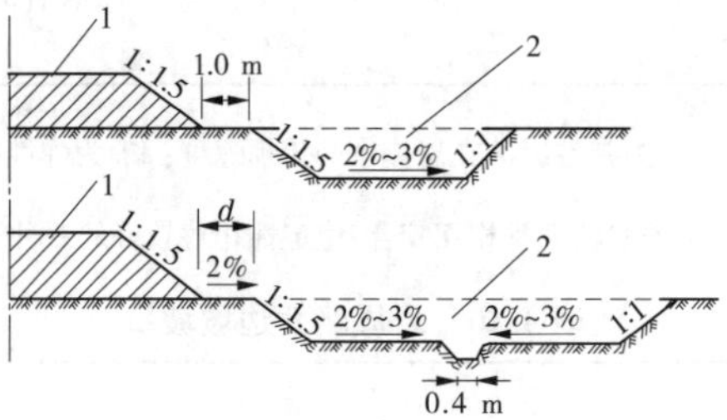

1—路堤；2—取土坑。

图 1-7　路旁取土坑示意

河流淹没地段的桥头引道两侧一般不设取土坑。河滩上的取土坑，应与调治构造物的位置相适应，一般距离河流水位界 10 m 以外。此类取土坑不得长期积水及危害路基或构造物的稳定。

开挖路基的废方，应妥善处理，充分利用，如用于公路、农田水利、基建等，做到变废为宝，弃而不乱。对无法加以利用的弃土，亦应防止乱弃而造成水土流失，危害路基及农田水利，淤塞河道。

废方一般选择在沿线附近低洼荒地或路堑的下坡一侧堆放。沿河路基废石方，条件允许时，可以部分占用河道，但不能造成河道上游壅水，危及路基及附近农田等。如需在路堑上侧弃土，要求堆弃整平，顶面具有适当横坡，并设置平台三角土埂及排水沟渠，如图 1-8 所示。积砂或积雪地段的弃土堆，为有利于防砂防雪，一般设在迎风一侧。路堑深度大于 1.5 m 时，弃土堆距坡顶至少 20 m。浅而开阔的路堑两旁不得设弃土堆。

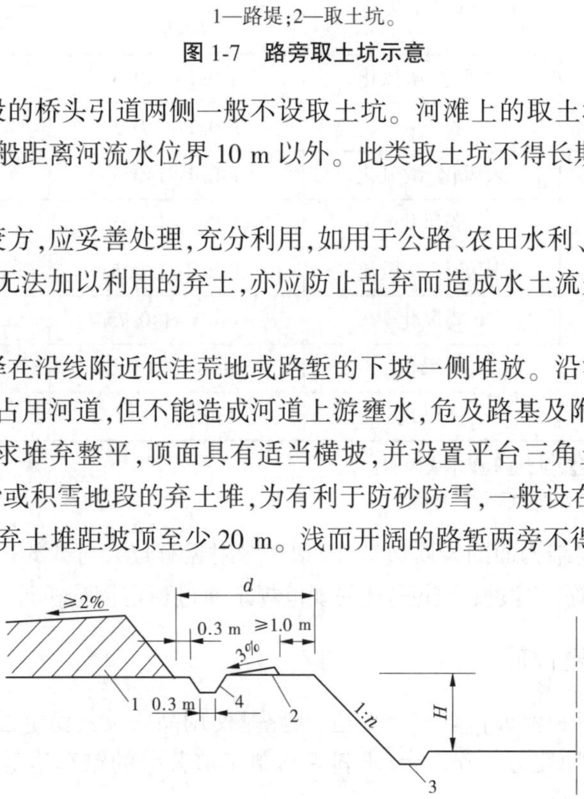

1—弃土堆；2—三角平台；3—边沟；4—截水沟；

d—弃土堆内侧坡脚与路堑坡顶的距离；*H*—路堑高度。

图 1-8　弃土堆横断面图

（二）护坡道与碎落台

当路堤较高时，为保证边坡稳定，在取土坑与坡脚之间，或在边坡坡面上，沿纵向保留或筑成有一定宽度的平台称为护坡道。其目的是加宽边坡横距，减缓边坡平均坡度。护坡道愈宽，愈有利于边坡稳定，但工程量随之增加。根据实践，宽度至少为 1.0 m，并随填土高度而增大。一般情况下，护坡道宽度 d 与路基高度关系为，$H \leqslant 3.0$ m，$d=1.0$ m；$H=3\sim6$ m，$d=2$ m。d 也可设置在边坡中部，如图 1-9 所示，其作用是防止零星土石碎落物落入边沟。碎落台宽度一般为 1.0~1.5 m。兼顾护坡道作用，可酌情放宽。对风化严重的岩石边坡或不良土质边坡，为防止塌方，碎落台可修成矮墙，其顶部宽度大于 0.5 m，墙高 1~2 m。

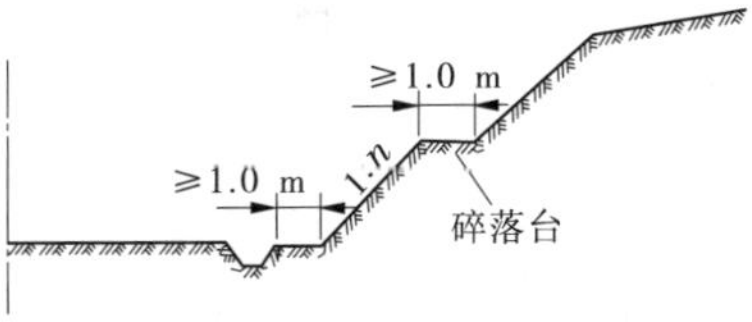

图 1-9　碎落台示意图

（三）堆料坪与单车道公路的错车道

为避免在路肩上堆放路面养护用料，在用地条件许可时，可在路肩外缘或边沟外缘设置堆料坪。一般每隔 50~100 m 设置一个，其长 5~8 m，宽 2 m 左右，如图 1-10 所示。

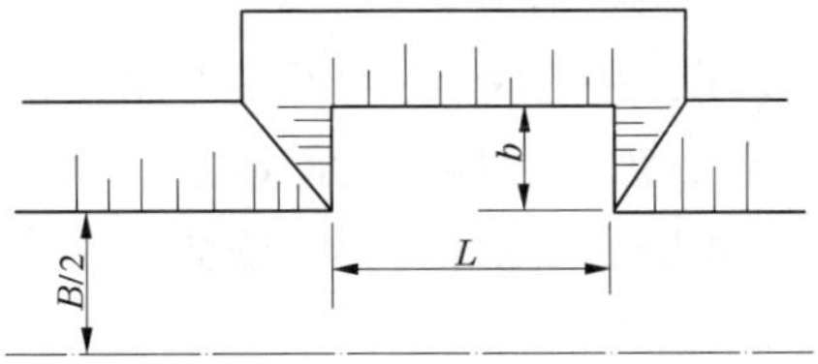

b—堆料坪宽度；L—堆料坪长度；B—路基宽度。

图 1-10　堆料坪示意

四级公路，当采用 4.5 m 的单车道路基时，为了满足双向行车会车和相互避让的需要，在可通视的一定距离内，设置一段错车道，错车道的路基宽度 $b \geqslant 6.5$ m，有效长度 $L \geqslant 200$ m。

项目二　特殊路基设计

我国幅员辽阔，存在着各种各样的气候、地形、地貌、地质、水文等自然条件，如岩溶、黄土、泥沼、软土、冻土、盐渍土、雪崩、泥石流等。随着公路等级的提高，按路线线形的要求，公路往往需要穿越这些不良的工程地质与水文地质地区；位于特殊土地段、不良地质地段，受水、气候等自然因素影响强烈的路基称为特殊路基。设计特殊路基不能套用典型路基横断面图，而应作特别设计，对其进行稳定性分析或验算，以确定经济、合理的路基断面形式和稳定的边坡值，或据以寻求相应的防护与加固措施。

路基的稳定性,除施工质量等因素外,一般取决于边坡和地基的稳定性。填筑在陡坡上的路堤,还取决于路堤在陡坡上的滑动稳定性。路基边坡的稳定性,与岩土性质及结构、边坡高度及坡度、工程质量及经济等方面有关。目前,土质边坡稳定性分析,按边坡滑动面形状,基本上分为直线、曲线和折线三大类,以土的抗剪强度为理论基础,按力的平衡原理建立相应的计算式进行判断。地基的稳定,涉及水文地质、地带类型、填土高度与经济等因素。一般情况下,采取各种措施,以达到提高地基承载力为目的。本项目主要介绍土质路基边坡的稳定性及陡坡路堤的整体稳定性的分析、验算方法,并对几种特殊地区的路基设计作简要介绍。

概　述

一、边坡滑动面形状

大气降雨使土的抗剪强度降低,往往导致路基边坡产生滑塌。根据大量观测,边坡滑塌破坏时,会形成一滑动面。滑动面的形状主要因土质而异,有的近似直线平面,有的呈曲面,有的则可能是不规则的折线平面。为简化计算,近似地把滑动破裂面与路基横断面的交线假设为直线、圆曲线或折线。砂性土及碎(砾)石土,因有较大的内摩擦角 φ 及较小的凝聚力 c,其破坏滑动面近似于直线平面。黏性土的凝聚力 c 较大,而其内摩擦角 φ 较小,边坡滑塌时,滑动面近似于圆曲面。

滑动面形状如图 1-11 所示。一般情况下,可只考虑破裂面通过坡脚的稳定性;路基底面以下含有软弱夹层时,还应考虑滑动破裂面通过坡脚以下的可能;边坡为折线形,必要时应对通过变坡点的滑动面进行稳定性验算。验算时可根据不同的土质,区分不同情况加以选择。

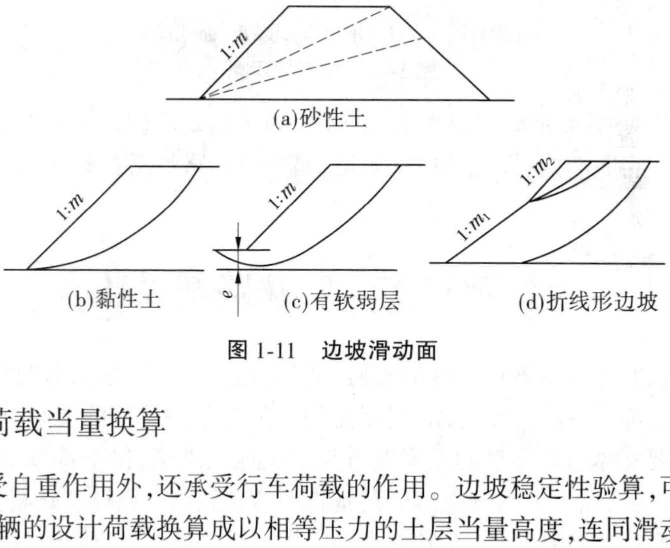

图 1-11　边坡滑动面

二、汽车荷载当量换算

路基除承受自重作用外,还承受行车荷载的作用。边坡稳定性验算,可按车辆最不利情况排列,将车辆的设计荷载换算成以相等压力的土层当量高度,连同滑动土体一并进行力学计算。如图 1-12 所示。

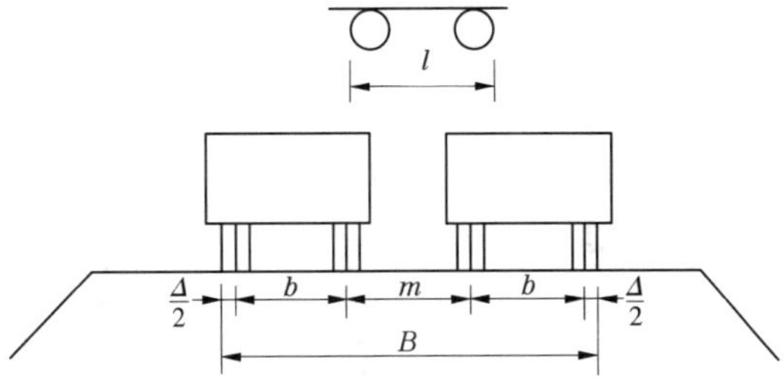

B—车辆外轮横向边缘之间的距离；l—汽车前后轴总距；b—车辆后轴距；

Δ—车辆后轴一侧的宽度；m—并行车辆相邻后轮轴距。

图 1-12　汽车荷载布置示意图

当量高度的计算式为：

$$h_0 = \frac{NQ}{\gamma BL} \tag{1-1}$$

$$B = Nb + (N - 1)d \tag{1-2}$$

式中　h_0——当量高度，m；

N——横向分布车辆数；

Q——每辆重车的重力，kN；

γ——路基填料的湿容重，kN/m^3；

L——汽车前后轴的总距，m，公路—Ⅰ级和公路—Ⅱ级汽车荷载，L = 12.8 m；

B——横向分布车辆轮胎最外缘之间总距，m；

b——每一车辆的轮胎外缘之间的距离，m；

d——相邻两辆车轮胎之间的净距，m。

荷载分布宽度，可以分布在行车道范围，亦可以认为路肩有停放车辆，为安全和计算简化，可将换算的土层厚度分布在路基全宽上，据以计算作用在滑动土体上的重力。两者的计算结果相近。

三、边坡稳定性验算的计算参数

（一）均匀土体边坡稳定性验算的参数确定

边坡稳定性验算参数主要指填料的物理力学试验参数，如含水量、湿密度、最大干密度及最佳含水量、抗剪强度等。其中，土的内摩擦角 φ、凝聚力 c 及湿容重 ρ 是不可缺少的资料数据。边坡稳定性验算的精确程度，取决于填料试验资料的可靠性，如 φ、c、ρ 值等。在一定意义上，合理选择填料的计算参数，比选择计算方法更为重要。因此，要求采取与将来路基实际使用情况相符的数据。试验所得的资料，应根据当地的气候条件、季节等因素，以最不利季节状况下土的物理力学性质进行调整。调整后数据方可用于验算。表 1-11 为黏性土的 φ 和 c 参考值。

表 1-11　黏性土的 c 和 φ 参考值

相对稠度	内摩阻角 φ/(°)			凝聚力 c/kPa		
	低液限黏土	中液限黏土	高液限黏土	低液限黏土	中液限黏土	高液限黏土
<0	28	25	22	19.60	58.80	98.07
0~0.25	26	23	20	14.70	39.20	58.80
0.25~0.50	24	21	18	9.80	24.50	39.20
0.50~0.75	20	17	14	4.90	14.70	19.60
0.75~1.00	18	13	8	1.96	9.80	9.80
>1.00	≤14	≤10	≤6	0.98	≤4.90	≤4.90

(二)多层土体验算的参数确定

由多层土体所构成的边坡如图 1-13 所示,所采用的参数 φ、c、ρ 数值,可采用加权平均法求之。

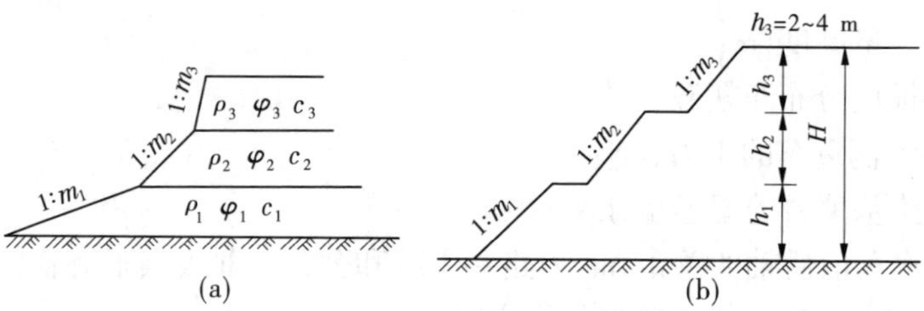

图 1-13　多层土体边坡稳定性设计图

$$c = \frac{c_1h_1 + \cdots + c_nh_n}{\sum h_i}$$

$$\varphi = \frac{\varphi_1h_1 + \cdots + \varphi_nh_n}{\sum h_i} \tag{1-3}$$

$$\rho = \frac{\rho_1h_1 + \cdots + \rho_nh_n}{\sum h_i}$$

式中　c_i——各层土体的凝聚力,kPa;

φ——各层土体的内摩擦角,(°);

ρ——各层土体的湿容重,kN/m^3;

h_i——各层土体的厚度,m。

折线形边坡或设护坡道的边坡,其坡度值一般可取平均值或加权平均值。

同学们,特殊路基边坡滑动面形状及计算参数的确定这部分知识点如果还有不理解的地方,大家就来扫码再听听老师的微课讲解吧!

特殊路基边坡滑动面形状及计算参数的确定

边坡稳定性力学验算法

路基边坡稳定性的分析计算,是路基设计的主要内容之一。边坡稳定性验算时,为简化计算,通常按平面问题处理,并近似地将滑动破裂面与路基横断面的交线假定为直线或圆曲线。假定若干个不同的破裂面,按力学平衡原理,对每个可能滑动面予以验算,或制成相应的图、表,从中找出最危险滑动面,以判断边坡的稳定性,这就是力学验算法。其假设条件是:

(1)不考虑滑动土体本身内应力的分布。

(2)土的极限平衡状态,只在破裂面上达到。

(3)最危险滑动面位置,通过试算才能确定。

路基稳定性验算方法,主要有直线法和圆弧法两种。前者适用于砂类土,后者适用于黏性土。

一、直线法验算

(一)均质砂类土路堤边坡

图 1-14 中,验算时先通过坡脚或变坡点,假设一直线滑动面,将路堤斜上方分割出下滑土楔体 ABD,沿着滑动面 AD 滑动,按静力平衡原理,其稳定安全系数 K 按下式计算:

$$K = \frac{R}{T} = \frac{Q\cos\alpha\tan\varphi + cL}{Q\sin\alpha} \tag{1-4}$$

式中　R——抗滑动力,kN/m;

T——下滑力,kN/m;

Q——滑动面以上土体及换算土柱总重力,kN;

α——滑动面与水平线的夹角,(°);

φ——填料内摩擦角,(°);

c——填料凝聚力,kPa;

L——滑动面的长度,m。

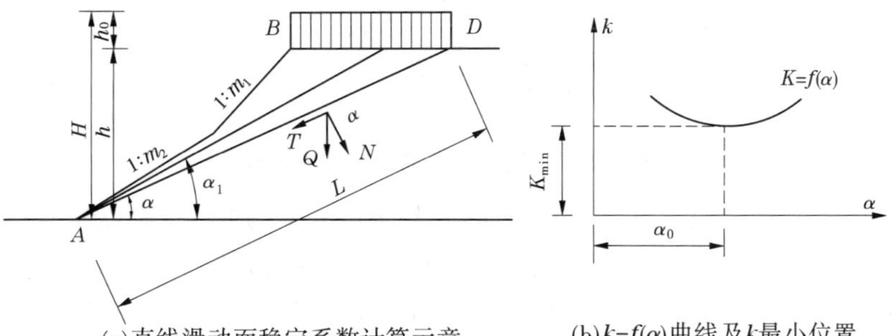

(a)直线滑动面稳定系数计算示意　　(b)$k=f(\alpha)$曲线及k最小位置

图 1-14　直线滑动面

通过坡脚 A 点,假定 3~4 个可能的滑动面,按式(1-4)求出相应的 K_1、K_2、K_3、K_4 等值,并绘出 $K=f(\alpha)$ 图。由此可确定稳定系数 $K_{\min}$ 值及相对应的最危险滑动面倾斜角 α_0 值。

由于土工试验所得的 φ 、c 值有一定的局限性,为了保证边坡有足够的安全储备量,稳定安全系数 $K_{\min} \geqslant 1.25$,但 K 值亦不宜过大,以免工程不经济。

对于砂、砾(碎)石土填料,凝聚力 c 很小,可以忽略不计,则式(1-4)可表达为:

$$K=\frac{R}{T}=\frac{Q\cos\alpha\tan\varphi}{Q\sin\alpha}=\frac{\tan\varphi}{\tan\alpha} \tag{1-5}$$

由式(1-5)可知,当 $K=1$ 时,抗滑力等于下滑力,则滑动面的土体处于极限平衡状态。此时,极限坡度等于砂土的内摩擦角,该角相当于自然休止角。当 $K>1$,即 $\tan\varphi>\tan\alpha$ 时,滑动面上的土体是稳定的,而且与坡高无关;当 $K<1$,即 $\tan\varphi<\tan\alpha$ 时,则滑动面上的土体不论坡高多少,都不能保持稳定。

(二)均质砂类土路堑边坡

如图 1-15 所示,土楔 ABD 沿假定的破裂面 AD 滑动,其稳定系数可按下式计算:

$$K=\frac{R}{T}=\frac{fQ\cos\omega+cL}{Q\sin\omega}=f\cot\omega+\frac{cL}{\dfrac{\rho HL\sin(\alpha-\omega)\sin\omega}{2\sin\alpha}} \tag{1-6}$$

$$=f\cot\omega+\frac{2c}{\rho H}\frac{\sin\alpha}{\sin(\alpha-\omega)\sin\omega}$$

式中 Q——土楔 ABD 的重量,kN;按 1 m 长度计;

ω——破裂面的倾斜角,(°);

α——边坡的坡度角,(°);

ρ——边坡土体的湿容重,kN/m^3;

H——边坡的竖向高度,m;

L——破裂面 AD 的长度,m。

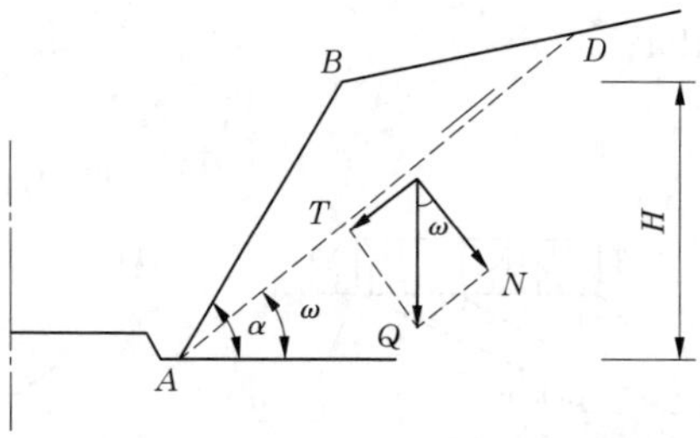

图 1-15 路堑直线滑动面的计算图式

令 $2c/\rho H=a$,而 $f=\tan\omega$, 且 f 、c 、φ 、H 均为已知值,则式(1-6)为:

$$K=(f+a)\cot\omega+a\cot(\alpha-\omega) \tag{1-7}$$

对式(1-7)求导数,取 $dK/d\omega=0$,则 $K_{\min}$ 相对应的最危险滑动面倾角 ω_0 值表达式为

$$\cot\overline{\omega_0}=\cot\alpha+\sqrt{\frac{a}{f+a}}\csc\alpha \tag{1-8}$$

其中，ω_0 界限为：$\alpha/2 \leqslant \omega_0 \leqslant \alpha$。

将式(1-7)中 $\cot(\alpha-\omega)$ 展开，并以 ω_0 代替 ω，得下式：

$$K_{\min} = (2a+f)\cot\alpha + 2\sqrt{a(f+a)}\csc\alpha \tag{1-9}$$

利用式(1-9)可求路基边坡角为 α 的 $K_{\min}$ 值，亦可在其他条件固定时，反求稳定的坡角 α（确定边坡），或计算路基的限制高度。

【例】 某路堑挖深 $H=6.0$ m，土工试验并考虑最不利季节影响 $\varphi=25°$，$c=14.7$ kPa，$\rho=17.64$ kN/m^3，试设计边坡值。

解：拟用直线单坡，并令 $K_{\min}=1.25$

由 $a=\dfrac{2c}{\rho H}=\dfrac{2\times 14.7}{17.64\times 6.0}=0.2778$，$f=\tan 25°=0.4663$

代入式(1-9)得

$$1.25=(2\times 0.2778+0.4663)\cot\alpha+2\sqrt{0.2778\times(0.4663+0.2778)}\csc\alpha$$

简化，并整理得：

$$\sin^2\alpha-2.19\sin\alpha-0.21=0$$

解方程得：$\sin\alpha=0.955$，$\alpha=73°$，$\cot\alpha=0.3$

所以，边坡坡度最陡可采用 1∶0.3。

同学们，这道例题你们是否看懂了？如果还有不理解的步骤的地方大家扫码听听老师的微课讲解吧！

边坡稳定性力学验算法

二、圆弧法验算

圆弧法又称瑞典法，此法有数解法及其简化的表解和图解法。其中，数解法又称条分法，最为常用。这种方法适用于一般黏性土均质边坡、不同土层的边坡；部分被水淹没的均质土边坡折线或台阶形的黏性土边坡。

（一）条分法

1. 条分法的基本原理

设滑动面为图 1-16 所示的 AB 弧。

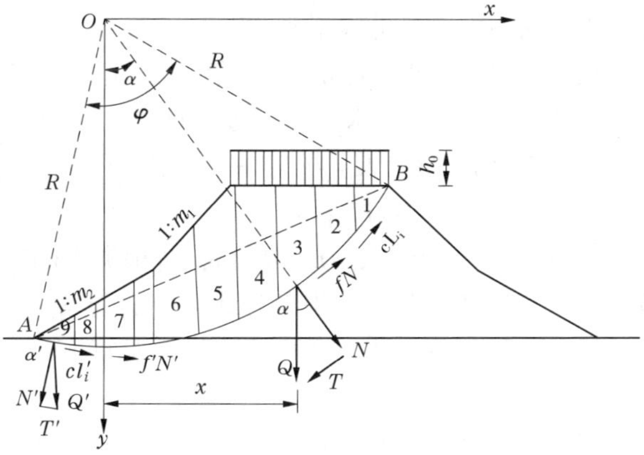

图 1-16　条分法边坡稳定性验算

将圆弧滑动面上的土体分成若干竖向土条,依次计算每一土条对于圆心的滑动力矩 M_{si} 和抗滑力矩 M_{ri} ,然后叠加出整个滑动土体的抗滑力矩 M_r 与滑动力矩 M_s ,并取它们的比值 K,由 K 来判别边坡是否稳定。

2. 验算步骤及计算公式

(1)通过坡脚任意选定一个可能的圆弧滑动面 AB,其半径为 R,取路线纵向为单位长度 1 m。将滑动土体分成若干个相等宽度的垂直土条,其宽度一般为 2~4 m,如图 1-16 所示。

(2)计算每个土条土体重 Q_i,并引至圆弧线上,分解为:

切向分力: $T_i = Q_i\sin\alpha_i$

法向分力: $N_i = Q_i\cos\alpha_i$

式中 α_i ——通过第 i 条土体重心引垂线与圆弧相交,即交点法线与铅垂线的夹角。

为简化计算,可取第 i 条圆弧的中点法线与铅垂线的夹角,由 $\sin\alpha_i = X_i/R$ 得:$\alpha_i = \arcsin(X_i/R)$ 。

(3)以圆心 O 点为转动圆心,半径 R 为力臂,计算滑动面上各力对 O 点的滑动力矩。要注意的是,在 Oy 轴右侧的土条 T_i 为正;而在 Oy 轴左侧的土条 T'_i 值为负,力矩与滑动方向相反,起到抗滑作用,应在滑动力矩中扣除。由此,绕圆心 O 点的滑动力矩 M_s 为:

$$M_s = R(\sum T_i - \sum T'_i)$$

(4)绕圆心 O 点的抗滑力矩 M_r 为:

$$M_r = R(\sum N_i f + \sum cL_i)$$

(5)求稳定系数 K :

$$K = \frac{M_r}{M_s} = \frac{R(\sum N_i f + \sum cL_i)}{R(\sum T_i - \sum T'_i)} = \frac{f\sum Q_i\cos\alpha_i + cL_{AB}}{\sum Q_i\sin\alpha_i - \sum Q_i\sin\alpha'_i} \quad (1\text{-}10)$$

式中 L_{AB} ——圆弧 AB 的总长度,m;

f——内摩阻系数,$f=\tan\varphi$;

c ——凝聚力,kPa。

(6)依上法,绘若干个可能的滑动圆弧,分别求各个滑动面的稳定系数 K,从中得出 K_{min} 值。K_{min} 值所对应的滑动面就是最危险滑动面。

最危险滑动面的求法是在圆心辅助线 MI 上,选定 O_1、O_2⋯ O_n 为圆心,通过坡脚作对应的圆弧,计算各滑动面的稳定系数 K_1、K_2⋯K_n,通过 O_1、O_2⋯ O_n 分别作 MI 的垂线,并按一定比例表示各点是 K_i 的数值,绘出 $K=f(O)$ 的关系曲线,找到 K_{min},所对应的就是最危险滑动圆心及最危险滑动面,如图 1-17 所示。

一般地,容许稳定系数[K]=1.25~1.50。取值时,可根据土的特性,抗剪强度指标的可靠程度,公路等级和地区气候特点及经验综合考虑。当计算 K_{min} <[K]时,则应采取措施,如放缓边坡、更换填料等,重新按上述方法进行稳定性验算。

3. 危险圆心辅助线的确定

为了迅速地找到最危险滑动圆心,减少试算工作量,根据经验,最危险滑动圆心在一条辅助线上。确定圆心辅助线方法有 4.5H 法和 36°法。

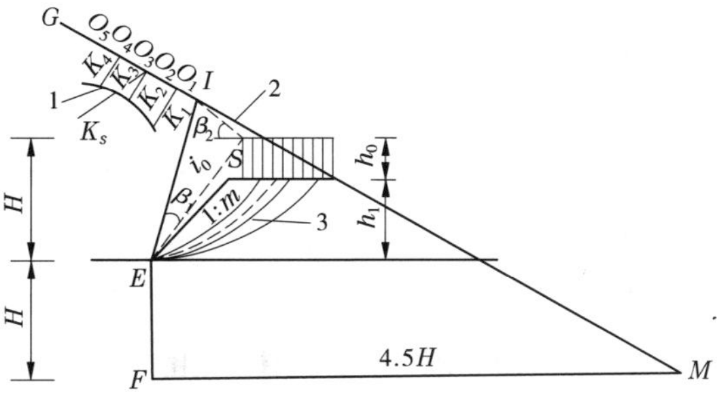

1—K 值曲线;2—圆心辅助线;3—最危险滑动圆弧。

图 1-17 最危险滑动面圆心确定

1)4.5H 法

如图 1-17 所示,具体步骤如下:

(1)自坡脚 E 点向下作垂直线;垂直线长度 $H=h_1+h_0$,得 F 点。

(2)自 F 点向右作水平线,在水平线上量取 4.5H 得 M 点,M 点为圆心辅助线上一点。

(3)计算平均边坡 i_0,并连接 E、S 虚线(不考虑荷载时,S 点为路肩外边缘点)。根据 i_0 值查表 1-12 得 β_1 和 β_2。

表 1-12 辅助线作图角值表

边坡坡度 i_0	边坡倾斜角 α	β_1	β_2	边坡坡度 i_0	边坡倾斜角 α	β_1	β_2
1:0.5	60°	29°	40°	1:3	18°25′	25°	35°
1:1	45°	28°	37°	1:4	14°03′	25°	36°
1:1.5	33°41′	26°	35°	1:5	11°19′	25°	37°
1:2	26°34′	25°	35°				

(4)自 E 点以 ES 线为一边,逆时针转 β_1 角得一边线;自 S 点以水平线为边线,顺时针转 β_2 角得另一边线。两边线的延长线相交于 I 点,I 点即为圆心辅助线上的另一点。

(5)连接 M、I 点,并向左上角延长至 G,则 MG 即为圆心辅助线。

如果 $\varphi=0$,I 点即为最危险滑动面的圆心;如果 $\varphi>0$,最危险滑动面的圆心在 MI 辅助线的延长线上。

同学们,用 4.5H 法确定最危险滑动面圆心辅助线的作图方法有点小复杂,大家如果还没有掌握就来扫码听听老师的微课讲解吧!

确定最危险滑动面圆心辅助线的作图方法

2)36°法

为简化计算,圆心辅助线可通过路基边缘 E 点或荷载当量高度边缘 E 点作一水平线,顺时针转动 36°得射线,该射线即为圆心辅助线,如图 1-18 所示。

两种方法中,36°法较简便,但精度比 4.5H 法差,不过对于 1:1~1:1.75 的边坡及滑动面通过坡脚的情况两种方法均可使用。以上两

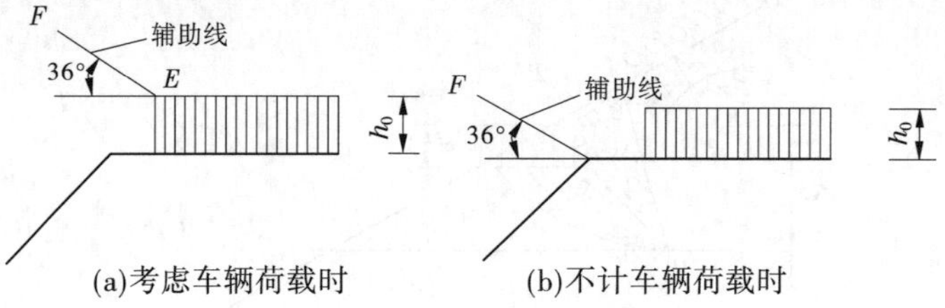

图 1-18　36°法绘辅助线图

种方法可不计车辆荷载换算的土层厚度，所得结果出入不大，从而使计算简化。

4. 注意事项

(1)在进行计算时，要求依图确定 R、α_i、x_i，其中 R、x_i 是直接由图上量取，α_i 不宜用圆规丈量，而通过 $\alpha_i = \arcsin X_i / R$ 求得。

(2)作图要严格按比例，一般用 1∶50。

(3)当滑动面划入基底以下时，土条重 Q_i 应按基底线分上、下两部分计算。

(二)毕肖普(Bishop)法

《公路路基设计规范》(JTG D30—2015)中指出：路堤的堤身稳定性、路堤和地基的整体稳定性宜采用简化 Bishop 法进行分析计算。

由于条分法忽略了土条间力的作用，因此对每一土条力的平衡及力矩的平衡是不满足的，只满足整个土体力矩平衡。由此求得的安全系数偏低 10%~20%，误差随破裂面圆心角和孔隙压力的增大而增大。

为了克服条分法的不足，路堤的堤身稳定性、路堤和地基的整体稳定性宜采用简化 Bishop 法进行分析计算，如图 1-19 所示，稳定系数 F_s 按式(1-11)计算。

$$F_s = \frac{\sum K_i}{\sum (W_i + Q_i)\sin\alpha_i} \tag{1-11}$$

式中　W_i——第 i 土条重力；

α_i——第 i 土条底滑面的倾角；

Q_i——第 i 土条垂直方向外力。

K_i 依土条滑弧所在位置分别按式(1-12)和式(1-13)计算。

当土条 i 滑弧位于地基中时

$$K_i = \frac{c_{di} b_i + W_{di}\tan\varphi_{di} + U(W_{ti} + Q_i)\tan\varphi_{di}}{m_{ai}} \tag{1-12}$$

式中　W_{di}——第 i 土条地基部分的重力；

W_{ti}——第 i 土条路堤部分的重力；

b_i——第 i 土条宽度；

U——地基平均固结度；

c_{di}、φ_{di}——第 i 土条滑弧所在地基土层的黏结力和内摩擦角。

当土条 i 滑弧位于路堤中时

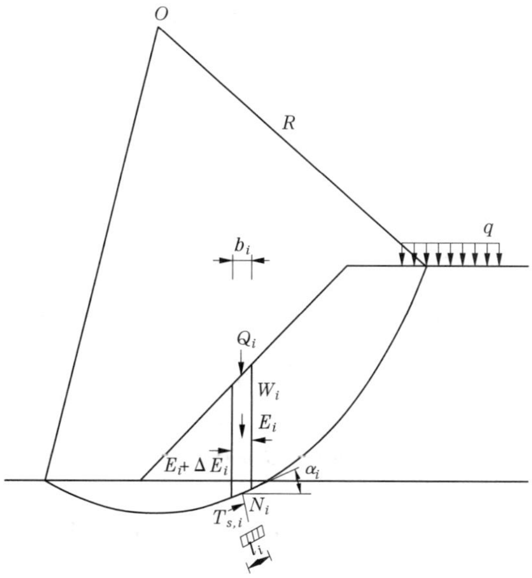

图 1-19　简化 Bishop 法计算图示

$$K_i = \frac{c_{ti}b_i + (W_{ti} + Q_i)\tan\varphi_{ti}}{m_{ai}} \tag{1-13}$$

式中　c_{ti}、φ_{ti}——第 i 土条滑弧所在路堤土的黏结力和内摩擦角。

m_{ai}——系数,按式(1-14)计算,其余符号同前。

$$m_{ai} = \cos\alpha_i + \frac{\sin\alpha_i\tan\varphi_i}{F_s} \tag{1-14}$$

式中　φ_i——第 i 土条滑弧所在土层的内摩擦角,滑弧位于地基中时取地基土的内摩擦角,位于路堤中时取路堤土的内摩擦角。

浸水路堤边坡稳定性验算

一、渗透动水压力的作用

受到季节性或长期浸水的沿河路堤、河滩路堤及桥头引道等路基均称为浸水路堤。如图 1-20 所示,当河中水位上升时,水从边坡的一侧或两侧渗入路堤内;而当水位降落时水又从堤身向外渗出。由于土体内渗水速度与水位升降速度较堤外缓慢,当堤外水位上升时,堤内水位的比降曲线(又称浸润曲线)呈凹形;反之,则呈凸形。渗透速度随土的性质而异。如果渗透水流能带走路堤内细小的土粒,路堤将产生变形,甚至滑塌。

浸水路堤除承受普通路堤的自重及外力外,还要受到水的浮力和渗透动水压力的作用,路堤填土浸水饱和后,抗剪强度显著降低,密度减小。

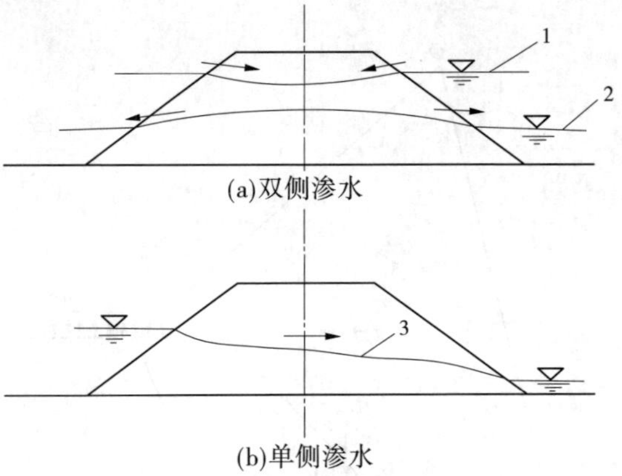

1—涨潮;2—落潮;3—水流曲线。

图 1-20　浸水路堤水位变化示意图

当路堤两侧上下游的水位不一致时,会产生横穿路堤的渗透。

二、渗透动水压力的计算

水位骤然下降时,路基土体内部水流向外流出需要较长时间,致使堤内外的水位发生很大差别。凡用黏性土填筑浸水路堤(除渗透性极小的纯黏性土外),均会产生方向指向边坡的动水压力,剧烈地破坏路堤边坡的稳定性。渗透动水压力作用于浸润线以下土体的重心,平行于水力坡降。精确地计算动水压力,要通过绘制流网图求解。为简化计算,工程上可采用下列公式计算(见图 1-21):

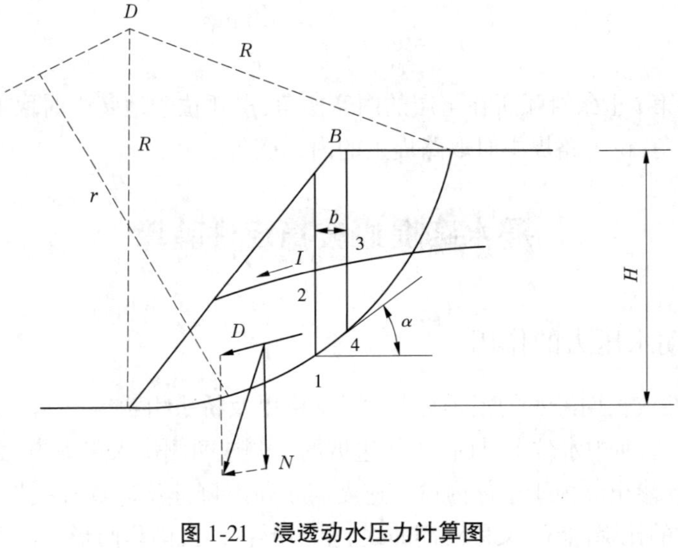

图 1-21　浸透动水压力计算图

$$D = I\Omega_0\rho_w \tag{1-15}$$

式中　D——作用于浸润线以下土体重心的渗透动水压力,kN/m³;

Ω_0——浸润曲线与滑动面之间的土体面积，m^2；

I——渗流的平均水力坡降；

ρ_w——水的容重，取 10 kN/m^3。

渗流的平均水力坡降 I 随填料而异。表 1-13 为常用填料的平均值，可供计算时参考。从表 1-13 中可以看出，采用透水性较强的填料，如砂砾、片石，I 值较小，动水压力可不予考虑；压实严格的渗透性极小的黏性土填料，几乎是不透水的，可认为不产生动水压力。因此，只有选用一般黏性土（如低液限黏土、粉质中液限黏土、中液限黏土）时，才考虑浸水后土体内产生的动水压力，绘出最不利水位变化时土体内浸润曲线，求解动水压力。

表 1-13　平均 I 值参考表

土类	粗砂	中砂	细砂	粉砂	低液限黏土	中液限黏土	高液限黏土	很高液限黏土
I	0.003~0.006	0.006~0.015	0.015~0.020	0.015~0.05	0.02~0.05	0.05~0.10	0.10~0.15	0.15~0.20

三、浸水路堤边坡稳定性验算

浸水路基的稳定性，应假定路堤最不利的情况进行验算。其破坏一般发生在最高洪水位骤然降落的时候。验算方法与原理同普通路堤边坡稳定性的条分法无多大差异，唯一应注意的是未浸水土条与浸水土条的单位体积重力不同，在计算土重时必须分开计算。

采用条分法计算浸水路堤，其稳定系数 K 可按公式（1-16）计算。

$$K=\frac{M_r}{M_s}=\frac{R(f\sum N+cL)}{R\sum T+Dr}=\frac{f(\sum N+cL)}{\sum T+D(r/R)}$$

$$=\frac{f_c\sum N_c+f_B\sum N_B+c_C\sum L_C+c_B\sum L_B}{\sum T_C+\sum T_B+D(r/R)} \tag{1-16}$$

$$N_c=Q_c\cos\alpha_c,N_B=Q_B\cos\alpha_B$$

式中　$f_c\sum N_c$——未浸水土条滑动面上的摩擦力总和；

$f_B\sum N_B$——浸水土条滑动面上的摩擦力总和；

f_c、f_B——未浸水土条与浸水土条的摩阻系数；

c_C、c_B——未浸水土条与浸水土条的凝聚力；

L_C、L_B——未浸水土条与浸水土条的分条长度；

N_c、N_B——未浸水土条与浸水土条滑动面上的土重法向分力；

T_C、T_B——未浸水土条与浸水土条滑动面上的土重切向分力；

α_C、α_B——未浸水土条与浸水土条滑动面上圆弧中点线与铅垂线的夹角；

Q_C、Q_B——土条的未浸水土重与浸水土重，$Q_C=\rho_C\Omega_C$，$Q_B=\rho_B\Omega_B$，其中 Ω_c 为浸水线

以上土条面积，Ω_B 为浸水线以下土条面积，ρ_C 为浸水线以上土的湿容重，ρ_B 为浸水线以下，考虑浮力后土的湿容重；

r、R——未浸水土条和浸水土条距圆心的距离。

四、稳定措施

如果 $K_{\min}<1.25$，在设计浸水路堤时，应采取措施，以确保浸水路堤边坡的稳定。一般可采用以下措施。

（一）合理地选择断面形式

根据设计洪水位确定路堤标高。当路堤较高，水位较深时，在边坡变坡点处设置大于 2 m 的护坡道。变坡点位置及下部边坡率 m 按沿河路堤设计，m 一般取 2.0~3.0。

（二）正确地选择填料

路堤浸水部分易受水位涨落的影响，宜选用渗水性好的材料，如天然级配砂砾，卵石、中砂、石质坚硬的不易风化的片石、碎石。无此类材料时，最好选用黏土填料，但要严格填土压实，使用不同的土填筑时，分界面处应设反滤层。反滤层采用砂砾、碎卵石等材料，每层压实厚度 15 cm 左右。

（三）适当地选择边坡防护与加固措施

根据流水破坏作用的性质与大小、河床特征、施工条件等综合因素，选择适当的边坡防护加固措施。

（四）必要时改善基底

当基底土质不良时，应考虑采取适当加固措施，如抛石、挤密等；必要时，可与桥梁等其他方案比较。

陡坡路堤稳定性验算

在坡度较大的山坡上填筑路堤或半路堤，因下滑力较大，填土有可能沿山坡下滑。因此，对填筑在原地面斜坡陡于 1:2.5 的路堤即陡坡路堤，除保证边坡稳定外，还需验算路堤沿地面陡坡下滑的稳定性。

一、前提条件

如图 1-22 所示，陡坡路堤的滑动面，可能发生在以下几种位置：

（1）路堤整体沿基底接触面产生滑动，此类多发生在岩石基底或稳定山坡基底，如图 1-22(a)所示。

（2）路堤随同基底覆盖层沿倾斜基岩滑动。若基底为不稳定的坡积覆盖层，而且下卧基岩层面陡峭，多发生此类滑动破坏，如图 1-22(b)所示。

（3）路堤连同其下的软弱土层沿某一圆弧滑动面滑动。此类多发生在基底为较厚的软弱土层，如图 1-22(c)所示。

（4）路堤连同其下的岩层沿某一最弱的层面滑动。基底的岩层倾向与山坡一致，填土后加大了下滑力故而发生，如图 1-22(d)所示。

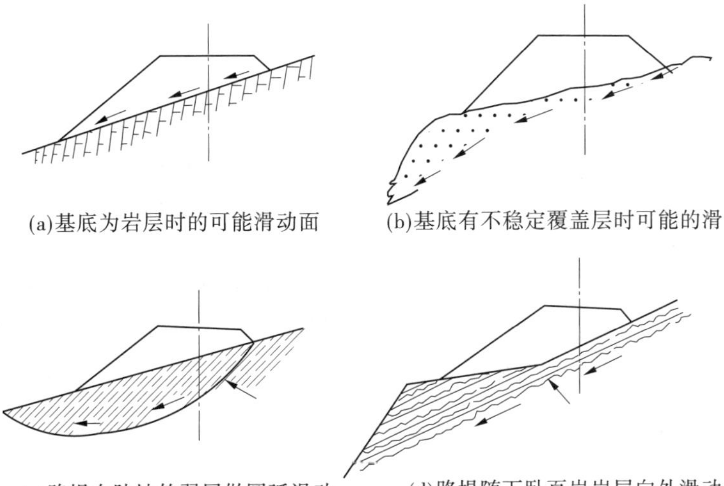

(a)基底为岩层时的可能滑动面　(b)基底有不稳定覆盖层时可能的滑动面

(c)路堤在陡坡软弱层做圆弧滑动　(d)路堤随下卧页岩岩层向外滑动

图 1-22　陡坡路堤可能的滑动面

出现上述滑动面的原因,除原地面横坡较陡、基底情况不佳外,主要是由于地面水或地下水或两者共同作用,导致路堤下滑力增大,接触面或软弱面土体抗剪强度显著降低。

稳定性验算时所采用的数据,有条件的都应以图 1-22 所示陡坡路堤可能的滑动面附近的土质试验为依据,考虑最不利情况后论证地确定。当滑动面上、下层土的性质不一致时,φ、c 值一般取两者当中较小值的一组。设计时应估计到未来可能发生的情况,对各个可能的危险滑动面分别计算。

二、验算方法

这里仅讨论路堤沿直线或折线滑动面滑动的情况。若滑动面为圆弧面,可参照前面圆弧法进行计算。

(一)直线滑动面稳定性验算

如图 1-23 所示,滑动面为单一坡度的倾斜面。滑动面以上土体的滑动稳定系数按下式计算:

$$E = T - \frac{1}{K}(N\tan\varphi + cL) \quad (1\text{-}17)$$

$$T = Q\sin\alpha$$

$$N = Q\cos\alpha$$

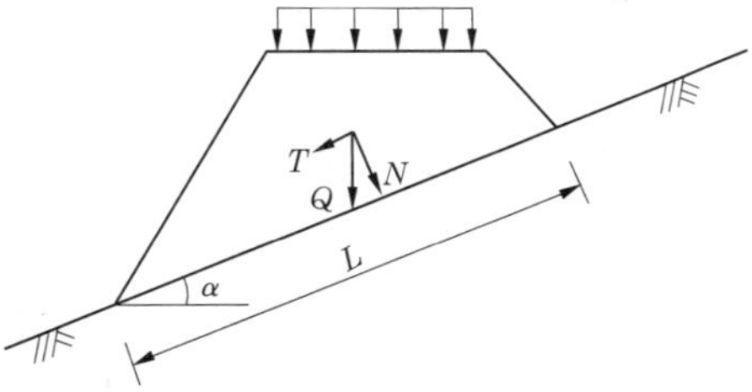

图 1-23　陡坡路堤单坡直线滑动面

式中　E——下滑力,kN;

T——切向力,kN;

N——法向力,kN;

Q——基底上部路基自重加换算土层重,kN;

c——土的凝聚力,kPa;

φ——基底接触面的内摩擦角,(°);

L——基底滑动面长度,m;

α——基底与水平面的倾斜角,(°);

K——安全系数,一般 $K=1.25$。

若 E 为负值或零,则路堤稳定。

若 $c=0$,则在不产生下滑力($E=0$)的情况下,可得 $K=\dfrac{\tan\varphi}{\tan\alpha}$。

(二)折线滑动面稳定性验算

如图 1-24 所示,当滑动面为多个坡度的折线倾斜面时,可将滑动面上土体按折线段垂直划分为若干土块,自上而下依次计算各块的剩余下滑力,由最后一条土块的剩余下滑力判断路基的稳定性,其计算公式如下:

$$E_n=[T_n+E_{n-1}\cos(\alpha_{n-1}-\alpha_n)]-\frac{1}{K}\{[N_n+E_n\sin(\alpha_{n-1}-\alpha_n)]\tan\varphi_n+c_nL_n\} \tag{1-18}$$

$$T_n=(Q_n+P_n)\sin\alpha_n$$

$$N_n=(Q_n+P_n)\cos\alpha_n$$

式中 E_n——第 n 个条块的剩余下滑力,kN;

T_n——第 n 个条块的自重 Q_n 与荷载 P_n 的切线下滑力,kN;

N_n——第 n 个条块的自重 Q_n 与荷载 P_n 的法线分力,kN;

α_n——第 n 个条块滑动面分段的倾斜角,(°);

φ_n——第 n 个条块滑动面上软弱土的内摩擦角,(°);

c_n——第 n 个条块滑动面上软弱土的凝聚力,kPa;

L_n——第 n 个条块滑动面分段的长度,m;

E_{n-1}——第 $n-1$ 条块传递而来的剩余下滑力,kN;

α_{n-1}——第 $n-1$ 条块滑动面分段的倾斜角,(°)。

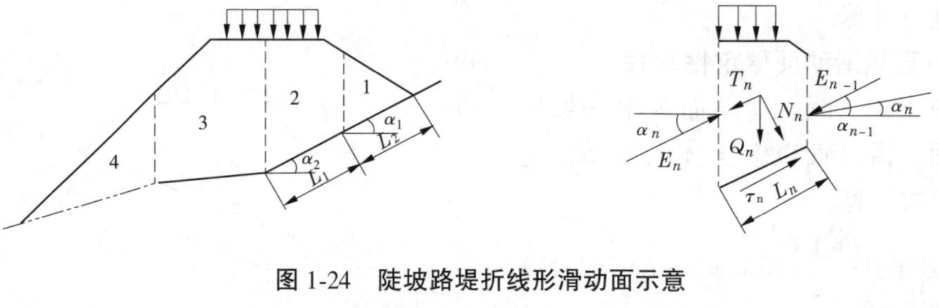

图 1-24 陡坡路堤折线形滑动面示意

计算时,若第 i 块的 $E_i\leqslant 0$,说明无剩余下滑力向下一块传递,不计入下一块土体。当最后一块的剩余下滑力 E_n 为零或负值时,则整个路基不会沿该滑动面整体下滑;反之,则应采取稳定或加固措施。

陡坡路堤稳定性验算公式比较复杂,不易理解,同学们可以扫码听听老师的微课讲解,希望能够对同学们有所帮助哦!

陡坡路堤
稳定性验算

三、稳定措施

验算最后一块土体剩余下滑力大于零时,需要采取以下措施,以增加陡坡路堤稳定性。

(一)改善基底,增加滑动面的抗滑力或减少滑动力

常使用的方法有开挖台阶,放缓边坡,以减少下滑力;清除坡积层,夯实基底,使路堤置于密实的稳定基础上;在路堤上侧开挖截水沟或边沟,以阻止地面水流浸湿滑动面;受地下水影响时,则设置渗沟以疏干基底土层。

(二)选择填料

常选择大颗粒填料,嵌入地面,以增加接触面的摩擦系数。

(三)设置支挡结构物

当填土坡脚伸得过长,且过薄时,可设置石砌护脚、干砌或浆砌挡土墙等。

项目三　路基施工图审核

公路施工图,亦称公路设计文件。高等级公路的设计文件一般由专业的公路勘测设计部门负责设计。根据有关规定,高等级公路设计文件大致包括如下内容。

一、公路施工图组成

(一)设计说明书

设计说明书用文字表述的方式说明设计人的设计意图。具体内容包括四大部分。

1. 工程概况

主要说明工程来源、范围、修建理由、工程修建后的效益及设计标准等。

2. 设计概要

这部分是对设计图纸的简要说明,一般包括:

(1)平面设计。说明线路的平面位置关系,平曲线半径、超高、加宽情况,行车视距及与沿线有关路口的衔接处理等。

(2)纵断面设计。说明该公路的控制标高、最大纵坡与最小纵坡、竖曲线半径等。

(3)横断面设计。说明该公路的红线宽度,横断面的规划布置,机动车道宽度与车道分配,非机动车道宽度,分隔带、挡土墙等的布置,路面横坡及路拱曲线的形式等。

(4)路面结构设计。说明路基干湿类型、土基形变模量及对应的回弹模量,整体形变模量,路面结构组成与厚度,水泥混凝土路面传力杆与边缘、角隅钢筋的设置情况等。

(5)公路排水系统设计。说明公路排水系统的设计依据、公路汇水及排水规模、主要排水方式及边沟深度、断面尺寸、排水出口等。

(6)交通工程设计。说明各种交通安全、管理及服务等设施的设置情况,应达到的技术要求等。

(7)立交桥及道路照明设计。说明其设置理由、规模及其形式等。

(8)环境保护设计。说明公路对环境影响的程度及采取的措施等。

3. 施工注意事项

设计人员交代施工范围内征地拆迁事项,沿线施工中应注意的问题,对施工方案及沿线施工配合的建议,对沿线特殊路段的施工技术措施等。

(二)工程数量表

这部分一般分以下几项：

(1)路面工程。根据设计图纸计算出该路各结构层的工程数量,包括面层与底层,均以 m^2为单位。

(2)路基工程。根据设计图纸计算出该路的排水沟、盲沟等排水工程量,护坡、挡墙、桥涵工程数量及修整、压实填(挖)土路基的工程数量及特殊路基处理的数量。

(3)土石方工程。主要列出不同运距土石方挖、填数量及调配。

(4)交通工程设施。列出沿线各种交通工程设施工程数量。

(5)杂项工程。此部分包括便道、伐树、征地、拆除线杆、房屋及加固原有管线等项工程数量。

(三)公路分项、分部施工图

(1)定线关系测量成果图或道路路线示意图。

(2)道路平面设计图及征地地界图。

(3)道路纵断面设计图。

(4)标准横断面及路面结构设计图。

(5)交叉口设计图。

(6)附属构造物设计图,如挡土墙、桥涵及护坡护面设计图等。

(7)其他附属工程设计图,如排水沟等。

(8)交通工程设施图。

以上对高等级公路施工图的组成和内容作了简要介绍,目的是让施工及管理人员对设计图纸有一个总体了解,为熟悉施工图纸提供一个大致线索。

二、全面熟悉公路工程施工图

(一)全面熟悉“公路平面设计图”

图 1-26 所示为××高速公路第××标段“公路平面总体设计图”,分析该图如下：

(1)从该标段公路平面总体线形外貌可知:直线曲线组合,曲线元素图上位置,百米里程桩号、交点、导线点图上位置,构造物盖板涵等图上位置,路堑、路堤图上位置等。

(2)从图中“曲线要素表”可知:曲线要素数据、交点桩号和交点编号。

(3)从图上可以了解到该段新建公路沿线的地形地貌,以及挖方、填方段大致情况。

(4)从图上可以了解到支线(改道线路)与主线路关系,以及支线线形外貌等。

(二)全面熟悉“路线纵断面图”

图 1-27 所示为××高速公路第××标段(局部)“路线纵断面图”,分析该图可知：

(1)线路中线纵向高低起伏情况及中线纵向原地形高低起伏情况。

(2)线路中线里程桩号及相应的地面高程、设计高程、填挖高度、地质概况、直线及平曲线、超高方式、超高段起讫里程桩号、超高曲线半径、缓和曲线长度、左右转角。

(3)竖曲线形(凸或凹)竖曲线要素。

(4)线路中线纵坡,变坡点里程桩号及高程。

(5)线路沿线构造物、涵道等里程桩号。

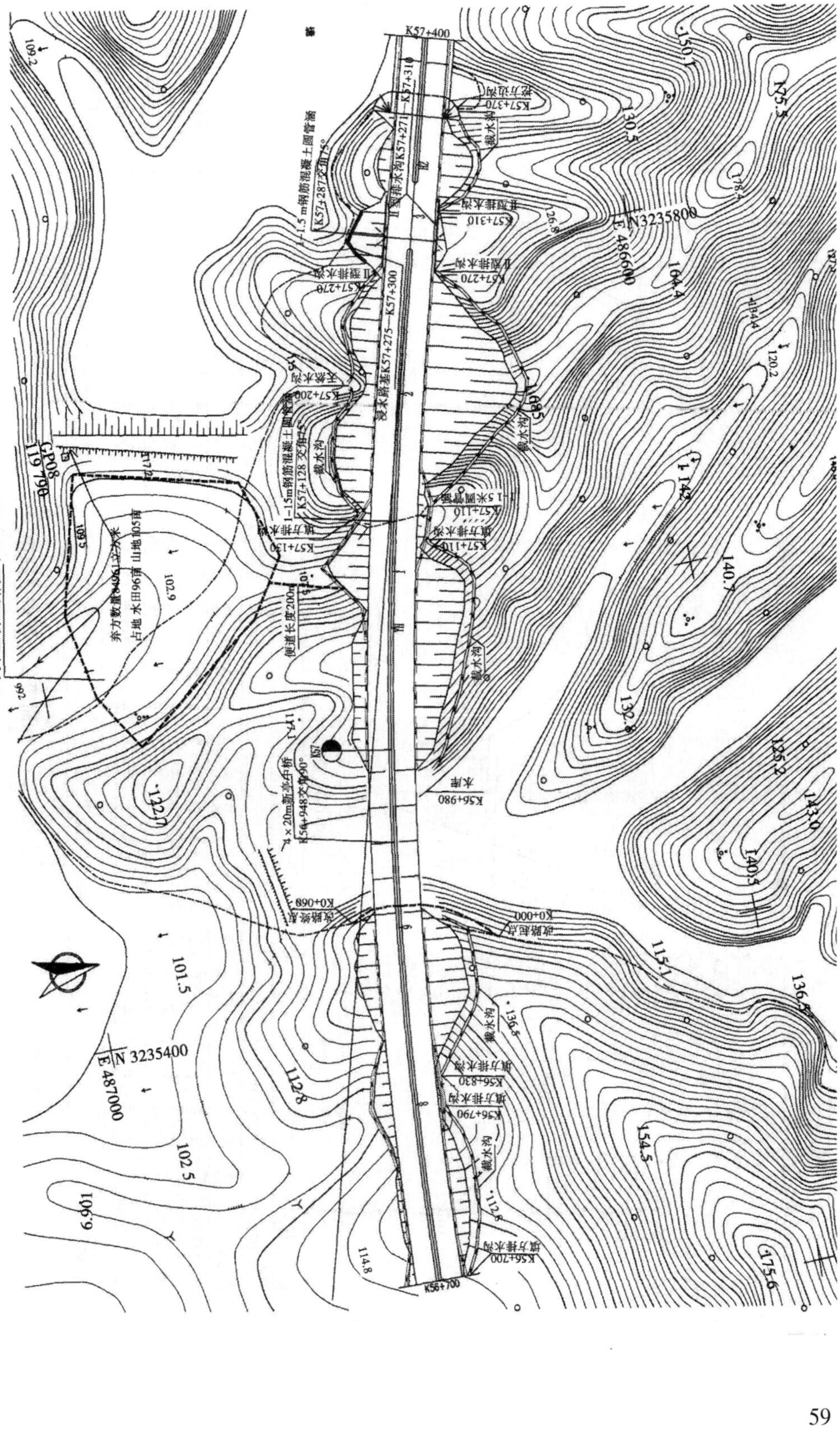

图 1-25　××高速公路平面设计图

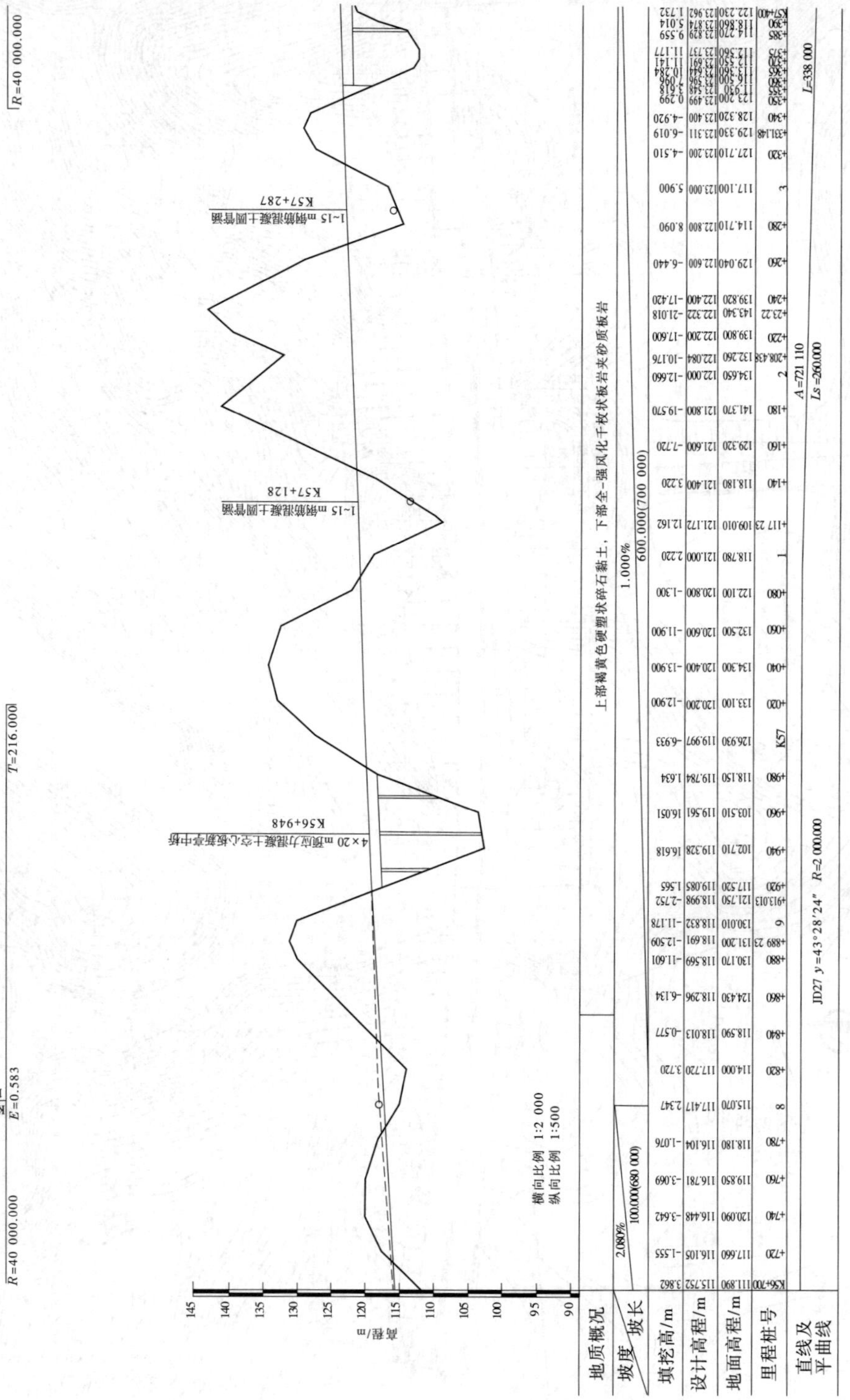

图 1-26 ××高速公路路线纵断面图

（三）全面熟悉“路基横断面图”

图 1-27 所示为某高速公路某标段路堑横断面图（挖方横断面示意图）。分析该图可知：

（1）路面以上挖方概况。

（2）路面上原地形两侧的高低。

（3）中桩挖方高度，边桩挖方高度按比例尺可从图上量取，据此和坡度比可定出初挖时堑顶的位置。

（4）路面中央有分隔带，路边外是水沟、碎落台。

（5）从图上可确定中桩至坡脚的距离、边坡比及挖方面积等。同理，可分析图 1-28 填方横断面示意图。

路基横断面图，除上述两种情形外，还有填挖混合横断面图。分析时，应具体对待。

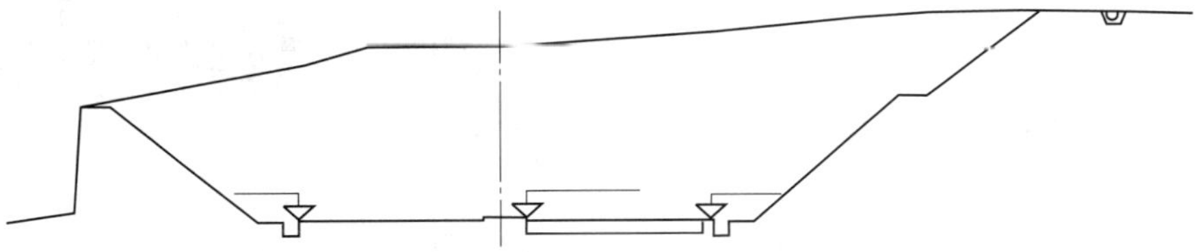

图 1-27　挖方横断面示意图

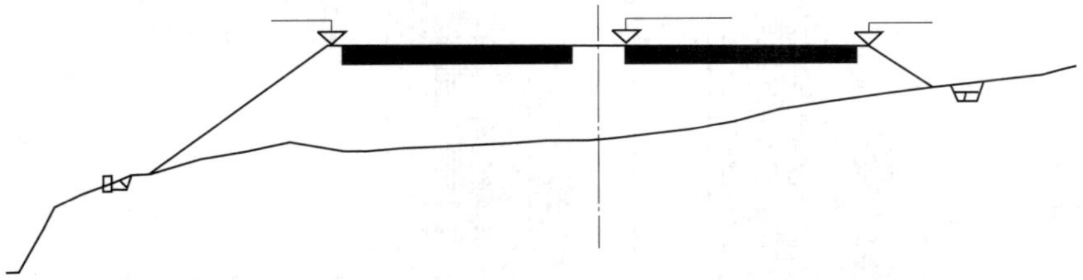

图 1-28　填方横断面示意图

（四）全面熟悉“路面结构图”

图 1-29 所示为某高速公路“路面结构图”。分析该图可知主线路面结构层各层厚度及填料要求、中央分隔带宽度、路缘带宽度、行车道宽度、硬路肩宽度、土路肩宽度、路拱坡度、土路肩坡度等。

（五）全面熟悉“路基设计表”

表 1-14 所示“路基设计表”是某高速公路 K56+760—K57+320 间每一横断面各里程桩的地面设计高程及其填挖高度、路基宽度、路基边缘、硬路肩外边缘、行车道外边缘、中央分隔带边缘设计高程及变坡点桩号和高程、纵坡坡度、坡长和竖曲线要素等。在熟悉此表数据时应与路面纵断面图、路面结构图和路基横断面图进行综合分析。

（六）全面熟悉“埋石点成果表”

“埋石点成果表”包括“导线点成果表”“水准点成果表”，通过对其分析，结合实地勘察，可知该施工标段有哪些已知导线点、水准点可以采用，以便拟订复测方案及确定进一步加密施工导线点、施工水准点的方法。

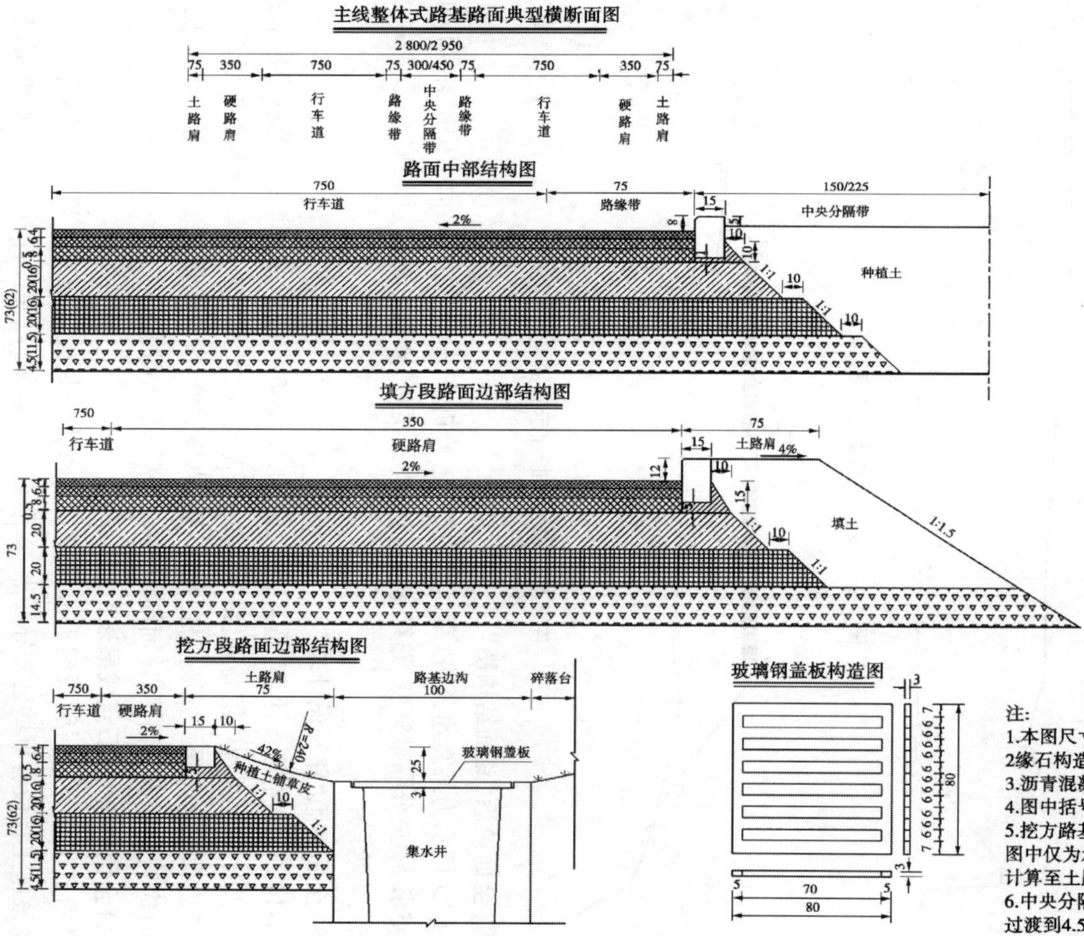

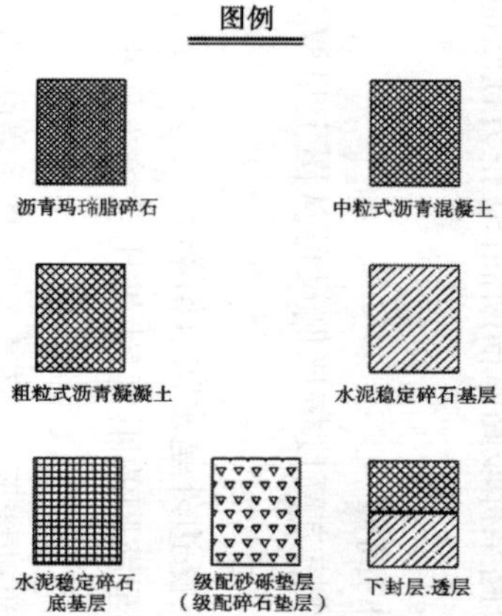

注:
1.本图尺寸均以厘米为单位。
2缘石构造见缘石大样图。
3.沥青混凝土面层之间设置黏层。
4.图中括号内数字适用于石质挖方段。
5.挖方路基集水井及玻璃钢盖板，每20 m左右设置一座，图中仅为示意，具体设计详见路基设计文件;路面工程量计算至土路肩范围，其余工程量由路基施工计量。
6.中央分隔带在K31+820.000—K32+405.671段宽度由3 m过渡到4.5 m，K32+405.671—K34+400.000段宽度为4.5 m，其余段落宽度为3.0 m。

图 1-29　路面结构图

“导线点成果表”样式详见表1-15,分析该表可知：

(1)施工标段内导线点的点名。

(2)该导线点的 x、y 坐标值。

(3)相邻导线点间平距及导线边的方位角。

知道了这些概况,还要到实地勘察其所在位置,桩点完好程度,道路中线通视情况,导线点之间互相通视情况等。“水准点高程成果表”样式详见表1-16。

(七)全面熟悉“直线曲线及转角表”

表1-17所示为××高速公路××标段“直线曲线及转角表”,通过对其分析可知：

(1)该施工标段的交点编号,交点所在里程桩号,交点间距,交点边方位角,转角(左转角或右转角)及交点的 x、y 坐标值。

这些要素及交点所在圆曲线的半径是计算线路上任意一点坐标的已知条件(计算线路上任意一点的坐标方法详见项目四,坐标法“平面位置放样数据的计算”)。

(2)该施工标段是直线或是曲线,以及直线起、终点里程桩号和 x 、y 坐标值,或圆曲线ZY、QZ、YZ的里程桩号及 x、y 坐标值和曲线要素(半径、切线长、曲线长、外距等)。

(3)缓和曲线起点、终点里程桩号及 x、y 坐标值等。

(八)全面熟悉“逐桩坐标表”

“逐桩坐标表”是公路中线每隔一定间距中桩的 x、y 坐标值及方位角一览表。通常情况下,“逐桩坐标表”所给出的桩号坐标是“路基横断面”中桩的坐标。为了方便施工,还应该根据施工要求计算出每隔20 m或25 m(路基为25 m,底基层、基层为10~20 m)的中桩,左右边桩的坐标,编制成“逐桩坐标表”,以方便放样。“逐桩坐标表”样式详见表1-18。

综上所述,经过对各种图表的分析,一定要掌握如下要点：

(1)路面宽度、路基施工宽度、底基层施工宽度、基层施工宽度等。

(2)线路纵坡度、横坡度、填方边坡坡度、挖方边坡坡度等。

(3)变坡点所在地桩号、高程。

(4)竖曲线要素:半径、切线长度及外距、相邻直线的纵坡等。

(5)圆曲线要素:半径、切线长度、曲线长度、外距以及直圆(ZY)、曲中(QZ)、圆直(YZ)的桩号及坐标值。

(6)缓和曲线起、终点桩号及坐标值,超高段设定的最大横坡度。

(7)施工段的已知导线点、水准点编号及实地位置可利用程度。

(8)该施工段的线形:直线还是曲线。

(9)该施工段全长,挖、填方段起、终点里程桩号。

(10)路面结构层各层的厚度。

(11)该施工段内交点桩号、坐标、交点间距、交点边方位角。

(12)该施工段线路“逐桩坐标值”等。

只有掌握了这些内容,才能顺利地开展施工测量工作,才能指导线路施工的顺利进行,也才能保证线路施工的质量。

表 1-14　路基设计表

桩号	下曲线		坡度及竖曲线		地面高程/m	设计高程/m	填挖高度/m		路基宽度/m							各点与设计高程之高差/m						说明
									左			中分节	右			左			右			
	左	右	凹	凸			填	挖	W3	W2	W1	W	W1	W2	W3	A3	A2	A1	B1	B2	B3	
1	2	3	4	5	6	7	8	9	10	11	12	13	14	15	16	17	18	19	20	21	22	23
K56+760				K56+800 188 R-40000 000 T-216 000 E-0 583	119. 850	116. 781		3. 069	0. 75	3. 50	8. 25	3. 00	8. 25	3. 50	0. 75	0. 400	0. 470	0. 330	−0. 330	−0. 470	−0. 540	
+780					118. 180	117. 104		1. 076	0. 75	3. 50	8. 25	3. 00	8. 25	3. 50	0. 75	0. 400	0. 470	0. 330	−0. 330	0. 470	−0. 540	
+800					115. 070	117. 417	2. 347		0. 75	3. 50	8. 25	3. 00	8. 25	3. 50	0. 75	0. 400	0. 470	0. 330	−0. 330	−0. 470	−0. 540	
+820					114. 000	117. 720	3. 720		0. 75	3. 50	8. 25	3. 00	8. 25	3. 50	0. 75	0. 400	0. 470	0. 330	−0. 330	−0. 470	−0. 540	
+840					118. 590	118. 013		0. 577	0. 75	3. 50	8. 25	3. 00	8. 25	3. 50	0. 75	0. 400	0. 470	0. 330	−0. 330	−0. 470	−0. 540	
+860					124. 430	118. 296		6. 134	0. 75	3. 50	8. 25	3. 00	8. 25	3. 50	0. 75	0. 400	0. 470	0. 330	−0. 330	−0. 470	−0. 540	
+880					130. 170	118. 569		11. 601	0. 75	3. 50	8. 25	3. 00	8. 25	3. 50	0. 75	0. 400	0. 470	0. 330	−0. 330	−0. 470	−0. 540	
+889. 23					131. 200	118. 691		12. 509	0. 75	3. 50	8. 25	3. 00	8. 25	3. 50	0. 75	0. 400	0. 470	0. 330	−0. 330	−0. 470	−0. 540	
+900					130. 010	118. 832		11. 178	0. 75	3. 50	8. 25	3. 00	8. 25	3. 50	0. 75	0. 400	0. 470	0. 330	−0. 330	−0. 470	−0. 540	
K57+000					126. 930	119. 997		6. 933	0. 75	3. 50	8. 25	3. 00	8. 25	3. 50	0. 75	0. 400	0. 470	0. 330	−0. 330	−0. 470	−0. 540	
+020					133. 100	120. 200		12. 900	0. 75	3. 50	8. 25	3. 00	8. 25	3. 50	0. 75	0. 400	0. 470	0. 330	−0. 330	−0. 470	−0. 540	
+040					134. 300	120. 400		13. 900	0. 75	3. 50	8. 25	3. 00	8. 25	3. 50	0. 75	0. 400	0. 470	0. 330	−0. 330	−0. 470	−0. 540	
+060					132. 500	120. 600		1. 900	0. 75	3. 50	8. 25	3. 00	8. 25	3. 50	0. 75	0. 400	0. 470	0. 330	−0. 330	−0. 470	−0. 540	
+080		Ls−260. 000 A2−721. 110			122. 100	120. 800		1. 300	0. 75	3. 50	8. 25	3. 00	8. 25	3. 50	0. 75	0. 359	0. 429	0. 301	−0. 301	−0. 429	−0. 499	
+100				1. 0000 % 700	118. 780	121. 000	2. 220		0. 75	3. 50	8. 25	3. 00	8. 25	3. 50	0. 75	0. 276	0. 346	0. 243	−0. 243	−0. 346	−0. 416	
+117. 23					109. 010	121. 172	12. 162		0. 75	3. 50	8. 25	3. 00	8. 25	3. 50	0. 75	0. 204	0. 274	0. 192	−0. 192	−0. 274	−0. 344	
+120					109. 590	121. 200	11. 610		0. 75	3. 50	8. 25	3. 00	8. 25	3. 50	0. 75	0. 193	0. 263	0. 184	−0. 184	−0. 263	−0. 333	
+140					118. 180	121. 400	3. 220		0. 75	3. 50	8. 25	3. 00	8. 25	3. 50	0. 75	0. 110	0. 180	0. 126	−0. 165	−0. 235	−0. 305	
+160					129. 320	121. 600		7. 720	0. 75	3. 50	8. 25	3. 00	8. 25	3. 50	0. 75	0. 027	0. 097	0. 068	−0. 165	−0. 235	−0. 305	
+180					141. 370	121. 800		19. 570	0. 75	3. 50	8. 25	3. 00	8. 25	3. 50	0. 75	−0. 56	0. 014	0. 010	−0. 165	−2. 351	−0. 305	
+200					134. 660	122. 000		12. 660	0. 75	3. 50	8. 25	3. 00	8. 25	3. 50	0. 75	−0. 139	−0. 069	−0. 049	−0. 165	−0. 235	−0. 305	
+208. 438					132. 260	122. 084		10. 176	0. 75	3. 50	8. 25	3. 00	8. 25	3. 50	0. 75	−0. 174	−0. 104	−0. 073	−0. 165	−0. 235	−0. 305	
+220					139. 800	122. 200		17. 600	0. 75	3. 50	8. 25	3. 00	8. 25	3. 50	0. 75	−0. 222	−0. 152	−0. 107	−0. 165	−0. 235	−0. 305	
+232. 22					143. 340	122. 322		21. 018	0. 75	3. 50	8. 25	3. 00	8. 25	3. 50	0. 75	−0. 273	−0. 203	−0. 142	−0. 165	−0. 235	−0. 305	
+240					139. 820	122. 400		17. 420	0. 75	3. 50	8. 25	3. 00	8. 25	3. 50	0. 75	−0. 305	−0. 235	−0. 165	−0. 165	−0. 235	−0. 305	
+260					129. 040	122. 600		6. 440	0. 75	3. 50	8. 25	3. 00	8. 25	3. 50	0. 75	−0. 305	−0. 235	−0. 165	−0. 165	−0. 235	−0. 305	
+280					114. 710	122. 800	8. 090		0. 75	3. 50	8. 25	3. 00	8. 25	3. 50	0. 75	−0. 305	−0. 235	−0. 165	−0. 165	−0. 235	−0. 305	
+300					117. 100	123. 000	5. 900		0. 75	3. 50	8. 25	3. 00	8. 25	3. 50	0. 75	−0. 305	−0. 235	−0. 165	−0. 165	−0. 235	−0. 305	
+320					127. 710	123. 200		4. 510	0. 75	3. 50	8. 25	3. 00	8. 25	3. 50	0. 75	−0. 305	−0. 235	−0. 165	−0. 165	−0. 235	−0. 305	

表 1-15 导线点成果表

点名	坐标		高程	说明	点名	坐示		高程	说明
	X/m	Y/m	H/m			X/m	Y/m	H/m	
GP01	3 236 180 213	488 711 969	107.591	GPS 高程	GP40	3 237 879 080	476 108 618	148.525	GPS 高程
GP02	3 235 981 301	488 680 356	89.472	水准高程	GP41	3 237 711 515	476 015 071	105.181	水准高程
GP03	3 236 169 399	488 417 458	96.943	水准高程	GP42	3 237 933 577	475 212 907	109.531	GPS 高程
GPO4	3 235 989 831	488 156 785	122.666	GPS 高程	GP43	3 238 051 229	474 943 577	112.960	GPS 高程
GP05	3 235 504 190	487 899 632	123.559	GPS 高程	GP44	3 237 895 005	474 483 411	89.812	水准高程
GP06	3 235 369 561	487 595 848	123.334	GPS 高程	GP45	3 238 034 512	473 945 263	124.515	GPS 高程
GP07	3 235 314 820	487 153 403	105.774	GPS 高程	GP46	3 237 791 376	473 418 190	94.565	水准高程
GP08	3 235 438 400	486 668 215	119.790	GPS 高程	GP47	3 237 721 010	472 960 626	130.825	GPS 高程
GP09	323 5797 151	486 374 163	117.480	GPS 高程	GP48	3 237 645 172	472 772 475	126.353	GPS 高程
GP10	3 235 873 424	486 218 951	117.023	GPS 高程	GP49	3 237 693 776	472 239 679	99.920	GPS 高程
GP11	3 235 870 378	485 340 682	102.574	GPS 高程	GP50	3 237 985 355	471 415 700	146.754	GPS 高程
GP12	3 236 126 895	485 302 501	103.343	GPS 高程	GP51	3 237 561 575	471 103 038	129.331	GPS 高程
GP13	3 235 776 853	485 202 641	103.405	水准高程	GP52	3 237 480 268	470 759 823	128.580	GPS 高程
GP14	3 236 220 437	484 939 197	99.198	水准高程	GP53	3237 648 566	470 214 458	113.955	GPS 高程
GP15	3 235 962 535	484 885 853	96.285	水准高程	GP54	3 237 456 927	469 697 831	124.047	GPS 高程
GP16	3 236 029 484	484 705 960	103.909	GPS 高程	GP55	3 237 586 317	469 277 194	117.104	GPS 高程
GP17	3 236 211 715	484 617 700	107.532	GPS 高程	GP56	3 237 979 605	468 994 579	104.075	水准高程
GP18	3 236 693 942	484 114 739	93.038	GPS 高程	GP57	3 238 392 724	468 847 432	122.382	GPS 高程
GP19	3 236 737 948	483 870 650	84.423	水准高程	GP58	3 238 339 889	468 330 618	155.465	GPS 高程
GP20	3 236 915 953	483 866 633	88.297	水准高程	GP59	3 238 714 547	467 438 268	116.306	GPS 高程
GP21	3 237 059 532	482 444 465	82.093	水准高程	GP60	3 238 095 050	467 082 536	91.351	GPS 高程
GP22	3 236 974 220	482 189 451	82.786	水准高程	GP61	3 238 072 256	466 581 789	87.802	水准高程
GP23	3 237 244 245	482 052 553	85.912	GPS 高程	GP62	3 238 127 948	466 120 163	133.399	GPS 高程
GP24	3 237 416 680	481 691 370	82.546	GPS 高程	GP63	3 238 422 327	465 537 262	110.966	GPS 高程
GP25	3 237 232 833	481 611 807	82.858	水准高程	GP64	3 238 612 301	465 112 324	101.228	GPS 高程
GP26	3 237 711 020	481 238 413	91.297	GPS 高程	GP65	3 238 722 443	464 531 480	92.676	GPS 高程
GP27	3 237 513 796	481 179 260	88.870	水准高程	GP66	3 238 752 434	464 222 328	92.015	GPS 高程
GP28	3 237 764 573	480 853 488	82.632	GPS 高程	GP67	3 239 090 966	463 862 010	111.545	水准高程
GP29	3 238 009 637	480 744 360	84.062	水准高程	GP68	3 239 257 818	463 565 284	122.168	水准高程
GP30	3 238 064 499	480 628 895	82.666	水准高程	GP69	3 239 201 721	462 963 927	130.712	GPS 高程
GP31	3 237 923 675	480 465 774	82.426	水准高程	GP70	3 239 467 450	462 823 762	147.246	GPS 高程
GP32	3 238 025 795	480 292 421	85.805	GPS 高程	GP71	3 239 504 477	462 508 873	146.127	水准高程
GP33	3 238 273 843	479 566 062	125.343	GPS 高程	GP72	3 239 220 726	462 283 409	144.194	GPS 高程
GP34	3 238 362 335	479 257 968	121.769	GPS 高程	GP73	3 240 227 080	460 693 760	103.421	GPS 高程
GP35	3 238 245 584	478 774 059	94.150	水准高程	GP74	3 240 126 487	460 443 078	87.801	水准高程
GP36	3 238 444 607	478 615 737	94.175	水准高程	GP75	3 240 377 962	460134 528	93.049	水准高程
GP37	3 238 439 623	477 933 254	104.358	水准高程	GP76	3 240 122 882	459 941 422	91.440	GPS 高程
GP38	3 238 281 835	477 042 900	114.278	水准高程	GP77	3 240 155 612	459 556 351	107.463	GPS 高程
GP39	938 009 037	476 955 792	109.843	水准高程	GP78	3 240 424 514	459 285 065	89.962	水准高程

表 1-16　水准点高程成果表

水准点编号	水准点所在地点	黄海高程/m	备注
Ⅱ田衢 8		60. 137	Ⅱ等由家水准点
Ⅱ田衢 11		88. 594	Ⅱ等国家水准点
Ⅱ田衢 16		79. 553	Ⅱ等国家水准点
BM1	松下湾黄红新家后门 1 口(漆)	90. 388	与 B1 标共点 BMA3-28(H=90. 382)
BM2	江坑村 53 号董发文家房前的水泥地上(刻)	101. 917	
BM3	上店南面水库坝的溢洪道桥上(刻)	99. 726	K55+490 左 260 m
BM4	中云福利砖厂附近的水井边圈上(刻)	102. 073	K56+500 左 10 m
BM5	中云至银峰公路相思亭处的公路边上(刻)	97. 201	K58+900 左 110 m
BM6	房子南 1 门门槛上(刻)	89. 772	K60+100 左 200 m
BM7	新屋村西头番根龙家房门前的台阶上(刻)	78. 715	K60+780 左 220 m
BM8	程家库程玄印房旁的亭边(刻)	84. 979	K61+800 左 210 m
BM9	霞港小学北边郑梅发房前的院门口(刻)	84. 012	K63+000 左 300 m
BM10	霞港村南面桥头上(刻)	84. 494	K63+720 右 120 m
BM11	福亭店黄玉生房前台阶上(刻)	93. 533	K65+600 左 80 m
BM12	内黄黄细来家房角旁(刻)	107. 864	K66+630 石 30 m
BM13	臧坑村程德养家院门台阶上(刻)	98. 688	K68+450 左 400 m
BM14	臧坑村西约 700 米处的大车路旁的水沟边上(刻)	92. 976	K69+200 右 500 m
BM15	东立溪村西公路旁的东万酒店侧门处(刻)	88. 712	K70+860 左 100 m
BM16	桐坑口王旺水房门口过道上(刻)	87. 930	K72+400 右 500 m
BM17	寺岭黄火林房前墙角处(刻)	89. 752	K73+700 右 100 m
BM18	张村张元和家院内房角上(刻)	99. 066	K74+550 左 110 m
BM19	西坑吴根焰房前门槛上(刻)	104. 610	K75+500 左 100 m
BM20	西坑新村张祥根家房前过道上(刻)	98. 327	K76+500 左 100 m
BM21	东坑新村万德法房门口(刻)	86. 418	K79+400 左 100 m
BM22	镇头乡医院门口过道上(刻)	85. 428	K80+300 右 300 m
BM23	镇头岭下庄水英房门口(刻)	91. 355	K80+800 左 150 m
BM24	大车路上的涵洞上(刻)	134. 108	K82+300 左 100 m
BM25	大车路边水泥架上(刻)	101. 572	K84+000 左 200 m
BM26	存南瓷矿蛟岭林场大门口的水泥地上(钢钉)	91. 842	K84+700 右 80 m
BM27	白洋冲村邱新元家大院门口(刻)	66. 810	K85+900 右 600 m
BM28	东流坞大桥上(刻)	59. 289	K87+580 右 700 m
BM29	东安小学门前桥头上(刻)	57. 446	K88+900 右 100 m
BM30	东安至游山公路李家岭附近的涵洞上(刻)	56. 172	K89+670 右 86 m
BM31	东流安碑桥上(刻)	55. 084	
BMC1	东流安碑桥附近的汪村吴塘生房前过道上(刻)	56. 269	与 B9 共点 BMC1(H=56. 274)

注:高程系统采用 1956 年黄海高程系。

表 1-17　直线曲线及转角表

交点号	交点位置	交点间距/m	计算方位角/(°)	曲线间直线长/cm	转角/(°)	曲线要素值/m 切线长度 T_1 T_2	半径 R_1 R_y R_2	回旋线参数 A_1 A_2	曲线长度 L_{s1} Ly L_{s2}	曲线总长	外距	曲线主点位置 第一回旋线起点	第一回旋线终点或圆曲线起点	圆曲线中点	圆曲线终点或第二回旋线起点	第二回旋线终点	说明
00	桩 K55+290.654 N 323597.5541 E 48849.4686																B1标段里程范围 K55+290.654—K59+500.00
		1188.364	242°25′39″	260.441													
JD_{27}	桩 K56+479.018 N 323542.5480 E 48744.1291				右 43°28′24″	927.922 972.922	2000.000	721.110 721.110	260.000 1257.505 260.000	1777.505	154.610	桩 K55+551.095 N 323585.4990 E 48826.3825	桩 K55+811.095 N 323573.9686 E 48803.0845	桩 K56+439.848 N 323557.9289 E 48742.5570	桩 K57+068.600 N 323561.3918 E 48680.0362	桩 K57+328.600 N 323567.9704 E 48654.8873	
		1603.671	28°55′42″	338.000													
JD_{28}	桩 K58+004.348 N 323586.4839 E 48589.8980				左 7°14′1″	337.748 337.748	5500.000		674.649	10.361		桩 N E	桩 K57+666.601 N 323577.2306 E 48622.3805	桩 K58+003.925 N 323585.4720 E 48589.6758	桩 K58+341.249 N 323591.6933 E 48556.5274	桩 N E	
		1167.722	278°52′21″	241.195													
JD_{29}	桩 K59+171.224 N 323604.4946 E 48474.5231				右 12°13′14″	588.780 588.780	5500.000		1173.092	31.425		桩 N E	桩 K58+582.444 N 323595.4134 E 48532.6965	桩 K59+168.990 N 323607.5303 E 48475.3355	桩 K59+755.536 N 323625.6839 E 48419.5902	桩 N E	
		588.779	291°5′35″	0.000													
Z0	桩 K59+755.535 N 323625.6839 E 48419.5902																

表 1-18　逐桩坐标表

桩号	坐标		桩号	坐标		桩号	坐标		桩号	坐标	
	N	E		N	E		N	E		N	E
K56+720	3235570. 3833	487145. 7885	K57+208. 438	3235647. 3182	486664. 5875	K57+520	3235732. 1416	486364. 7963	K57+860	3235822. 0109	486036. 9123
+740	3235571. 2474	487125. 8073	+220	3235650. 3456	486653. 4289	+540	3235737. 6211	486345. 5616	+880	3235826. 7754	486017. 4881
+760	3235572. 3113	487105. 8357	+232. 22	3235653. 5745	486641. 6432	+560	3235743. 1005	486326. 3268	+900	3235831. 4693	485998. 0467
+780	3235573. 5748	487085. 8757	+240	3235655. 6443	486634. 1436	+575	3235747. 2100	486311. 9008	+920	3235836. 0924	485978. 5884
+800	3235575. 0379	487065. 9294	+260	3235661. 0088	486614. 8764	+580	3235748. 5799	486307. 0921	+930	3235838. 3774	485968. 8529
+820	3235576. 7003	487045. 9987	+280	3235666. 4240	486595. 6235	+600	3235754. 0593	486287. 8573	+935	3235839. 5132	485963. 9837
+840	3235578. 5620	487026. 0856	+300	3235671. 8753	486576. 3808	+605	3235755. 4292	486283. 0486	+940	3235840. 6447	485959. 1133
+860	3235580. 6227	487006. 1922	+320	3235677. 3477	486557. 1440	+610	3235756. 7990	486278. 2399	+945	3235841. 7717	485954. 2420
+880	3235582. 8823	486986. 3203	HZK57 +328. 6	3235679. 7037	486548. 8727	+615	3235758. 1689	486273. 4312	+950	3235842. 8943	485949. 3697
+889. 23	3235583. 9921	486977. 1573	+331. 148	3235680. 4017	486546. 4225	+620	3235759. 5387	486268. 6225	+955	3235844. 0124	485944. 4963
+900	3235585. 3404	486966. 4720	+340	3235682. 8269	486537. 9092	+625	3235760. 9086	4862633. 8139	+960	3235845. 1262	485939. 6219
+913013	3235587. 0463	486953. 5713	+350	3235685. 5666	486528. 2918	+630	3235762. 2784	486259. 0052	+965	3235846. 2354	485934. 7465
+920	3235587. 9969	486946. 6493	+355	3235686. 9364	486523. 4831	+635	3235763. 6483	486254. 1965	+970	3235847. 3403	485929. 8701
+940	3235590. 8515	486926. 8541	+360	3235688. 3063	486518. 6744	+640	3235765. 0181	486249. 3878	+975	3235848. 4407	485924. 9927
+960	3235593. 9039	486907. 0885	+365	3235689. 6762	486513. 8657	+645	3235766. 3880	486244. 5791	+980	3235849. 5367	485920. 1143
+980	3235597. 1538	486887. 3544	+370	3235691. 0460	486509. 0570	+650	3235767. 7578	486239. 7704	+985	3235850. 6283	485915. 2349
K57+000	3235600. 6009	486867. 6538	+375	3235692. 4159	486504. 2483	+660	3235770. 4976	486230. 1530	+990	3235851. 7154	485910. 3545
+020	3235604. 2448	486847. 9886	+385	3235695. 1556	486494. 6310	ZYK57+ 666. 601	3235772. 3059	486223. 8050	+995	3235852. 7981	485905. 4732
+040	3235608. 0852	486828. 3609	+390	3235696. 5254	486489. 8223	+680	3235775. 9613	486210. 9138	K58+000	3235853. 8763	485900. 5908

续表 1-18

桩号	坐标		桩号	坐标		桩号	坐标		桩号	坐标	
	N	C		N	C		N	C		N	C
+060	3235612. 1216	486808. 7726	+395	3235697. 8953	486485. 0136	+700	3235781. 3588	486191. 6559	QZK58+003. 925	3235854. 7196	485896. 7576
YHK57+068. 6	3235613. 9175	486800. 3618	+400	3235699. 2651	486480. 2049	+720	3235786. 6863	486172. 3785	+005	3235854. 9501	485895. 7075
+080	3235616. 3533	486789. 2254	+405	3235700. 6350	486475. 3962	+740	3235791. 9436	486153. 0819	+010	3235856. 0195	485890. 8232
+100	3235620. 7714	486769. 7196	+410	3235702. 0048	486470. 5875	+760	3235797. 1307	486133. 7663	+015	3235857. 0844	485885. 9379
+117. 23	3235624. 7157	486752. 9472	+415	3235703. 3747	486465. 7788	+780	3235802. 2476	486114. 4319	+020	3235858. 1449	485881. 0516
+120	3235625. 3610	486750. 2534	+420	3235704. 7446	486460. 9701	+785	3235803. 5158	486109. 5954	+025	3235859. 2009	485876. 1644
+140	3235630. 1065	486730. 8246	+440	3235710. 2240	486441. 7354	+800	3235807. 2941	486095. 0791	+030	3235860. 2525	485871. 2763
+160	3235634. 9928	486711. 4307	+460	3235715. 7034	486422. 5006	+806. 87	3235809. 0113	486088. 4272	+035	3235861. 2997	485866. 3872
+180	3235640. 0048	486692. 0690	+480	3235721. 1828	486403. 2659	+820	3235812. 2702	486075. 7080	+040	3235862. 3424	485861. 4971
+200	3235645. 1274	486672. 7361	+500	3235726. 6622	486384. 0311	+840	3235817. 1758	486056. 3190	+060	3235866. 4687	485841. 9274

习题演练

学习模块一　课后习题

学习模块二　路基土石方工程施工

学习目标

【知识目标】

掌握路基施工准备工作的内容；熟悉路堤、路堑的施工工艺流程；掌握施工管理的程序和内业资料的整理；掌握路基整修施工内容与施工方法。

【能力目标】

能根据施工图纸进行路基施工前的复测工作；初步根据施工规范进行路基填筑开挖并进行质量控制；能根据工程的特点合理选择施工机械并进行合理配置；能进行路基工程的变更、计量及中间检测；能够掌握路基整修施工内容与施工方法；能组织路基交工验收准备和申请工作。

模块设计

【实施时间】

(1)开工前；(2)施工过程中；(3)竣工验收过程中。

【实施地点】

路基土料场、施工现场、工地实验室。

【实施人员】

材料员、试验员、测量员、施工技术人员、质检员、资料员、管理人员、设计代表、监理人员等。

【实施内容】

(1)路基施工准备工作；(2)路基土石方施工；(3)路基整修与交工验收；(4)检查路基工程施工质量；(5)完成路基工程竣工文件编制。

【职业素养】

领会党的二十大会议精神，把会议的精髓践行到路基施工过程中，培养学生既具有独立思考能力，又具有团队精神。掌握系统工程的方法，善于组织团队，团结协作，共同解决技术问题。端正工作态度，提高团结协作意识和安全生产意识。

项目一　路基施工准备

路基工程施工需要消耗大量的人工、物资、机械和时间等资源，是一项历时长、技术复杂、要求高的工作。在路基施工前，必须根据施工单位和工程的实际情况做好施工准备工作，使各项施工活动能够正常进行。在整个施工过程中，为了确保施工质量，所有的施工活动都必须严格按照有关施工规范有秩序地进行。

路基施工前的准备工作是保证路基施工顺利实施的基本前提，根据规定，如果施工前的准备工作经监理工程师审核后而未达到合同规定的要求，则不予批准开工。因此，必须高度重视，认真对待。

路基施工准备工作的内容主要包括组织准备、物质准备、技术准备和现场准备四个方面。如图 2-1 所示。

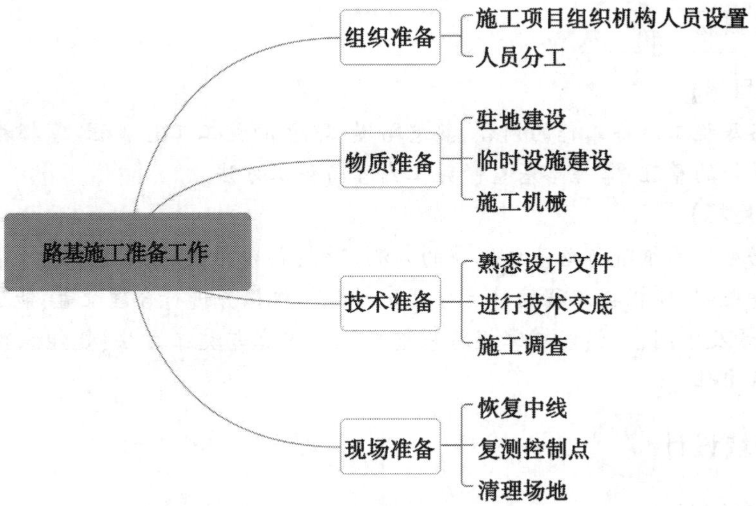

图 2-1　路基施工准备工作内容

组织准备

一、项目经理部的组成

在整个工程项目施工之前，首先要建立一个能完成施工管理任务、使项目经理指挥灵便、运转自如的高效项目组织机构——项目经理部。一个好的组织机构，可以有效地完成施工项目管理目标。

（一）项目经理部人员设置的原则

施工项目组织机构的人员设置，以能实现施工项目所要求的工作任务为原则，尽量简化机构，做到高效精干。人员配置要严格控制二、三线人员，力求一专多能，一人多职。同时还要增加项目班子管理人员的知识含量，着眼于使用和学习锻炼相结合，以提高人员素质。

（二）项目经理部组成及分工

根据工程的大小，一般项目经理部的机构设置项目经理为工程的项目负责人，负责全面管理工作；项目总工程师负责工程的质量与技术管理工作；临时党支部负责安全生产、后勤服务等工作。项目经理部下设质检、工程技术、工程计划、机料、安全等管理部门。为便于组织施工及管理，在项目经理部的统一指挥下，按工程项目类别分别设路基土石方、排水及涵洞、防护工程等专业作业组（工区）。

二、项目经理部机构配置

项目经理部的机构配置应根据工程规模、难易程度等实际情况来设置，图 2-2 所示为某工程项目的项目经理部机构配置示意图。

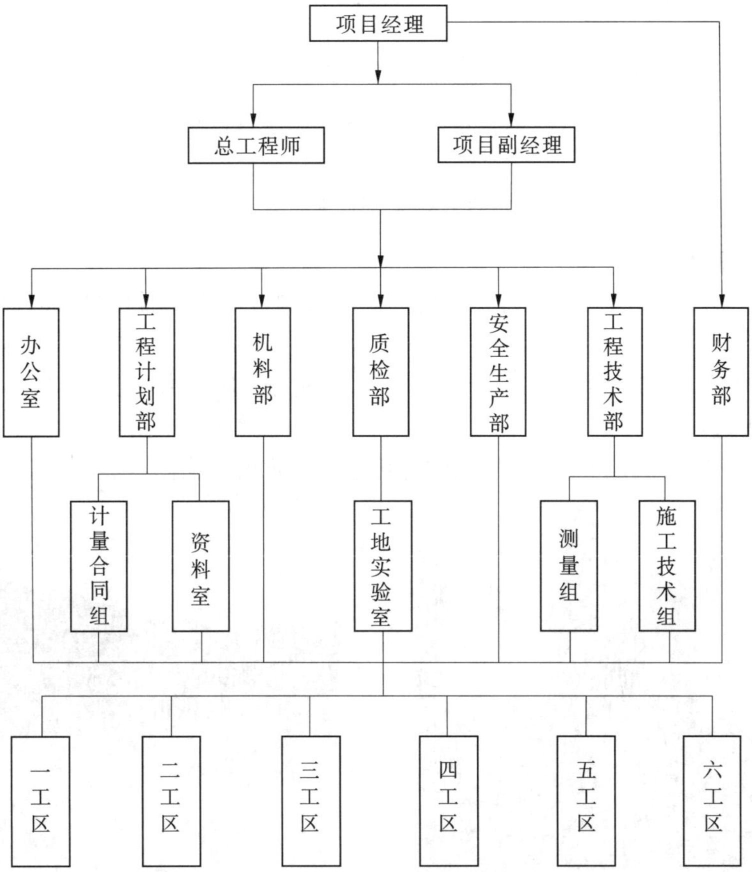

图 2-2　项目经理部机构配置示意

项目经理部的人数视工程规模的大小、难易程度而定，路桥专业技术人员一般公路按平均每人管理 3~5 km，高速公路、一级公路平均每人管理 1 km 配置。

物质准备

一、物质准备工作的内容

物质准备主要包括驻地建设、路基施工机械设备及试验设备，具体内容如图 2-3 所示。

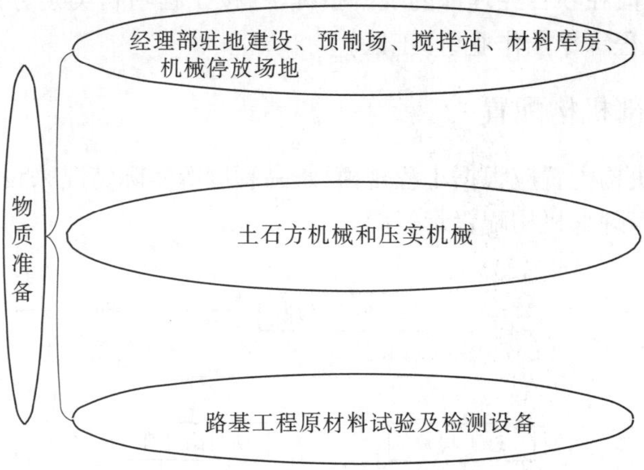

图 2-3　物质准备内容

(一)驻地建设

(1)驻地建设应设有职工宿舍、会议室、试验及测量用房、项目经理部各机构办公室、食堂等。

(2)根据工程规模可设置一个或多个预制场、搅拌站(见图 2-4)、材料库房(见图 2-5)等。

(3)驻地建设应满足消防安全的要求,并做好消防培训工作。

图 2-4　搅拌站

图 2-5　材料库房

(二)路基施工机械设备

路基施工机械包括土石方机械和压实机械,主要是指推土机、装载机、挖掘机、平地机、自卸车、压路机,在路基土石方施工时,施工机械的合理配套是工程能否按时完成及经济效益的保障,如图 2-6 所示。

路基施工机械担负着开挖、铲装、运输、整平、压实的任务。石质路堑还包括各种型号的松土器、凿岩机等。路基施工机械设备配套是根据土质、工程数量、工期和运距等因素来确定。

图 2-6　路基施工机械

常用土石方机械及适用性如表 2-1 所示。

表 2-1　常用土石方机械及适用性

序号	机械名称	适用性
1	挖掘机	软石以下硬度的各类土、石
2	装载机	挖普通土、装料
3	推土机	软石以下硬度的各类土、石，100 m 推、运土
4	平地机	平整土石方

(三) 试验设备

工地实验室是为施工现场提供数据服务，配合路基施工，检测工地所用的各种原材料、加工材料及结构性材料的物理力学性能，以及施工结构物的几何尺寸。图 2-7 所示为路基现场检测图。

图 2-7　路基现场检测

路基工程工地实验室进行的试验和检测项目见表 2-2 和表 2-3。

表 2-2 路基土石方工程主要材料试验项目

序号	试验项目
1	土的颗粒分析试验
2	含水量试验
3	塑液限试验
4	击实试验
5	回弹模量试验
6	CBR 试验

表 2-3 路基工程主要检测项目

序号	检测项目
1	压实度检测
2	弯沉检测
3	平整度检测
4	外形尺寸、坡度、高程等检测

工地实验室所购置的各种重要试验、检测设备,应通过计量部门标定、交通质量监督部门认证合格后才能投入使用。工地实验室认证工作应在接到中标通知书后立即开始申办,在工程开工前办理完毕各种证件。

二、路基填料的选择方法

路基是由外来材料填筑而成的,填筑前的填料选择、基底状况、填筑方式等因素均影响路堤质量。因此,路基施工中必须对这些问题予以足够的重视。

(一)填料的来源

路基填料的来源主要如下,如图 2-8 所示。

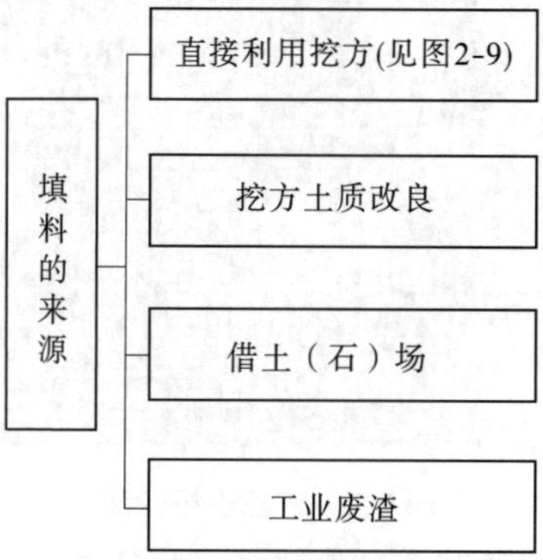

图 2-8 填料的来源

图 2-9 直接利用挖方

填料的选择首先考虑挖方能否利用,其次选择借土,最后与周边环境、经济等方面综合确定。

路基在填筑前,应对照设计文件,现场调查填料的来源、类型,可供开采的数量、上路桩号,并对填料进行试验,以判断填料的可用性。据此还可确定填料采用填土、填石或土石混填,用于哪一压实区域和填筑的厚度。

(二)填料可用性判断

1. 土质填料可用性判断

一旦确定采用土质填料后,通常应进行以下试验(见表 2-4)。

表 2-4 土质填料主要试验项目

序号	主要试验项目
1	液限、塑限、塑性指数、天然稠度或液性指数试验
2	颗粒大小分析试验
3	含水率试验
4	土的标准击实试验
5	土的强度试验(CBR 值)

根据试验结果,土样是否可用于填筑,一般采用以下方法进行判断(见表 2-5)。

表 2-5　土质填料可用性判断方法

序号	判断方法
1	液限是否大于 50%，塑性指数是否大于 26，若超过此值，不能直接作为填料
2	土体密度是否大于 1.6 g/cm^3，如小于此值，不能直接作为填料
3	CBR 值是否达到 3%、5%、8%等填筑分区填料的要求

同时《公路路基施工技术规范》(JTG/T 3610—2019)及《公路软土地基路堤设计与施工技术细则》(JTG/T D31-02—2013)中对路基用土还有如下规定(见表 2-6)。

表 2-6　路基用土规定

序号	内容
1	路堤填筑材料不得使用淤泥、沼泽土、冻土、有机土、含草皮土、生活垃圾、树根、含有腐朽物质的土。采用盐渍土、黄土、膨胀土填筑路堤时，应遵照有关规定执行
2	液限大于 50%、塑性指数大于 26 的土，以及含水率超过规定的土，不能直接作为路堤填料，需要应用时，必须采取满足设计要求的技术处理，经检查合格后方可使用
3	钢渣、粉煤灰等材料，可用作路堤填筑材料，其他工业废渣在使用前应进行有害物质的含量试验
4	捣碎后的种植土，可用于路堤边坡表层

各级公路的路基填筑材料的最小强度和最大粒径应符合如下规定(见表 2-7)。

表 2-7　路基填筑材料最小强度和最大粒径要求

项目分类(路床顶面以下深度/m)		填料最小强度(CBR)/%			填料最大粒径/mm
		高速公路、一级公路	二级公路	三、四级公路	
填方路基	上路床(0~0.30)	8	6	5	100
填方路基	下路床(0.30~0.80)	5	4	3	100
填方路基	上路堤(0.80~1.50)	4	3	3	150
填方路基	下路堤(>1.50)	3	2	2	150
零填及挖方路基	0~0.30	8	6	5	100
零填及挖方路基	0.30~0.80	5	4	3	100

注：1. 表列强度按《公路土工试验规程》(JTG 3430—2020)规定的浸水 96 h 的 CBR 试验方法测定；
2. 三、四级公路铺筑沥青混凝土和水泥混凝土路面时，应采用二级公路的规定；
3. 表中上、下路堤填料最大粒径 150 mm 的规定，不适用于填石路堤和土石路堤。

2. 石质填料可用性判断

根据《公路路基施工技术规范》(JTG/T 3610—2019)的规定，填石路堤的填料应符合以下规定(见表 2-8)。

表 2-8　填石路堤填料的要求

序号	内容
1	石料的抗压强度不应小于 15 MPa
2	膨胀岩石、易溶性岩石不宜直接用于路堤填筑，强风化石料、崩解性岩石和盐化岩石不得直接用于路堤填筑
3	填料粒径应不大于 500 mm，且最大粒径不宜超过层厚的 2/3
4	路床底面以下 400 mm 范围内，填料粒径应小于 150 mm
5	路床填料粒径应小于 100 mm

三、本项目的实施流程

挖方、借方现场，填土高度小于 2 m 以下的填方段原状土，均需现场取样进行土工试验，以判断土质是否能直接利用，据以确定施工现场质量控制的标准干密度、最佳含水量、天然含水量、天然稠度等指标。

施工前，根据设计勘探资料，现场核对上述地段土质是否与设计资料相符。有针对性地选择代表性的地点，人工挖坑观察和沿深度分层取土。施工时再根据土质的变化情况，并要求在土质基本一致情况下按每 5 000 m^3 土取样一次，及时取样再试验。根据土工试验资料，把试验结果、可用数量标于纵断面图上。

本项目依据《公路路基施工技术规范》(JTG/T 3610—2019)的相关规定，采用《公路土工试验规程》(JTG 3430—2020)中相关规定，按下面的流程完成本项目(见图 2-10)。

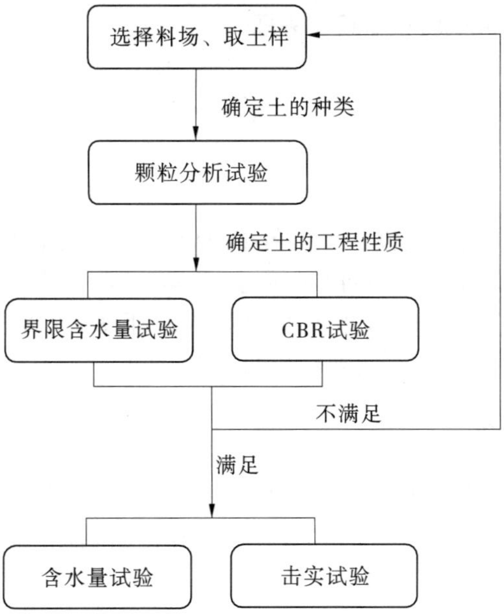

图 2-10　项目实施程序

路基填料的选择方法同学们学会了吗？如果还有不清楚的地方就赶快扫码跟着老师的微课再复习一下吧！

路基填料的选择方法

路基土现场取样

一、土样要求

(一)采取原状土或扰动土视工程对象而定

(1)凡属桥梁、涵洞、隧道、挡土墙、房屋建筑物的天然地基及挖方边坡、渠道等,应采取原状土样。

(2)如为填土路基、堤坝、取土坑(场)或只要求土的分类试验者,可采取扰动土样。

(3)冻土采取原状土样时,应保持原状土样温度、结构和含水率不变。

(二)土样可在试坑、平洞、竖井、天然地面及钻孔中采取

取原状土样时,必须保持土样的原状结构及天然含水率,并使土样不受扰动。

(1)用钻机取土时,土样直径不得小于 10 cm,并使用专门的薄壁取土器。

(2)在试坑中或天然地面下挖取原状土时,可用有上、下盖的铁壁取土筒,打开下盖,扣在欲取的土层上,边挖取土筒周围土,边压取土筒至取土筒内装满土样,然后挖断取土筒底土层(或左、右摆动即断),取出取土筒,翻转削平取土筒内土样。若周围有空隙,可用原土填满,盖好下盖,密封取土筒。

(3)采取扰动土时,应先清除表层土,然后分层用四分法取样。

(4)对于盐渍土,一般应分别在 0~0.05 m、0.05~0.25 m、0.25~0.50 m、0.50~0.75 m、0.75~1.0 m 垂直深度处,分层取样。同时,应测记采样季节、时间和气温。

(三)土样数量按相应试验项目规定采取

(四)取土记录和编号

(1)无论采用什么方法取样,均应用“取样记录簿”记录并撕下其一半作为标签,贴在取土筒上(原状土)或折叠后放入取土袋内。“取样记录簿”宜用韧质纸并必须用铅笔填写各项记录。

(2)取样记录簿记录内容应包含工程名称、路线里程(或地点)、记录开始日期、记录完毕日期、取样单位、采取土样的特征、试坑号、取样深度、土样号、取土袋号、土样名、用途、要求试验项目或取样说明、取样者、取样日期等。对取样方法、扰动或原状、取样方向及取土过程中出现的现象等,应记入取样说明栏内。

二、土样包装和运输

(1)原状土或需要保持天然含水率的扰动土,在取样之后,应立即密封取土筒,即先用胶布贴封取土筒上的所有缝隙,在两端盖上用红油漆写明“上”“下”字样,以示土样层位。

在取土筒壁贴上“取样记录簿”中扯下的标签,然后用纱布包裹,再浇注融蜡,以防水分散失。原状土样应保持土样结构不变;对于冻土,原状土样还应保持温度不变。

(2)密封后的原状土在装箱之前应放于阴凉处,冻土土样应保持温度不变。不需保持天然含水率的扰动土,最好风干稍加粉碎后装入袋中。

(3)土样装箱时,应与“取样记录簿”对照清点,无误后再装入,并在记录簿存根上注明装入箱号。对原状土应按上、下部位将取土筒立放,木箱中取土筒间空隙宜以稻(麦)草或软物填紧,以免在运输过程中受振、受冻。木箱上应编号并写明“小心轻放”“切勿倒置”“上”“下”等字样。对已取好的扰动土样的土袋,在对照清点后可以装入麻袋内,扎紧袋口,麻袋上写明编号并拴上标签(如同行李签),签上注明麻袋号数、袋内共装的土袋数和土袋号。

(4)盐渍土的扰动土样宜用塑料袋装。为防止取样记录标签在袋内湿烂,可用另一小塑料袋装标签,再放入土袋中;或将标签折叠后放在盛土的塑料袋口,并将塑料袋折叠收口,用橡皮圈绕扎袋口标签以下,再将放标签的袋口向下折叠,然后以未绕完的橡皮圈绕扎系紧。每一盐渍土剖面所取的5塑料袋土,可以合装于一个稍大的布袋内。同样在装入布袋前要与记录簿存根清点对照,并将布袋号补记在原始记录簿中。

三、土样的接收与管理

(1)土样运到试验单位,应主动附送“试验委托书”,委托书内各栏根据“取样记录簿”的存根填写清楚,若还有其他试验要求,可在委托书内注明。土样试验委托书应包括实验室名称、委托日期、土样编号、实验室编号、土样编号(野外鉴别)、取样地点或里程桩号、孔(坑)号、取样深度、试验目的、试验项目等,以及责任人(如主管、主管工程师审核、委托单位及联系人等)。

(2)试验单位在接到土样之后,即按照“试验委托书”清点土样,核对编号并检查所送土样是否满足试验项目的需要等。同时,每清点一个土样,即在委托书中的试验室编号栏内进行统一编号,并将此编号记入原标签上,以免与其他工程所送土样编号相同而发生错误。

(3)土样清点验收后,即根据“试验委托书”登记于“土样收发登记簿”内,并将土样交试验负责人员妥善保存,按要求逐项进行试验。土样试验完毕,将余土仍装入原装内,待试验结果发出,并在委托单位收到报告书一个月后,若仍无人查询,才可将土样处理。若有疑问,尚可用余土复试。试验结果报告书发出时,即在原来“土样收发登记簿”内注明发出日期。

技术准备

技术准备工作主要内容是熟悉设计文件及技术交底和实施施工调查。

一、熟悉设计文件及技术交底

设计文件是组织施工的主要依据,熟悉、审核施工图纸是领会设计意图、明确工程内容、掌握工程特点的重要环节。施工单位在接到施工设计文件后,应立即组织有关技术人员对施工设计文件进行审核,充分领会设计意图,核对地形和地质资料。图纸会审着重解决以下几个问题:

(1)核对设计是否符合施工条件。

(2)设计中提出的工程材料、工艺要求,施工单位能否实现和解决。

(3)设计能否满足工程质量及安全要求,是否符合国家有关规范和标准。

(4)设计图纸及说明是否齐全。

(5)设计图纸上的尺寸、高程、工程数量的计算有无差、错、漏、碰现象。

在施工人员熟悉设计文件和充分准备的基础上,参加由业主召集设计、监理、施工单位组织的设计交底和图纸会审。设计人员向施工单位讲清设计意图和对施工的主要要求,施工人员应对图纸和有关问题提出质询,并由设计单位进行逐条答复,对合理化建议按程序进行变更设计或补充设计,××高速公路图纸审核及答复意见如表 2-9 所示。

表 2-9 ××高速公路图纸审核及答复意见

××高速公路 T14 合同段设计图纸答复意见

设计单位:××交通规划勘察设计研究院

序号	详细说明	所在图册	答复意见
1	现场清理合计数量与各段落计算总和不符	第 1 册	经核查,设计数量无误
2	无详细主动防护网设计图	第 2 册	本次施工图补充设计已作补充
3	路肩墙工程数量与 S3-2-30 中护肩墙工程数量表不符,且护肩墙参数不详	第 2 册	本次施工图补充设计已作修订
4	路肩墙顶防撞护栏每延米工程数量有误,每延米 C30 混凝土数量经计算为 0.63 m^3,钢筋数量和计算混凝土数量与路基防护工程数量表不符,防撞墙宽度 50 cm 与标准断面所标注的 75 cm 冲突	第 2 册	本次施工图补充设计已作修订

设计图纸是施工的依据,施工单位和全体施工人员必须按图施工,未经业主和监理工程师同意,施工单位和施工人员无权修改设计图纸,更不能没有设计图纸就擅自施工。

技术交底通常包括施工图纸交底、施工技术交底及安全技术交底等。这项交底工作分别由高一级技术负责人、单位工程负责人、施工队长、作业班组逐级组织进行。

二、实施施工调查

路基施工准备阶段的施工调查,目的是做好土石方调配和施工组织设计,它主要包括以下内容(见表 2-10)。

表 2-10　路基施工调查内容

序号	调查内容
1	施工现场的供水、供电、施工便道的调查
2	既有管线、建筑物的调查
3	取土、弃土调查
4	路基周边既有的排水设施调查
5	工区划分、队伍部署、驻地选择

现场准备

路基现场准备工作包括土石方施工前的复测、路基放样、清理场地。

一、施工前的复测

(1)路基土石方施工前复测的主要任务是复核设计文件所提供资料的准确性,尤其是工程量的误差百分比。

①复测的项目有导线点复测、水准点复测与加密、路线中桩位置(坐标)及高程复测、横断面地面线的复测,如图 2-11 所示。

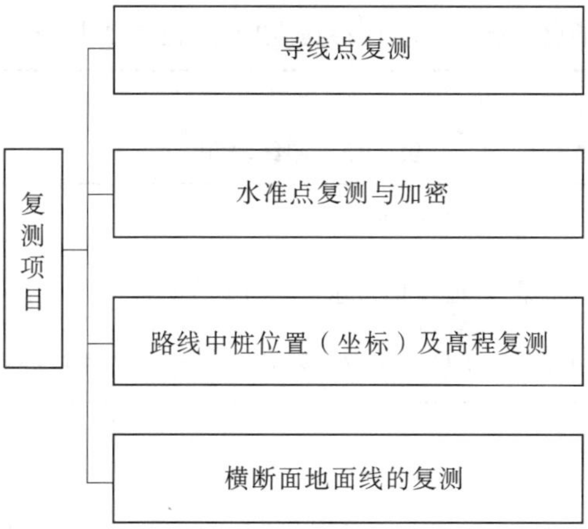

图 2-11　路基复测项目

②复测步骤如图 2-12 所示。

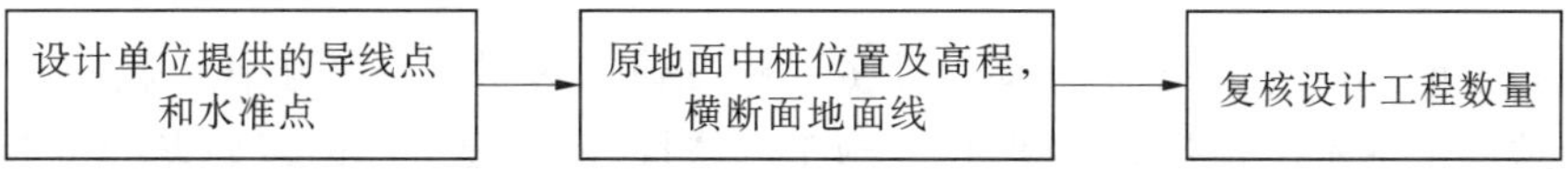

图 2-12　路基复测步骤

③复测结果处理。

复测结果与设计文件相差超过允许误差时,应及时向业主和监理报告,提出相应的处理措施。测量精度应满足公路测设规程,土石方数量相差10%以上时,应向业主提出变更要求。

有关导线点、水准点、路线中桩位置(坐标)及高程、横断面地面线的测量方法及规定已在相关书籍有详细论述,路基施工技术人员还应特别注意表2-11、表2-12及表2-13所述问题。

表2-11　导线复测

导线复测	1. 应采用全站仪或其他满足测量精度的仪器
	2. 导线起讫点与设计单位测定结果相比较,测量精度应满足设计要求
	3. 必须和相邻施工段的导线点闭合
	4. 对有碍施工的导线点,应设护桩加以固定

表2-12　水准点复测与加密

水准点复测与加密	1. 水准点复测结果与设计单位测定结果相比较,测量精度应满足设计要求
	2. 必须和相邻施工段的水准点闭合
	3. 在人工结构物附近(如桥涵、隧道等)、高填深挖地段宜增设临时水准点
	4. 如发现个别水准点受施工影响,应将其移出影响范围之外

表2-13　中线复测

中线复测	1. 高等级公路应采用坐标恢复中桩
	2. 应与独立施工的桥梁、隧道及相邻施工段的中线闭合
	3. 如发现原设计中线长度丈量错误或需要局部改线,应作断链处理

④其他。

对高速公路和一级公路,要熟悉和掌握"逐桩坐标表""导线成果表",因为它们是恢复中线的依据。所有测量成果应按合同规定提交监理工程师检核认可。

二、路基放样

路基施工前,应根据路基横断面设计图和路基设计表进行放样工作。路基放样的目的是在原地面上标示出路基的轮廓,作为施工的依据,其主要工作内容如表2-14所示。

表 2-14　路基放样内容

序号	工作内容
1	在路中线各桩位处标定填挖高度
2	确定横断面方向
3	按设计图纸在地面上定出横断面上的各主要点的位置,如路堤坡脚、路堑坡顶等

三、清理场地

施工前应清除施工现场范围内所有阻碍或影响工程质量的障碍物(见图 2-13),其具体工作内容如下。

(一)用地划界及房屋和其他建筑物的拆除

(1)公路用地的划界工作一般由建设单位(业主)完成。个别地段尚未划定的,施工单位应立即报告监理工程师,并会同建设单位尽快解决。

(2)施工单位在施工前对路基范围内既有的垃圾堆、有机杂质、淤泥、软土、草丛、各类溶穴、池塘应妥善处理。路基施工范围内的既有房屋、道路、河沟、通信电力设施、坟墓及其他建筑物,均应会同有关部门事先拆迁或改移。

(二)清除树木和灌木丛

在路基施工范围内,对妨碍视线和影响行车的树木和灌木丛,均应在施工前进行砍伐或移栽。砍伐后的树木应堆放在不妨碍施工的地方。

高等级公路、一级公路和路基填土高度小于 1 m 的其他公路,应将路基范围内的树根全部挖除,并将坑穴填平夯实。采用机械化施工的路堑,均应将树根全部挖除。在填方和取土的地段应进行表面清理,清理的深度应根据种植土的厚度决定,清除的种植土应集中堆放,填方地段在清理完地表后,应整平压实到规定的要求,方可进行填方作业。

图 2-13　清理场地

施工场地排水是指疏干、排除场地上所积的地面水,保持施工场地干燥,为施工提供正常的条件,通常采用设置纵、横排水沟,形成排水系统,将水引至附近沟渠、低洼处予以排出。

路基施工准备工作包含的工作内容比较多,同学们都掌握了吗?快来扫码跟着老师的微课一起复习一下吧!

路基施工准备工作

路基工程施工组织

施工组织设计的详细内容在《公路工程管理》教材中已有叙述,这里仅就施工阶段路基施工组织设计应注意的问题做简单介绍。

一、编制依据

(1)设计文件及与业主签订的合同、招标文件、投标文件。
(2)施工合同规定的工期,开工日期及竣工日期。
(3)施工技术规范、规程及有关规定。
(4)主要设备和材料的采购合同及供应计划。
(5)施工现场调查资料。
(6)拟采用的新技术、新材料、新工艺、新设备等方案。
(7)已施工过的同类工程的施工进度及经济指标等。

二、编制原则

施工单位在编制路基施工组织设计过程中,应结合路基施工特点,遵守以下原则。

(一)严格执行工程建设程序和施工程序

施工阶段组织设计属于施工前准备工作的一项重要内容,要严格遵守合同签订的施工期限,按照基建程序和施工程序的要求,保质保量按时完成施工任务。

(二)保证重点、统筹兼顾

要对工程项目的所有内容分清轻重缓急,集中力量对那些在整个工程中起关键和控制作用的作业项目进行施工,避免拉长战线,分散资源,拖延工期。同时,要有全局观念,保证工程全线按期完成,迅速发挥投资效益,为后续施工创造良好条件。

(三)遵循工程的客观规律,科学合理安排施工季节、程序和施工顺序

按照路基工程施工的客观规律安排施工顺序,可将整个项目划分为几个阶段,如施工准备、土石方工程、排水工程、防护工程等。各施工阶段间合理搭接,在保证质量的基础上,根据当地的气候季节特点,合理安排施工进度计划,充分利用施工时间和保持均衡施工,尽可能缩短工期,加快施工进度。所以,必须处理好以下关系:

(1)施工准备与正式施工的关系。施工准备之所以重要,是因为它是后续施工能按时开始的重要条件。

(2)全场性工程与单位工程的关系。在正式施工时,应首先进行全场性工程的施工,然后按照工程的排序,逐个进行单位工程的施工。

(3)地下与地上的关系。在处理地下工程与地上工程时,应遵循先地下后地上的原则。

(4)空间顺序与工种顺序的关系。在安排施工顺序时,既要考虑施工组织的空间顺序,又要考虑施工工艺的工种顺序。空间顺序要以工种顺序为基础,工种顺序尽可能为空间顺序提供有利的施工条件。

(四)应用科学的计划方法制订最合理的施工组织方案

根据工程特点和工期要求,尽可能采用平行流水作业施工方法,组织连续、均衡且有节奏的施工,保证人力、物力充分发挥作用。对于复杂工程,应用网络计划技术找出最佳的施工组织方案。

(五)采用先进的施工技术和设备,加强科学管理

在选择施工机械过程中要进行技术经济比较,充分利用现有的机械设备,使大型机械与中、小型机械结合起来,使机械化与半机械化结合起来,尽量扩大机械化施工范围,提高机械化程度。

(六)确保工程质量和施工安全

贯彻施工技术规范、操作规程,提出确保工程质量的技术措施和施工安全措施。

三、原始资料的调查分析

编制实施性施工组织设计前,应全面收集原始资料,做好以下调查工作(见表2-15)。

表2-15　原始资料调查内容

序号	调查项目	调查内容
1	自然条件的调查	合同段内的地形、地貌、地质、水文、气候等条件
2	施工资源的调查	筑路材料、运输条件、当地劳动力、电力、供水等
3	承包人能力的调查	员工数量、员工类别、员工素质、施工机械装备等
4	社会调查	管线、文物古迹等

四、编制内容

一般来说,施工组织设计分为施工组织总设计和分部、分项工程施工组织设计,其具体内容如下。

(一)施工组织总设计内容

施工组织总设计是以整个路基工程为对象,根据设计图纸和施工现场条件编制的,用以指导施工全过程各项施工活动的技术经济的综合性文件。其主要内容见表2-16。

表 2-16 施工组织总设计内容

序号	施工组织总设计内容
1	工程概况
2	施工部署及主要构造物的施工方案
3	施工准备工作计划
4	施工总进度计划
5	各项资源需要量计划
6	施工总平面图

(二)分部、分项工程施工组织设计内容

这部分内容主要由项目总工负责编制,每个分部、分项工程的开工申请是呈送监理工程师报批的不可缺少的内容。其主要内容见表 2-17。

表 2-17 分部、分项工程施工组织设计内容

序号	分部、分项工程施工组织设计内容
1	分部、分项工程概况
2	施工方法及施工机械的选择
3	施工进度计划
4	施工安全计划
5	人工、材料、机械计划
6	施工平面图
7	质量保证、安全、环保、文明施工等措施

五、施工进度计划的编制

施工进度计划是施工组织设计的主要内容。总进度计划应根据施工合同工期、施工组织、施工部署及施工顺序对所有的施工项目作出开工、竣工的时间安排,每项工程开工前应有充分的施工准备时间。其编制步骤如图 2-14 所示。

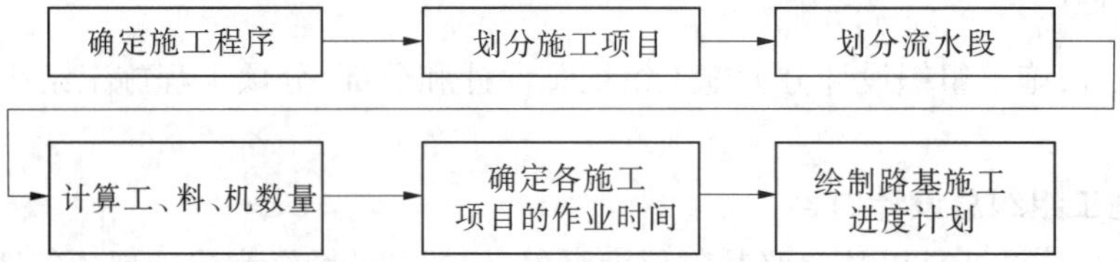

图 2-14 施工进度计划编制步骤

编制施工进度计划常用的方法有横道图法和网络图法。这两种方法的原理见《公路工程管理》教材。

路基试验段的选择与实施

在高等级公路路基施工前，应采用不同的施工方案做试验路段，从中选出最佳的施工方案指导全线施工，在路基工程中需做试验段的工程项目通常有路基填方和地基处理。

试验段必须在开工前编制施工组织设计，制订详细的施工方案。在整个试验段施工时，应加强对有关指标的检测，完工后及时写出试验报告，上报监理工程师审批。

一、试验段的选择

下列情况应进行试验路段施工：

(1)二级及二级以上公路路堤。

(2)填石路堤、土石路堤。

(3)特殊填料路堤(特殊填料是指具有与一般土质不同工程特性的填料，如煤矸石、泡沫轻质土等)。

(4)特殊路基。

(5)拟采用新技术、新工艺、新材料、新设备的路基。

(一)试验段的选择要求

以路基填方为例，试验段的位置应选择在地质条件、路基断面形式及工程要求等具有代表性的地段，长度宜不小于200 m。试验场地应尽量选在主线上，且施工方便。试验段的选择原则见表2-18。

表2-18　试验段的选择原则

序号	原则
1	距驻地近、地势平坦、交通方便、施工条件好的地段
2	工程量集中、施工时间较长的地段
3	土质较好且对今后施工具有广泛指导意义的地段

(二)试验段的目的

试验段的目的是取得施工经验，检验施工机械组合，取得压实机械情况及施工技术规范允许情况下的压实厚度、松铺系数，以确定松铺厚度、土的最佳含水量、碾压遍数等。将以上资料整理上报，经监理工程师批准后，作为以后施工的经验资料，以指导路基的填方施工。

二、试验段的实施

以路基填方试验为例，介绍其施工方案。如图2-15所示。

当第二层填土完成后，按第一层的方法进行总结分析以确定第三层填土的各项指标。一般情况下，进行两次调整后就不需要再调整了。当填土的摊铺厚度、含水量、碾压遍数指标稳定后，试验路段的目的就已达到，即可写出试验报告。当发现路基设计有缺陷时，

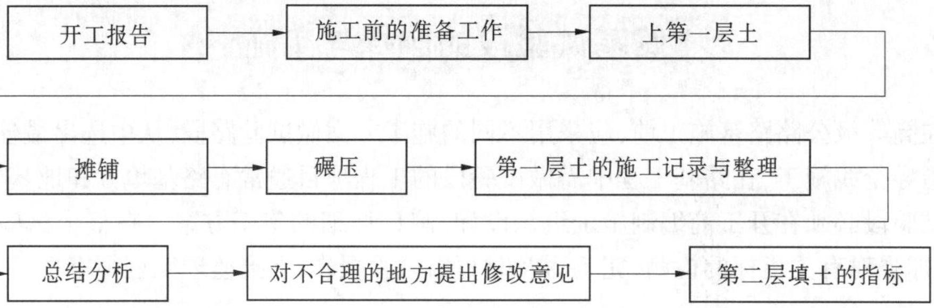

图 2-15　试验段的实施步骤

应根据监理工程师的要求修改设计程序，提出修改设计报告。图 2-16 所示为试验段的实施现场。

图 2-16　试验段的实施现场

试验路段施工总结宜包括下列内容：

(1)填料试验、检测报告等。

(2)压实工艺主要参数：机械组合、压实机械规格、松铺厚度、碾压遍数、碾压速度、最佳含水率及碾压时含水率范围等。

(3)过程工艺控制方法。

(4)质量控制标准。

(5)施工组织方案及工艺的优化。

(6)原始记录、过程记录。

(7)对施工图的修改建议等。

(8)安全保证措施。

(9)环保措施。

注：试验路段施工总结报告内容根据实际需要适当增减，但要全面、真实地反映试验情况，为后续施工提供依据。

同学们，路基试验段的选择与实施这部分内容你们是否都掌握了呢？快来扫码跟着老师的微课一起复习一下吧！

路基试验段的选择与实施

路基土方试验段施工报审表

（编号：　　　　）

合同号：＿＿＿＿＿＿　项目名称：＿＿＿＿＿＿＿＿＿　施工单位：＿＿＿＿＿＿＿＿＿

作业组（队）：＿＿＿＿＿＿＿＿＿　试验段桩号：＿＿＿＿＿＿＿＿＿

拟实施路段：＿＿＿＿＿＿＿＿＿＿＿＿＿

致（驻地监理工程师）＿＿＿＿＿＿＿＿＿ 我单位所承建的＿＿＿＿＿＿＿＿＿段路基清理掘除、填前碾压等工作已经完成，路基填料经试验检测均符合规范和合同要求，机械设备、施工技术人员已到位，已具备路基土方施工条件，现报上＿＿＿＿＿＿＿＿＿作业组（队）路基土方试验段有关资料（见附件），请予审查和批准。 附件： 1. 路基填前检测汇总表（F-Ⅰ-2） 2. 实验室资质复印件 3. 路基用土试验（D-65） 4. 试验段平面布置图（F-2） 5. 路基施工主要人员一览表（F-3） 6. 路基施工机械配置一览表（F-4） 7. 试验段施工技术及施工工艺方案 承包商：　　　　　　日期：
项目监理工程师审查意见： 项目监理工程师：　　　　　　日期：
驻地监理工程师审查意见： 驻地监理工程师：　　　　　　日期：

由承包商呈报三份，审批后项目监理工程师和驻地监理工程师办公室各留一份，返回承包商一份。

路基填土前检测汇总表

（编号：　　　　）

合同号：__________ 项目名称：__________ 施工单位：__________

检查项目 / 桩号	原地面高程/m			填前碾压后高程/m			设计路面高程/m	实际填土厚度/m			宽度/m		中线偏位/mm		压实度/%（左半幅）		压实度/%（右半幅）	横坡/%	
	左	中	右	左	中	右		左	中	右	左	右	左	右	左	中	右	左	右

路基工程师：__________ 质检工程师：__________ 项目监理工程师：__________ 日期：__________

路基(路面)试验段施工平面布置图

(编号：　　　　)

合同号：____________________项目名称：____________________施工单位：____________________

作业组(队)：____________________试验段桩号及位置：____________________

拟实施路段：____________________

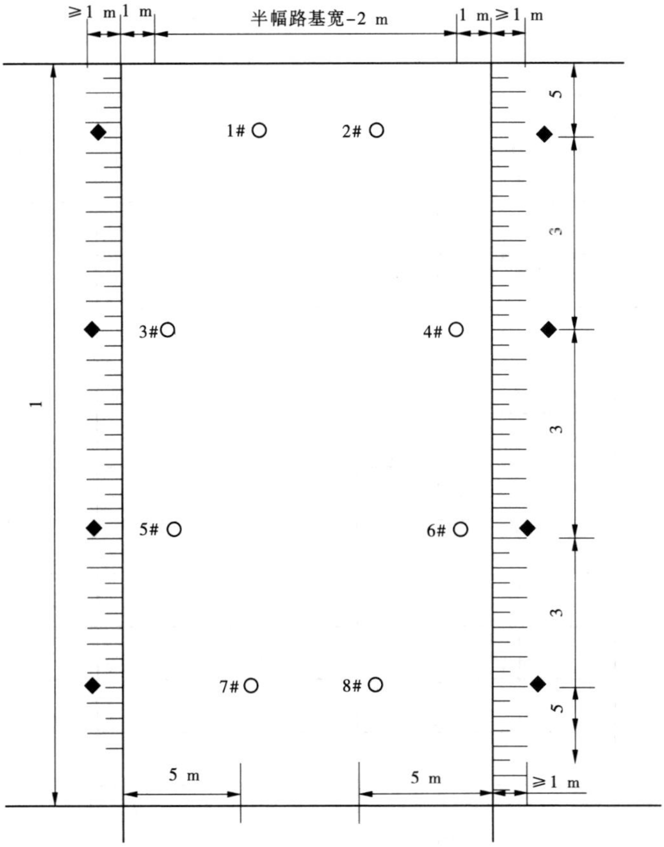

注：1. 图中“○”为高程检测点，“◆”为高程和距离固定桩；

2. 测量时，各点位置准确量取。压实度检测在图中各点周围 2 m 内检测。

路基(路面)工程师：__________质检工程师：__________项目监理工程师：__________日期：________

路基(路面)试验段(施工)主要人员一览表

(编号:)

合同号:______ 项目名称:______ 施工单位:______

作业组(队):______ 试验段桩号及位置:______

拟实施路段:______

主要施工人员	姓名	性别	年龄	职称	学历及专业	从事本工作年限及业绩
作业组负责人						
路基(路面)工程师						
质检工程师						
试验工程师						
测量工程师						
机械工程师						
质检员						
测量员						
试验员						
机械操作手						

承包商:______ 项目监理工程师:______ 日期:______

路基(路面)试验段(施工)机械配置表

(编号：)

合同号：__________ 项目名称：__________ 施工单位：__________

作业组(队)：__________ 试验段桩号及位置：__________

拟实施路段：__________

机械类别	机械名称	数量	型号	产地	购置日期	主要性能指标
挖土机械						
运输机械						
拌和机械						
摊铺机械						
整平机械						
碾压机械						
洒水机械						

作业组负责人：__________ 机械工程师：__________ 项目监理工程师：__________ 日期：______

路基土方试验段成果报告图

（编号：　　　）

合同号：＿＿＿＿＿＿＿＿ 项目名称：＿＿＿＿＿＿＿＿ 承包商：＿＿＿＿＿＿＿＿

作业组(队)：＿＿＿＿＿＿＿＿＿＿ 试验段桩号及位置：＿＿＿＿＿＿＿＿＿＿

拟实施路段：＿＿＿＿＿＿＿＿＿ 压实机械组合：＿＿＿＿＿＿＿＿＿

土质编号：＿＿＿＿＿＿ 最大干容重：＿＿＿＿＿＿ g/cm^3 最佳含水量：＿＿＿＿＿＿%

松铺厚度：＿＿＿＿＿＿＿＿＿ 压实厚度：＿＿＿＿＿＿＿＿＿

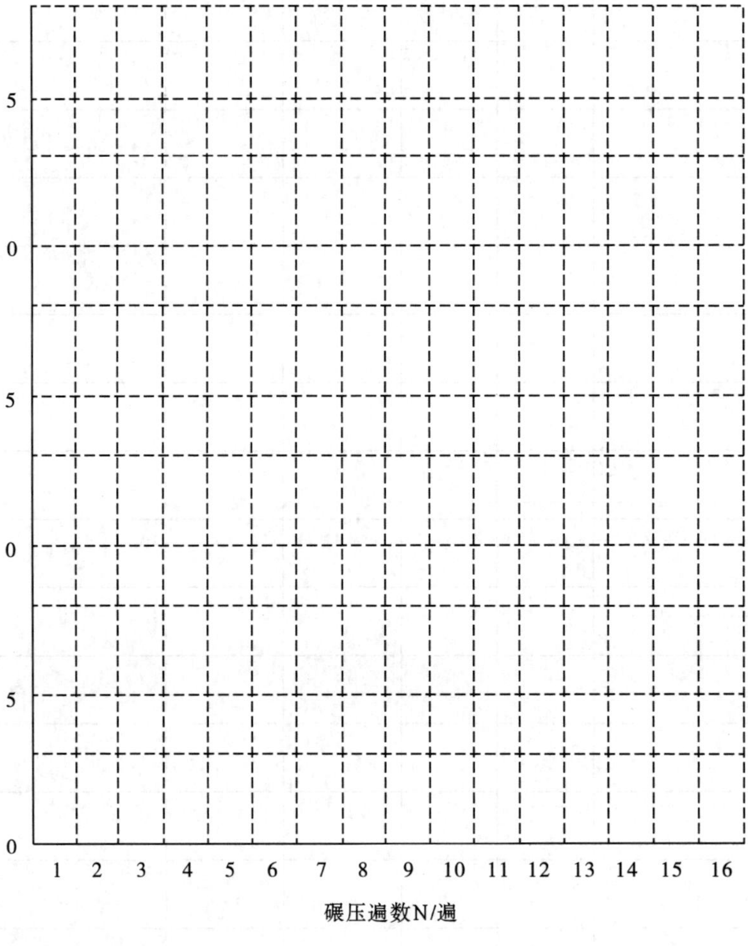

注：合适的压实遍数应在曲线发生明显弯曲处。

承包商：＿＿＿＿＿＿＿＿＿ 项目监理工程师：＿＿＿＿＿＿＿ 日期：＿＿＿＿＿＿＿

路基土方试验段成果汇总表

合同号:________________　项目名称:________________　施工单位:________________

作业组(队):______________________　试验段桩号及位置:______________________

最大干密度:______________　最佳含水量:______________　土场:______________

拟实施路段:___________________________

<table>
<tr><td colspan="2" rowspan="2">检查项目
碾压遍数</td><td colspan="2">压实度/%</td><td rowspan="2">含水量/%</td><td rowspan="2">压实厚度/cm</td><td rowspan="2">松铺系数</td><td rowspan="2">碾压机械及碾压速度</td><td rowspan="2">工作时间</td></tr>
<tr><td>法</td><td>法</td></tr>
<tr><td rowspan="9">第

遍</td><td>1</td><td></td><td></td><td></td><td></td><td></td><td rowspan="9"></td><td rowspan="9"></td></tr>
<tr><td>2</td><td></td><td></td><td></td><td></td><td></td></tr>
<tr><td>3</td><td></td><td></td><td></td><td></td><td></td></tr>
<tr><td>4</td><td></td><td></td><td></td><td></td><td></td></tr>
<tr><td>5</td><td></td><td></td><td></td><td></td><td></td></tr>
<tr><td>6</td><td></td><td></td><td></td><td></td><td></td></tr>
<tr><td>7</td><td></td><td></td><td></td><td></td><td></td></tr>
<tr><td>8</td><td></td><td></td><td></td><td></td><td></td></tr>
<tr><td>平均值</td><td></td><td></td><td></td><td></td><td></td></tr>
<tr><td rowspan="9">第

遍</td><td>1</td><td></td><td></td><td></td><td></td><td></td><td rowspan="9"></td><td rowspan="9"></td></tr>
<tr><td>2</td><td></td><td></td><td></td><td></td><td></td></tr>
<tr><td>3</td><td></td><td></td><td></td><td></td><td></td></tr>
<tr><td>4</td><td></td><td></td><td></td><td></td><td></td></tr>
<tr><td>5</td><td></td><td></td><td></td><td></td><td></td></tr>
<tr><td>6</td><td></td><td></td><td></td><td></td><td></td></tr>
<tr><td>7</td><td></td><td></td><td></td><td></td><td></td></tr>
<tr><td>8</td><td></td><td></td><td></td><td></td><td></td></tr>
<tr><td>平均值</td><td></td><td></td><td></td><td></td><td></td></tr>
<tr><td rowspan="9">第

遍</td><td>1</td><td></td><td></td><td></td><td></td><td></td><td rowspan="9"></td><td rowspan="9"></td></tr>
<tr><td>2</td><td></td><td></td><td></td><td></td><td></td></tr>
<tr><td>3</td><td></td><td></td><td></td><td></td><td></td></tr>
<tr><td>4</td><td></td><td></td><td></td><td></td><td></td></tr>
<tr><td>5</td><td></td><td></td><td></td><td></td><td></td></tr>
<tr><td>6</td><td></td><td></td><td></td><td></td><td></td></tr>
<tr><td>7</td><td></td><td></td><td></td><td></td><td></td></tr>
<tr><td>8</td><td></td><td></td><td></td><td></td><td></td></tr>
<tr><td>平均值</td><td></td><td></td><td></td><td></td><td></td></tr>
<tr><td colspan="2">质量情况</td><td colspan="2">横坡/%</td><td colspan="2"></td><td colspan="2">平整度/mm</td><td></td></tr>
<tr><td colspan="2">机械组合</td><td colspan="7"></td></tr>
<tr><td colspan="2">说明</td><td colspan="7"></td></tr>
</table>

编写路基土石方工程开工报告

一、工程分项工程开工申请批复单

分项工程开工申请批复单是在完成施工准备工作后提交的开工申报，包含的附件有施工技术方案报审表、施工放样报验单、进场设备报验单、建筑材料报验单和试验段结论等五项。

工程分项开工申请批复单

（编号：　　　）

合同号：　　　　项目名称：　　　　施工单位：

开工项目：
桩号：
建议开工日期：
计划完工日期：
此项工程负责人：
附件： 承包人：　　　　日期：
监理员意见：
本工程可以进行： 监理工程师：　　　　日期：

二、施工技术方案报审表

包括附件：技术、工艺方案说明和图表。

施工技术方案报审表

（编号：　　　　）

合同号：　　　　　　　　项目名称：　　　　　　　　施工单位：

致（驻地监理工程师）＿＿＿＿＿＿＿＿＿＿： 现报上＿＿＿＿＿＿＿＿＿＿＿＿＿＿＿工程技术、工艺方案，方案详细说明和图表见附件，请予审查和批准。 附件：技术、工艺方案说明和图表 承包人：　　　　日期：
驻地监理工程师审查意见： 驻地监理工程师：　　　　日期：
监理代表处工程技术部审查意见： 工程技术部主任：　　　　日期：
总监理工程师代表审定意见： 审定结论：　□同意 □修改后再报批 □不同意 总监理工程师代表：　　　　日期：
注：特殊技术、工艺方案要经总监代表批准，一般由工程技术部批准。

由承包商呈报三份，审批后监理代表处的工程技术部和驻地监理工程师办公室各留一份，退承包商一份。

三、施工放样报验单

包括附件:测量及放样资料。

施工放样报验单

(编号:　　　　　)

合同号:　　　　　　　　　　项目名称:　　　　　　　　　　施工单位:

致(项目监理工程师)____________________:

根据合同要求,已完成______________________________施工放样工作,清单如下,请予查验。

承包人:　　　　日期

桩号或位置	工程或部位名称	放样内容	备注

附件:测量及放样资料

项目工程师助理意见:

项目监理工程师结论:

项目监理工程师:　　　　　　日期:

四、进场设备报验单

进厂设备报验单

（编号：　　　　　）

合同号：　　　　　　　　　　项目名称：　　　　　　　　　　施工单位：

致（驻地监理工程师）____________________：

下列施工设备已按合同规定进场，请查验签证，准予使用。

承包人：　　　　　　　日期：

序号	设备名称	规格型号	数量	进场日期	技术状况	拟用何处	备注

致（承包商）____________________：

经查证：

1. 性能、数量能满足施工需要的设备：____

（准予进场使用的设备）

2. 性能不符合施工要求的设备：____

（由承包商更换后再报的设备）

3. 数量或能力不足的设备：____

（由承包商补充的设备）

请你尽快按施工进度要求，配齐、配足所需的设备。

项目工程师：　　　　　日期：　　　　　驻地监理工程师：　　　　　日期：

由承包商呈报两份，查验后驻地监理工程师办公室留一份，退承包商一份。

五、建筑材料报验单

包括附件:材料出厂质量保证书、材料自检试验报告。

建筑材料报验单

(编号:　　　　)

合同号:　　　　　　　　　项目名称:　　　　　　　　　施工单位:

<table>
<tr><td colspan="5">致(中心实验室试验工程师)____________________:
下列建筑材料经自检试验符合技术规范要求,报请验证,并准予进场。

附件:1. 材料出厂质量保证书
　　　2. 材料自检试验报告

承包人:　　　　　　日期:</td></tr>
<tr><td colspan="2">材料名称</td><td></td><td></td><td></td></tr>
<tr><td colspan="2">材料来源、产地</td><td></td><td></td><td></td></tr>
<tr><td colspan="2">材料规格</td><td></td><td></td><td></td></tr>
<tr><td colspan="2">用途(使用在何工程部位)</td><td></td><td></td><td></td></tr>
<tr><td colspan="2">本批材料数量</td><td></td><td></td><td></td></tr>
<tr><td rowspan="4">承包商的试验</td><td>试样来源</td><td></td><td></td><td></td></tr>
<tr><td>取样地点、日期</td><td></td><td></td><td></td></tr>
<tr><td>试验日期、操作人</td><td></td><td></td><td></td></tr>
<tr><td>试验结果</td><td></td><td></td><td></td></tr>
<tr><td colspan="2">材料预计进场日期</td><td></td><td></td><td></td></tr>
<tr><td colspan="5">致(承包商)____________________:
我证明上述材料的取样、检验等是符合/不符合规程要求的,经抽检复查试验的结果表明,这些材料,符合/不符合合同技术规范要求,可以/不可以进场在指定工程部位上使用。

中心实验室试验工程师:　　　　　日期:</td></tr>
</table>

由承包商呈报三份,签发证明后工程管理工程师和驻地监理工程师办公室各自留档一份,退给承包商一份。

六、试验段结论

试验路段施工完毕，应形成总结报告，总结报告内容应包括：

(1)填料试验、检测报告等。

(2)压实工艺主要参数：机械组合、压实机械规格、松铺厚度、碾压遍数、碾压速度、最佳含水率及碾压时含水率范围等。

(3)过程工艺控制方法。

(4)质量控制标准。

(5)施工组织方案及工艺的优化。

(6)原始记录、过程记录。

(7)对施工图的修改建议等。

(8)安全保证措施。

(9)环保措施。

试验路段施工总结报告的内容可根据实际需要适当进行增减，但要全面、真实地反映试验情况，为后续施工提供依据。

项目二　一般路基施工

路堤是在天然地基上人为构筑的土体，一般都是利用当地的土、石作为填料，按一定方案在原地面上填筑起来的。基底是指路堤填料与原地面接触的部分。为使两者结合紧密，避免路堤沿基底发生滑动和防止因草皮、树根腐烂而引起路堤沉陷，保证路堤具有足够的强度和稳定性，必须视基底和填筑高度等情况，认真清除地表植被、杂物、淤泥和表土，处理坑塘，并对基底进行认真处理和压实，达到设计要求的压实度。

基底处理

一、伐树、挖根及表土处理的施工要点

路堤填筑时如果不清除结合面的草木残株等有害于路堤稳定的杂物，路堤成形后，一旦杂物腐烂变质，地基将发生松软和不均匀沉降等现象。因此，就必须在填筑之前做好伐树、挖根及表土处理工作。特别是填筑高度小于 1 m 时，应注意将路基范围内的树根、草丛等全部挖除。

如基底的表土为腐殖土，则需将其表土清除换填，厚度视具体情况而定，一般不小于 30 cm，并予以分层压实，压实度应符合要求。伐树、挖根及表土处理工序如图 2-17 所示。

二、路堤基底处理的施工要点

(1)在稳定的斜坡上基底的处理应符合下列要求：

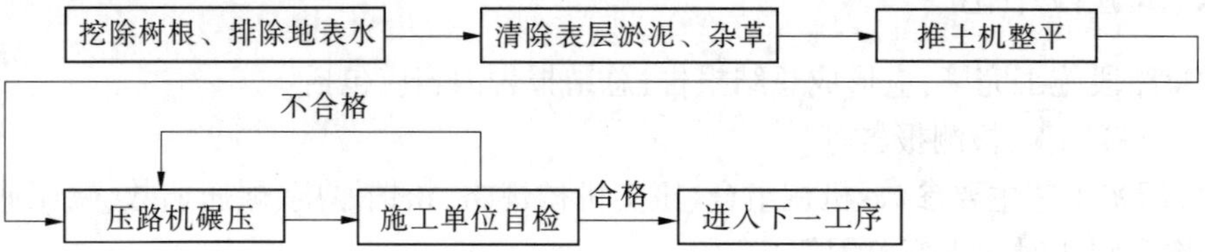

图 2-17　伐树、挖根及表土处理工序

①地面横坡缓于 1∶5 时,清除地表的草皮、腐殖土后,可直接在天然地面上修筑路堤。

②地面横坡为 1∶5～1∶1.25 时,在清除草皮杂物后,还应将原地面打成台阶,台阶宽度不小于 2 m,高度不小于 0.5 m,台阶顶面做成向内倾斜 3%～5%的斜坡。当基岩面上的覆盖层较薄时,宜先清除覆盖层再挖台阶,当覆盖层较厚且稳定时,可予以保留。

(2)路堤基底为耕地或松土时,应先清除有机土、种植土,平整后按规定要求压实。在深耕地段,必要时,应将松土翻挖,土块打碎,然后回填、整平、压实。

(3)地基表层碾压处理压实度控制标准为:

①二级及二级以上公路一般土质压实度应不小于 90%;三、四级公路应不小于 85%。

②低路堤应对地基表层土进行超挖、分层回填压实,其处理深度应不小于路床厚度。

(4)原地面坑、洞、穴等,应在清除沉积物后,用合格填料分层回填、分层压实,压实度符合规范规定。对可能存在空洞隐患的,应结合具体情况采取相应的处理措施。

(5)泉眼或露头地下水,应按设计要求采取有效的导排措施,将地下水引离后方可填筑路堤。

(6)地基为耕地、松散土质、水稻田、湖塘、软土、过湿土等时,应按设计要求进行处理,局部软弹的部分应采取有效的处理措施。

(7)地下水水位较高时,应按设计要求进行处理。

(8)陡坡地段、填挖接合部、土石混填地段、高填方地段地基等应按设计要求进行处理。

(9)特殊地段路基应先核对地勘资料,确定设计资料与实际的符合性、处理方法的适用性,必要时重新补勘地质、水文资料,根据结果重新确定处理方案。

同学们,对基底的要求及处理方法你们是否都掌握了呢?快来扫码跟着老师的微课一起复习一下吧!

基底处理

土质路堤填筑

一、土质路堤施工程序

路堤施工是一种以工序管理为中心,以工序质量保工程质量、以工作质量保工序质量的全面质量管理行为。

一般说来，路基填筑施工工艺应划分为三阶段、四区段、八流程，具体内容见表2-19。

表2-19　土质路堤施工程序

三阶段	施工准备阶段、施工阶段、整修验收阶段
四区段	填筑区、平整区、碾压区、检测区
八流程	施工准备阶段、基底处理、分层填筑、摊铺整平、洒水晾晒、碾压夯实、检验签证、路基整修

各区段或各流程只允许进行该段和该流程的作业，不允许几种作业交叉进行。每个区段的作业长度应根据机械的能力和数量来确定，为保证机械有足够的作业场地，每个区段长度最少不得少于40 m。

路基填筑施工工艺流程如图2-18所示。

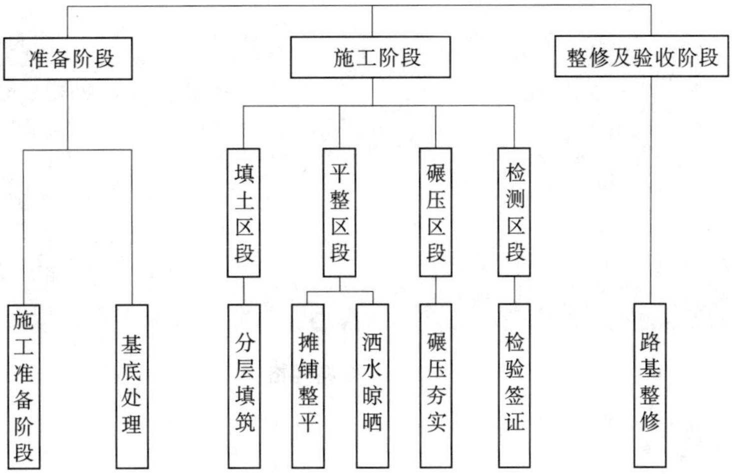

图2-18　路基填筑施工工艺流程

二、施工步骤

(一) 施工准备阶段

测量放线，熟悉设计文件，组织技术人员学习施工技术规范，编制施工组织，做有关土工试验，准备检测设备。

(二) 基底处理

基底处理应根据施工时的实际条件，按照设计文件和《公路路基施工技术规范》(JTG/T 3610—2019)中叙述的处理方法进行处理。

(三)分层填筑

(1)填筑方法:采用横断面全宽、纵向水平分层填筑的方法。当原地面高低不平时,应先从最低处分层填筑,由两边向中心填筑。为保证全断面的压实一致,确保边坡质量,边坡两侧应各超宽填筑 0.5~1.0 m,竣工时刷坡整平。

(2)填筑程序(见表 2-20)。

表 2-20　填筑程序

1. 打网格	根据自卸车容量和堆土间距,将路堤划分为若干网格(见图 2-19)
2. 路堤上料	根据松铺厚度和网格面积,计算上料数量,将土按梅花形均匀堆放在网格中(见图 2-20、图 2-21)

注:用不同填料填筑路堤时,各种填料不得混杂填筑。

图 2-19　卸料网格

图 2-20　运输填料

图 2-21　路堤上料

(四)摊铺整平

填筑区段完成一层卸土后,先用推土机进行初平(见图 2-22),再用平地机进行终平(见图 2-23),做到填铺面在纵向和横向平顺、均匀,控制层面无显著的凹凸。

图 2-22　推土机进行初平

(五)洒水晾晒

当填料含水率较低时,应及时采取洒水措施,使其含水率接近最佳含水率;当填料含水率过高时,应将填料运至路堤上进行翻挖晾晒,使其含水率接近最佳含水率。

(六)碾压夯实(见图 2-24)

(1)碾压前,应向有关人员进行技术交底,其内容包括碾压范围、碾压遍数、碾压速度等。

图 2-23　平地机进行终平

图 2-24　碾压夯实

(2)碾压方法:实践经验证明,土基压实时,在机具类型、碾压遍数、填筑厚度已经选定的条件下,操作时宜先轻后重、先慢后快,先边缘后中间(超高路段等需要时,则先内侧后外侧、先低后高),前后两次的轮迹应重合 1/3,保持压实均匀,不漏压,对于压不到的边角,应辅以小型机具夯实。

(3)土质路基压实度应符合表 2-21 的规定。

表 2-21　土质路基压实度标准

填筑部位			路面底面以下深度/m	压实度/%		
				高速公路、一级公路	二级公路	三、四级公路
填方路基	上路床		0~0.30	≥96	≥95	≥94
	下路床	轻、中及重交通	0.30~0.80	≥96	≥95	≥94
		特重、极重交通	0.30~1.20			—
	上路堤	轻、中及重交通	0.8~1.5	≥94	≥94	≥93
		特重、极重交通	1.2~1.9			—
	下路堤	轻、中及重交通	>1.5	≥93	≥92	≥90
		特重、极重交通	>1.9			
零填及挖方路基	上路床		0~0.30	≥96	≥95	≥94
	下路床	轻、中及重交通	0.30~0.80	≥96	≥95	—
		特重、极重交通	0.30~1.20			

(4)压实度的检测应符合以下规定：

①用灌砂法检测压实度时，取土样的底面位置为每一压实层底部；用环刀法试验时，环刀中部处于压实层厚的 1/2 深度；用核子仪试验时，应根据其类型，按说明书要求办理。如图 2-25 所示。

图 2-25　压实度现场检测

②施工过程中，每一压实层均应检测压实度，检测频率为 1 000 m^2 至少检测 2 点，不足 1 000 m^2 时检测 2 点，必要时可根据需要增加检测点。

(七)检验签证

路基填土的检测应遵循分层填筑、分层压实、分层检测的原则,在压实度、填筑厚度、平整度、宽度、横坡达到规定要求后,予以签证,方能进行下一层填筑。

(八)路基整修

(1)路堤按设计高程填筑完成后,应进行测量和整平。恢复中桩和边桩(见图2-26),进行纵断高程测量,修筑路拱。

(2)依据边桩,结合设计坡率刷去超填部分边坡,进行整修拍实,整修后的边坡应达到平直、顺适(见图2-27)。

图2-26　恢复中桩和边桩

图2-27　边坡整修

三、施工要点

土质路堤填筑应符合表2-22中相关规定。

表2-22　土质路堤填筑施工要点

项目	施工要点内容
施工方法	1. 分层填筑、分层碾压、分层检测 2. 同一水平层路基的全宽应采用同一种填料,不得混合填筑 3. 每种填料的填筑层压实后的连续厚度不宜小于500 mm 4. 潮湿或冻融敏感性较小的填料应填筑在上层,强度较小的填料应填筑在下层,在有地下水的路段或临水路基地段,宜填筑透水性好的填料 5. 在透水性不好的压实层上填筑透水性好的填料前,应在其表面设2%~4%的双向横坡,并采取相应的防水措施
松铺厚度	每种填料的松铺厚度应通过试验段确定。高速公路、一级公路的分层最大松铺厚度一般不宜超过30 cm
几何尺寸	每一填筑层压实后的宽度不得小于设计宽度
接头处理	填方分几个作业段施工时,接头部位如不能交替填筑,则先填路段应按1:1分层留台阶;如能交替填筑,则应分层相互交替搭接,搭接长度不小于2 m

四、土质路堤施工质量标准

路堤填筑至设计标高并整修完成后,其施工质量应见表2-23的规定。

表 2-23　土质路堤、土石路堤施工质量标准

项次	检查项目	规定值或允许偏差			检查方法和频率
		高速公路、一级公路	二级公路	三、四级公路	
1	压实度	符合规定	符合规定	符合规定	密度法:每 200 m 每压实层测 2 处
2	弯沉(0.01 mm)	满足设计要求	满足设计要求	满足设计要求	—
3	纵断高程/mm	+10,-15	+10,-20	+10,-20	水准仪:每 200 m 测 2 点
4	中线偏位/mm	50	100	100	全站仪:每 200 m 测 2 点,弯道加 HY、YH 两点
5	宽度/mm	≥设计值	≥设计值	≥设计值	尺量:每 200 m 测 4 处
6	平整度/mm	≤15	≤20	≤20	3 m 直尺:每 200 m 测 2 处×5 尺
7	横坡/%	±0.3	±0.5	±0.5	水准仪:每 200 m 测 2 个断面
8	边坡坡度	满足设计要求	满足设计要求	满足设计要求	每 200 m 测 4 点

同学们,土质路堤填筑的方法与要求大家是否都掌握了呢?快来扫码跟着老师的微课一起复习一下吧!

土质路堤填筑

填石路堤施工

一、填石路堤

填石路堤是用粒径大于 40 mm 且含量超过总质量 70%的石料填筑的路堤，如图 2-28 所示。

二、施工要点及施工程序

(一)施工要求

填石路堤是利用开采的石料填筑路堤,它与填土路堤不同,主要是石料粒径大、强度高,填筑和压实都有特殊要求。

(二)施工程序

填石路堤施工工艺流程如图 2-29 所示。

三、施工工艺

(一)施工准备

首先进行施工放样,恢复中桩和边桩。清除填方范围内的草皮、树根、淤泥,并整平压

图 2-28　填石路堤

实，压实度不低于 85%。

（二）边坡码砌

在填石路堤填筑前，要进行边坡码砌。码砌的石料应大于 30 cm，且石质坚硬。石料尽量规则，石料之间应尽量紧贴、密实，石料之间无明显空洞、松动现象。

（三）运料与摊铺

在石质填料装运时，尽量使填料均匀，避免大粒径填料过分集中。卸料时，按水平分层，先低后高，先两侧后中间。填石路堤的堆料和摊铺同时进行，由大功率的推土机向前摊铺。对大粒径的石块，要进行人工摆平，石块应贴紧底面，且大面朝下。同一位置，大粒径的石块不能重叠堆放。对细料明显少的段落，应撒铺石屑料，石屑料应占粗集料的 15%~20%，要保证石屑料填满石块间的缝隙。

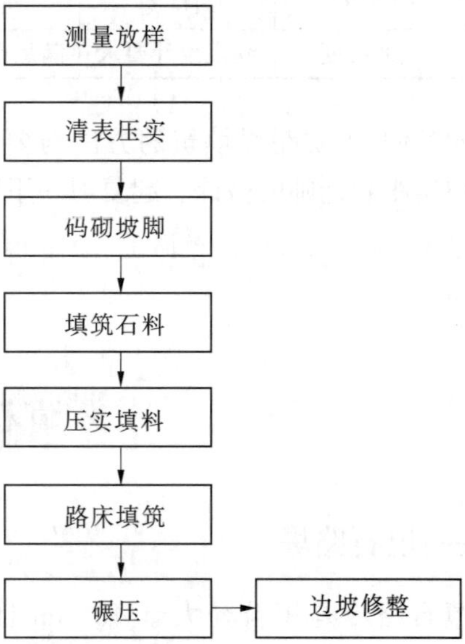

图 2-29　填石路堤施工工艺流程

（四）碾压

对于填石路堤，由于粒料间没有黏聚力，主要靠粒料之间相互嵌锁、紧密咬合。所以，填石路堤要采用大吨位的振动式压路机。在施工中采用 18 t 以上的振动式压路机。操作要求是先静压一遍，再振压 6~8 遍，最后静压一遍。碾压的顺序是先压两侧后压中间，每次重合轮迹 1/3。对于有明显空洞、空隙的地方，补充细料后再碾压。

（五）路床填筑

填石路堤在距路床顶面 50 cm 范围内，应按设计铺筑碎石过渡层，然后进行路床的填筑。

四、施工要点

填石路堤的施工应符合表 2-24 的规定。

表 2-24　填石路堤施工要点

项目	施工要点内容
施工方法	1. 分层填筑、分层碾压、分层检测； 2. 岩性相差大的填料应分层后分段填筑； 3. 严禁将软质石料与硬质石料混合填筑； 4. 边坡码砌宜与路基填筑同步进行； 5. 应使用重型压路机分层压实，压实时不断使用小石块、石屑填缝，直到压实层顶面稳定、不再下沉且无轮迹、石块紧密、表面平整
松铺厚度	每种填料的松铺厚度应通过试验段确定。高速公路、一级公路的分层最大松铺厚度一般不宜超过 50 cm，其他公路不宜大于 1.0 m
几何尺寸	每一填筑层压实后的宽度不得小于设计宽度

五、质量控制

填石路堤的施工质量主要由施工工序配合质量检测进行。在各个施工工序中，特别是对填料的最大粒径、压实厚度、碾压遍数、压实沉降差等，必须严格控制。

同时，填石路堤成型后的外观质量应达到：路堤表面无明显孔洞、铁锹挖动困难，边坡码砌紧贴、密实，无明显孔洞、松动，砌块间承接面向内倾斜，坡面平顺。

同学们，填石路堤施工的方法与要求大家是否都掌握了呢？快来扫码跟着老师的微课一起复习一下吧！

填石路堤施工

桥、涵及构筑物的回填

构造物台背回填质量直接影响到路面质量，填筑不好会出现沉降差，发生跳车现象，影响行车速度、舒适与安全，甚至会影响构筑物的稳定，出现交通堵塞现象。解决这一难题的关键是选择适当的填料及填筑方法。涵洞台背填筑如图 2-30 所示。

（1）填料：填料宜采用透水性材料、轻质材料、无机结合料稳定材料等，崩解性岩石、膨胀土不得用于台背与墙背填筑。

（2）填筑范围：从路基底一直填到结构顶。涵洞填到盖板顶；桥梁填到桥头搭板底；挡土墙内侧填到路基底基层底面。桥梁台背后上部距翼墙尾端顺路线方向至少为台高加 2 m，下部距基础内缘至少为 2 m；涵洞两侧不小于孔径的 2 倍；挡土墙内侧不小于 50~80 cm 宽。

（3）填筑方法：路堤土填筑完成以后，检查接合部位的压实度是否合格，然后挖成台阶，台阶高度小于 30 cm，长度大于 50 cm，分层填筑，分层压实。压实机具采用小型压路

图 2-30 涵洞台背填筑

机或打夯机。

(4)填土时应从构造物两侧均衡填筑,避免对构筑物形成楔形压力。

应等构筑物混凝土强度达到设计强度的 75%以上时进行填筑。填筑高度应至少高出构筑物 50 cm 以上,才可以从构造物上部通过车辆。

高填方路堤

高填方路堤是指填方高度大于 20 m 的路堤(见图 2-31)。

图 2-31 高填方路堤

高填方路堤段应优先安排施工，宜预留一个雨季或6个月以上的沉降期。高填方路堤宜采用强度高、水稳性好的材料。路堤浸水部分应采用水稳性和透水性好的材料。

高填方路堤施工时，应着重解决四个问题，见表2-25。

表2-25　高填方路堤施工应注意的问题

问题	解决方法
施工进度问题	由于采用的施工方法是分层填筑、分层压实、分层检测，工期随填筑高度的增加而增加。因此，高填方路堤宜优先安排施工
施工后沉降问题	1. 注意地基承载力检测，如与设计文件不符，及时采取加固措施； 2. 采取冲击碾压的措施
路堤宽度问题	留足施工作业宽度，保证路基设计的边坡坡率，并进行动态监控
填料问题	优先采用强度高、水稳性好的材料，或采用轻质材料

路基压实

路基压实是保证路基质量的重要环节，路堤、路堑和路堤基底均应进行压实，且技术等级越高的公路，对路基的压实要求越严格。

路基压实的作用是提高填料的密实度，减小孔隙率，增强填料颗粒之间的接触面，增大凝聚力或嵌挤力，提高内摩阻力，减少形变，为路基的正常工作提供良好的基础。

一、土质路基的压实

土质路基的压实过程，其本质上是土体在压力作用下，克服土颗粒间的内聚力和摩擦力，使原有结构受到破坏，固体颗粒重新排列，大颗粒之间的间隙被小颗粒所填充，变成密实状态，达到新的平衡。在施工作业中，表现为土壤的体积被压缩，而达到一定程度后，这个过程不再持续，这是因为在颗粒重新排列后，土体中气体被挤出，由快变缓，最终趋于结束，这时，作用于土体的压力只能引起弹性变形，而压力过大时，则可能使土壤产生剪切破坏，影响土体强度。

路基压实状况通常用压实度来表征。这里应注意的是，压实度与另一个概念密实度容易产生混淆。密实度亦称理论密实度，是指单位体积内固体颗粒排列的紧密程度，即土的固体体积率越大，土的干密度也越大。所以，有时也用干密度来表示土的密实度。但在物理意义上是有区别的。压实度是指土压实后的干密度与标准的最大干密度之比，用百分率表示，亦称干密度系数，或相对密实度。所谓标准的最大干密度，是指用标准击实试验方法，在最佳含水量条件下得到的干密度。

（一）影响压实效果的主要因素

影响路基压实效果的因素是多方面的，有内因，也有外因，但与施工作业有关的主要因素有以下几点。

1. 土的含水率

压实开始时，原状土相对湿度低，土颗粒之间的内摩阻力大，因而外力难以克服，故压实的干密度小，表现出土的强度高、密度低；当相对湿度缓慢增加时，水分在土粒间起润滑作用，压实的结果使被压材料（土粒）得以重新调整其排列位置，达到较紧密的程度，表现出密度增大。但与此同时，由于水的作用，内摩阻力有所减小，因而强度继续下降；当含水量继续增加，超过图中曲线顶点的最优值时，水的润滑作用已经足够，水分过多，使起润滑作用以外的多余水分进入土粒孔隙中，反而促使土粒分离而不易得到良好压实效果，从而降低了土的干密度；又由于土粒间距增大，内摩阻力与黏结力减小，使土的强度也随之减小，在压实曲线中出现驼峰形式。这就是说，在一定功能的压实作用下，含水量的变化会导致土的干密度随之变化，在某一含水量（最佳含水量）下，干密度达到最大值（最大干密度）。各种土的最佳含水量大小不同，一般来说，土在天然状态下的含水量值很接近于最佳含水量，因此在施工作业中，新卸的土应当立即推平压实。

2. 土的性质

不同土质的压实性能差别较大，一般来说，非黏性土的压实效果较好，而且最佳含水量较小、最大干密度较大，在静力作用下，压缩性较小；在动力作用下，特别是在振动作用下很容易被压实。黏质土、粉质土等分散性土的压实效果较差，主要是由于这些细分散性的土颗粒的比表面积大、黏聚力大、土粒表面水膜需水量大，最佳含水量偏高，而最大干密度反而偏小。

3. 压实功能

压实功能是由碾压（或锤击）的次数及其单位压力（或荷重）所决定的，若在一定限度内增加压实功能，则可降低含水量数值，提高最佳密实度的数值。

土在不同压实功能作用下的压实性质是决定压实工作量和选择机具、选择施工方法的依据。事实上，对任何一种土，当密实度超过某一限值时，欲继续提高它的密实度，降低含水量值，往往需要增加很大的压实功能。而过分加大压实功能，不仅密实度增加幅度小，还往往因所加荷载超过土的抵抗力，即土受压部位承受压力超过土的极限强度，从而导致土体被破坏。因此，对路基填土的压实，在工艺方法上要注意不使压实功能太大。

4. 碾压时的温度

在路基碾压过程中，温度升高可使被压土中水的黏滞度降低，从而在土粒间起润滑作用，易于压实，但气温过高时，又会由于水分蒸发太快而不利于压实。温度低于 0 ℃时，因部分水结冰，产生的阻力更大，起润滑作用的水更少，因而也得不到理想的压实效果。

5. 压实土层的厚度

土受压时，能够以均匀变形的深度（有效压实深度）近似地等于 2 倍的压模直径或 2 倍的压模与土接触表面的最小横向尺寸；超过这个范围，土受到的压力急剧变小，并逐渐趋于零，可认为此时土的密实度没有变化。如钢筒式压路机碾压土时沿垂直方向的压力分布（此时轮子与土的接触面是一个宽度很小的矩形，其宽度可视为压模的最小横向尺寸），当深度大于最小横向尺寸时，传至此处的压力已经很小，不起压实作用。

由此可知，土所受的外力作用随深度增加而逐渐减弱，当超过一定范围时，土的密实度将与未碾压时相同，这个有效的压实深度（产生均匀变形的深度）与土质、含水量、压实机械的构造特征等因素有关。所以,正确控制碾压铺层厚度,对于提高压实机械生产率和填筑路基质量十分重要。

6. 地基或下承层强度

在填筑路堤时,若地基没有足够的强度,路堤的第一层难以达到较高的压实度,即使采用重型压路机或增加碾压遍数,也只能是事倍功半,甚至使碾压土层起"弹簧"。因此,对于地基或下承层强度不足的情况,填筑路堤时通常采取以下措施处理:

(1)填筑路堤之前应先碾压地基。

(2)若地基有软弱层,则应用砂砾(碎石)层处理地基。

(3)路堑处路槽的碾压,先应铲除 30~40 cm 原状土层并碾压地基后,再分层填筑压实。

7. 压实机具和碾压方法

压实机具和碾压方法对压实效果的影响反映在以下几个方面:

(1)压实机具不同,压力传布的有效深度也不同,一般来说,夯击式机具的压力传布最深,振动式次之,碾压式最浅。根据这一特性即可确定各种机具的最佳压实度。

然而,同一种机具的压实作用深度在压实过程中并不是固定不变的。如钢筒式压路机,开始碾压时,因土体松软,压力传布较深,但随着碾压次数的增加,上部土层逐渐密实,土的强度相应提高,其作用深度就逐渐减小了。

(2)压实机具的质量较小时,碾压遍数越多(即时间越长),土的密实度越高,但密实度的增长速度则随碾压遍数的增加而减小,并且密实度的增长有一个限度,达到这个限度后,继续以原来的压实机具对土体增加压实遍数则只能引起弹性变形,而不能进一步提高密实度(从工程实践来看,一般碾压遍数在小于或等于 6 遍时,密实度增大明显,6~10 遍增长较慢,10 遍以后稍有增长,20 遍后基本不增长)。压实机具较重时,土的密实度随碾压遍数增加而迅速增加,但超过某一极限后,土的变形急剧增加而达到破坏,压实机具过重以至超过土的强度极限时,将引起土体的破坏。

(二)压实标准与碾压控制

1. 压实标准

压实标准包括两个方面:一是确定标准干密度的方法;二是要求的压实度。

关于标准干密度的确定方法,过去沿用的"标准击实试验"是一种轻型击实方法,其试验结果与现代化施工机械能力和车辆载荷不相适应,目前推行的主要是与国外公路压实要求相同的重型击实试验法。

土的最大干密度是土压实的主要指标,与路基的强度和稳定性有密切的关系,一般作为压实质量评价的依据。在路基压实施工中,由于受各种因素的影响和限制(气候、土的天然含水率等),所施工路基的实际干密度不能达到室内重型击实试验求得的最大干密度。但是为了保证压实质量的基本要求,必须规定压实后土基压实度范围。

2. 路基压实工作的控制与检验

(1)确定不同种类填土的最大干密度和最佳含水量。

公路是带状构造物，一条公路往往连绵数十千米甚至上千千米。用于填挖路基的沿线土石材料的性质往往发生较大变化。在路基填筑施工之前，必须对主要取土场（包括挖方利用方）采取代表性土样，进行土工试验，用规范规定的方法求得各个取土场土样的最大干密度和最佳含水量，以便指导路基的压实施工。

（2）检查控制填土含水量。

由于含水量是影响路基土压实效果的主要因素，故需检测欲填入路基中的土的含水量，只有当含水量接近最佳含水量时，填筑碾压的质量才有保证。

3. 正确选择和使用压实机械

1）压实机械的选择

压实机械的类型和数量选择是否恰当，直接关系到压实质量和工效。选择时应综合考虑以下几点：

（1）土的性质、状态。不同的压实机械对不同土质的压实效果不同。如对砂性土，以振动式机械效果最好，夯击式次之，碾压式较差；对黏性土，以碾压式和夯击式较好，而振动式较差甚至无效。压实机械的单位压力不应超过土的强度极限，否则会立即引起土基破坏。选择机械时，还应考虑土的状态及对压实度的要求，一般来说，土的含水量小、压实度要求高时应选择重型机械，反之可选轻型机械。

（2）压实工作面。当工作面较大时，可采用碾压机械；较狭窄时宜用夯实机械。

（3）机械的技术特性与生产率。选择机械类型、确定机械数量时应考虑与其他工序的配合，使机械的生产能力互相适应。

2）注意事项

为了能以尽可能小的压实功获得良好的压实效果，在压实机械的使用上应注意以下两点：

（1）压实机械应先轻后重，以便能适应逐渐增长的土基强度。

（2）碾压速度宜先慢后快，以免松土被机械推走，形成不适宜的结构，影响压实质量，尤其是黏性土，高速碾压时压实效果明显下降。通常压路机进行路基压实作业时行驶速度以 4 km/h 以内为宜。

此外，在路基土的压实中，除运用不同性能的各种专用压实机械外，还应特别注意尽可能利用其他土方施工机械和运输车辆进行分层压实，有计划、有组织地利用运土车辆碾压填方土料。施工中要注意采取合理的技术措施，一般应控制填土厚度在 0.25~0.30 m，并用推土机或平地机细致平土，控制合适的含水量；同时，还要在机械的运行线路上使各次行程能大体均匀地分布到填土土层表面，保证土层表面全部被压到。

4. 分层填筑、分层碾压

（1）分层填筑。一方面要把握每层填土厚度的大小。填土层厚度过大，其深部不能获得要求的压实度；填土层厚度过小会影响工作效率和经济效益。一般认为，对于细粒土，用 12~15 t 光轮压路机时，压实厚度不得超过 25 cm，用 22~25 t 振动压路机时（包括液压振动），压实厚度不超过 60 cm，各种压路机的使用技术性能见表 2-26。

表 2-26　各种压路机的使用技术性能

压路机类型		应用技术性能		
名称	吨位/t	最佳压实厚度/cm	碾压次数	适用范围
自行式光轮压路机	5	10~15	12~16	各类土及路面
	10	15~25	8~10	各类土及路面
	12	20~30	6~8	各类土及路面
拖式光轮压路机	5	10~15	8~10	各类土
拖式轮胎压路机	10	15~20	8~10	各类土
	25	25~45	6~8	各类土
	50	40~70	5~7	各类土
振动压路机	0.75	50	2	非黏性土
	6.5	120~150	2	非黏性土

(2)分层碾压。碾压前应对填土层的松铺厚度、平整度和含水量进行检查,符合要求后方可进行碾压。分层碾压的关键是控制碾压遍数,有条件的情况下,可通过试验性施工来确定达到设计密实度所需的碾压遍数。

在施工中,当含水量为最佳含水量时,还可采用下列经验值:对低黏质土,压实所需的碾压遍数平均为 4~6 遍;对黏质土,压实所需的碾压遍数平均为 10~12 遍。

一般压实遍数宜控制在 10 遍以内,否则应考虑减少填土层厚。经压实度检验合格后方可转入下道工序。不合格处应进行补压后再检验,一直达到合格。

5. 加强质量检查

(1)填方地段基底。路堤填筑前应对基底进行压实。高速公路、一级公路和二级公路路堤基底的压实度不应小于 90%,当路堤填土高度小于路床厚度(80 cm)时,基底的压实度不宜小于路床的压实度标准。

(2)路堤。每一压实层均应检验压实度,合格后方可填筑其上一层。否则应查明原因,采取措施进行补压。

路床顶面压实完成后,还应根据《公路路基设计规范》(JTG D30—2015)进行弯沉值检验。

(3)路堑路床。零填及路堑路床的压实应符合其压实标准的规定。换填超过 3 m 时,按 90%的压实标准控制。

(4)桥涵处填土。桥台背后、涵洞两侧与顶部、锥坡背后的填土均应分层压实,分层检查,检查频率为每桥台每压实层测 2 处,高速公路和一级公路的桥台、涵身背后和涵洞顶部的填土压实度,从填土基底或涵洞顶部至路床顶面均为≥96%,二级公路≥95%,三、四级公路≥94%,以确保不因密实度不足而产生错台,影响行车速度与安全。

桥涵处填土的压实采用小型的手扶振动夯或手扶振动压路机,但涵顶填土 50 cm 内应采用轻型静载压路机压实，以达到规定的压实度为准。

二、填石路堤、土石混填路堤及高填方路堤的压实

(一)填石路堤

1. 压实标准

填石路堤不能用土质路基的压实度来判定路基的密实程度，其判定方法目前国内外尚无统一规定。国外填石路堤曾采用在振动压路机的驾驶台上装设的压实计反映的计数值来判定是否达到要求的紧密程度，但无定量值的规定，且只限于设有此种装置的压路机。我国现行《公路路基施工技术规范》(JTG/T 3610—2019)规定的压实标准为：在规定深度范围内，以 12 t 以上振动压路机压实，当压实层顶面稳定，不再下沉(无轮迹)时，可判为达到密实状态。

2. 压实方法及检查

填石路堤在压实之前，应用大型推土机摊铺平整。个别不平处应用人工配合以细石屑找平，使石块之间无明显高差台阶才便于压路机碾压，或使夯锤下坠到地面时，受力基本均匀，不致使夯锤倾倒。填石路堤填料石块本身是密实的，不能压缩的，压实工作是使各石块间松散接触状态变为紧密咬合状态。由于石块块径较大，质量较大，必须选择工作质量 12 t 以上的重型振动压路机、工作质量在 2.5 t 以上的夯锤或 25 t 以上的轮胎压路机压实，才能达到规定的密实状态。

填石路堤应先压两侧后压中间，对于轮碾，其压实路线应纵向互相平行，反复碾压。夯锤的压实路线应成弧形，当夯实密实度达到要求后，再向后移动一夯锤位置。行与行之间应重叠 40~50 cm，前后相邻区段应重叠 1.0~1.5 m，其余注意事项与土质路基压实相同。

填石路堤使用各种压实机具时的注意事项与压实填土路基相同，而填石路堤压实到所要求的紧密程度所需的碾压或夯压的遍数应经过试验确定。采用重锤夯实时，当重锤下落时不下沉而发生弹跳现象时，可进行压实度检验。

填石路堤顶面至路床顶面 30~50 cm(高速公路、一级公路为 50 cm，其他公路为 30 cm)应填筑符合路床要求的土，并按要求进行压实。

(二)土石混填路堤

土石混填路堤的压实方法与技术要求，应根据混合料中巨粒土(粒径大于 200 mm 的颗粒)的含量多少确定。当混合料中巨粒土含量多于 70%时，其压实作业接近于填石路堤，应按填石路堤的方法和要求进行。当混合料中巨粒土的含量低于 50%时，其压实作业接近于填土路堤，应按土质路基的方法和要求进行。

土石路堤的压实度可采用灌砂法或水袋法检测。其标准干密度应根据每一种填料的不同含石量的最大干密度作出标准干密度曲线，然后根据从试坑中挖取的试样的含石量，从标准干密度曲线上查出对应的标准干密度。当采用灌砂法或水袋法检验有困难时，可根据填石路堤的方法进行检验，即通过 12 t 以上振动压路机压实试验，当压实层顶面稳定，不再下沉(无轮迹)时，可判定为密实状态。

如果是几种填料混合填筑，则应从试坑挖取的试样中计算各种填料的比例，利用混合料中几种填料的标准干密度曲线查得对应的标准干密度，用加权平均的方法计算所挖试坑的标准干密度。

(三)高填方路堤

高填方路堤的基底承受路堤土本身的荷载很大，因此对基底应进行场地清理，并按照设计要求的基底承压强度进行压实。设计无要求时，基底的压实度不应小于 90%。当地基松软仅依靠对厚土压实不能满足设计要求的承压强度时，应进行地基加固处理，以达到设计要求；当基底处于陡峻山坡上或谷底时，应作挖台阶处理，并严格分层填筑压实；当场地狭窄时，压实工作应采用小型的手扶式振动压路机或振动夯进行；当场地较宽广时，应采用自行式 12 t 以上的振动压路机碾压。

挖方路基施工

一、土方路堑施工

土质路堑(土方路堑)施工，除需考虑地形条件采用的机械等因素外，还需考虑土层的分布及利用。在路基开挖前，应做好现场伐树除根等清理工作和排水工作。如果移挖作填时，还应将表土单独掘除，以满足路堤填筑的要求。土质挖方路基的开挖方法根据挖方深度、纵向长度及现场施工条件，可用以下几种方法。

(1)路堑的开挖方法：横向挖掘法、纵向挖掘法和混合式挖掘法。

①横向挖掘法包括适用于挖掘浅且短的路堑的单层横向全宽挖掘法和适用于挖掘深且短的路堑的多层横向全宽挖掘法。

②纵向挖掘法具体方法有分层纵挖法、通道纵挖法、分段纵挖法，如图 2-32 所示。

③混合式挖掘法为多层横向全宽挖掘法和通道纵挖法混合使用，如图 2-33 所示。

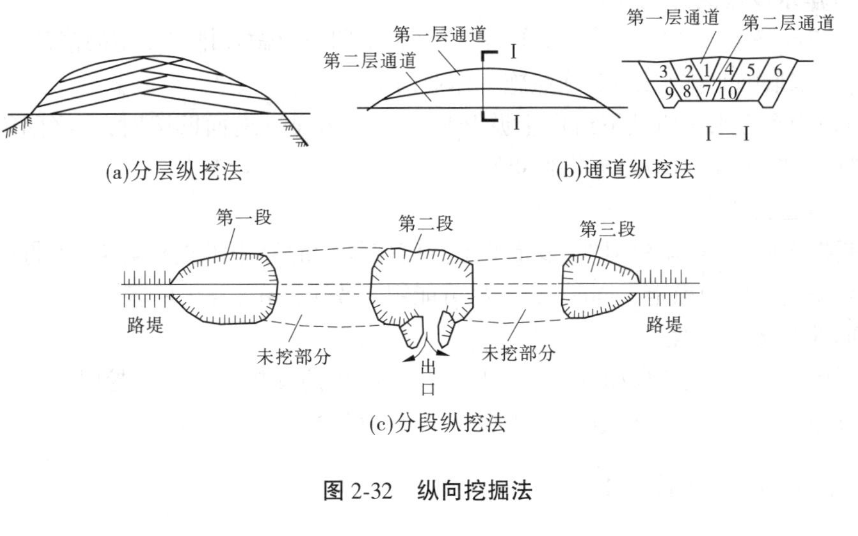

图 2-32　纵向挖掘法

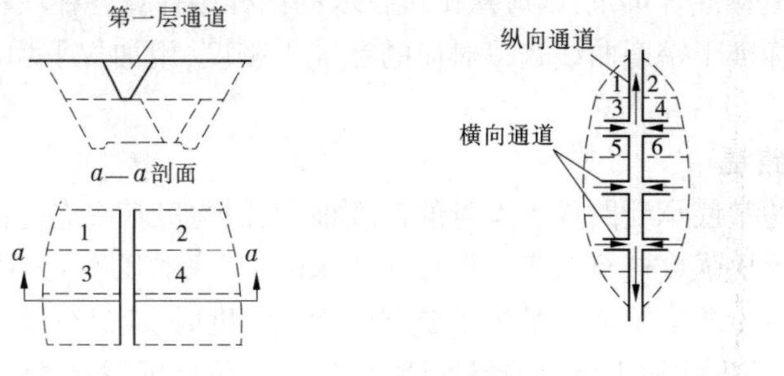

(a)横面和平面　　(b)平面纵、横通道示意图

图 2-33　混合式挖掘法

二、土方路堑施工应注意的问题

(一)土方开挖要求

(1)开挖前应对沿线土质进行检测,对可作为路基填料的土方,应分类开挖、分类使用。对非适用材料可作为弃方处理。

(2)土质路堑的边坡稳定极为重要。开挖时,不论工程数量和开挖深度大小,均应自上而下进行,不得乱挖超挖,严禁掏底开挖。

(3)在路基开挖中,如需修改设计边坡坡度等,应及时按规定报批。边坡上稳定的孤石应保留。

(4)在开挖过程中,应采取措施保证边坡稳定。开挖至边坡线前,应预留一定宽度,预留的宽度应保证刷坡过程中设计边坡线外的土层不受到扰动。

(5)开挖至零填、路堑路床部分后,应尽快进行路床施工。

(6)挖方路基施工标高应考虑压实的下沉值。绝不能将路基的施工标高与路基的设计标高混同,造成超挖或少挖。下沉值应通过试验确定。

(二)排水设施的开挖要求

水是造成路堑各种病害的主要原因,所以施工期间应做好排水设施的修建。

(1)应采取临时排水设施,确保施工作业面不积水。

(2)边沟和截水沟应从下游向上游开挖。截水沟通过地面凹陷时,应将凹陷处填平夯实,然后开挖,防止不均匀沉陷和变形。

(三)弃土处理

路堑挖出的土方,除利用外,多余的土方应按设计的弃土堆进行废弃,不得妨碍路基的排水和路堑边坡的稳定。同时,弃土尽可能用于改土造田,美化环境。

(四)设置支挡工程

为了保证土质路堑边坡的稳定,应及时设置必要的支挡工程。开挖时,应自上而下,逐层进行,防止边坡塌方,在地质不良地段,应分段开挖,分段支挡。

三、石质路堑施工技术

石质路堑开挖最有效的方法就是爆破,可以大大地提高工效,缩短工期,节约劳动力,提高公路的运营质量。影响爆破效果的因素很多,主要有炸药的性能、地形、地质条件等。

(一)炸药的性能和药包量

1. 炸药的性能

炸药的性能主要指炸药的爆炸威力和粉碎力。一般在坚石中,宜用粉碎性大的炸药,如 TNT 炸药。在次坚石、软石、裂缝大而多的岩石中,宜采用爆炸力较大而粉碎力较小的炸药,如硝铵类炸药。

2. 药包量

炸药用量的多少,直接影响爆破效果。药量少,达不到预期效果;药量多,不但浪费,还会使爆破振动力增大,裂缝增多、增大,甚至会造成边坡坍塌,危害路基边坡的稳定与施工的安全。因此,药量的多少,需根据具体条件和爆破目的来决定。

(二)地形条件

地形不同,其爆破的特征及效果也不同。地形越陡,爆破方量越多,炸药用量就越省。炮眼的临空面数目对爆破效果的影响也很大,临空面越多,爆破效果就越好。

(三)地质条件

当岩石的密度大、强度高、整体性好时,单位耗药量较高,但对爆破后的边坡稳定有利,适宜采用大爆破;反之,密度小、力学强度低、节理和层理发达时,单位耗药量低,不宜采用大爆破。

(四)开挖方式

1. 钻爆开挖

钻爆开挖是当前广泛采用的开挖施工方法,有薄层开挖、分层开挖(梯段开挖)、全断面一次开挖和特高梯段开挖等方式,如图 2-34 所示。

图 2-34　钻爆开挖

2. 直接应用机械开挖

直接应用机械开挖不适于破碎坚硬岩石，没有钻爆作业。

（五）石质路堑爆破施工方法

1. 常用爆破方法

（1）光面爆破：在开挖限界的周边，适当排列一定间隔的炮孔，在有侧向临空面的情况下，用控制抵抗线和药量的方法进行爆破，使之形成一个光滑平整的边坡。

（2）预裂爆破：在开挖限线处按适当间隔排列炮孔，预先炸出一条裂缝，使拟爆体与山体分开，作为隔震减震带，起保护开挖限线以外山体或建筑物并减弱地震的破坏作用。

（3）微差爆破：两相邻药包或前后排药包以毫秒的时间间隔（一般为 15~75 ms）依次起爆，称为微差爆破，亦称毫秒爆破。多发一次爆破最好采用毫秒雷管。多排孔微差爆破是浅孔深孔爆破发展的方向。

（4）定向爆破：在公路工程中用于以借为填或移挖作填地段，特别是在深挖高填相间、工程量大的鸡爪形地区，宜采用定向爆破。

（5）洞室爆破：为使爆破设计断面内的岩体大量抛掷（抛坍）出路基，减少爆破后的清方工作量，保证路基的稳定性，可根据地形和路基断面形式，采用抛掷爆破、定向爆破、松动爆破方法。抛掷爆破有三种形式：平坦地形的抛掷爆破、斜坡地形路堑的抛掷爆破、斜坡地形半路堑的抛坍爆破。

平坦地形的抛掷爆破（亦称扬弃爆破），自然地面坡角 $\alpha<15°$，路基设计断面为拉沟路堑，石质大多是软石时，为使石方大量扬弃到路基两侧，通常采用稳定的加强抛掷爆破。

斜坡地形路堑的抛掷爆破，自然地面坡角 α 在 15°~50°，岩石也较松软时，可采用抛掷爆破。

斜坡地形半路堑的抛坍爆破。自然地面坡角 $\alpha>30°$，地形地质条件均较复杂，临空面大时，宜采用这种爆破方法。

2. 综合爆破施工技术

综合爆破一般包括小炮和洞室炮两大类。小炮主要包括钢钎炮、深孔爆破等钻孔爆破；洞室炮主要包括药壶炮和猫洞炮。用药量 1 t 以上为大炮，1 t 以下为中小炮。

（1）钢钎炮通常指炮眼直径和深度分别小于 70 mm 和 5 m 的爆破方法。

①特点：炮眼浅，用药少，并全靠人工清除；不利于爆破能量的利用，工效较低。

②优点：比较灵活，在地形艰险及爆破量较小地段（如打水沟、开挖便道、基坑等），在综合爆破中是一种改造地形，为其他炮型服务的辅助炮型。因而又是一种不可缺少的炮型。

（2）深孔爆破是孔径大于 75 mm、深度在 5 m 以上，采用延长药包的一种爆破方法。

①特点：炮孔需用大型的潜孔凿岩机或穿孔机钻孔，是大量石方（万方以上）快速施工的发展方向之一。

②优点：劳动生产率高，施工进度快，爆破时比较安全。

（3）药壶炮是指在深 2.5~3.0 m 的炮眼底部用小量炸药经一次或多次烘膛，使炮眼底部呈葫芦形，将炸药集中装入药壶中进行爆破。

①特点：主要用于露天爆破，其使用条件是岩石应在Ⅺ级以下，不含水分，阶梯高度

(H)为 10~20 m,自然地面坡角在 70°左右。

②优点:是小炮中最省工、省药的一种方法。

(4)猫洞炮是指炮洞直径为 0.2~0.5 m,洞穴呈水平或略有倾斜(台眼),深度小于 5 m,用集中药锯炮洞中进行爆炸的一种方法。

①特点:充分利用岩体本身的崩塌作用,能用较浅的炮眼爆破较高的岩体。

②优点:在有裂缝的软石坚石中,阶梯高度大于 4 m,药壶炮药壶不易形成时,采用这种爆破方法。

(六)施工中应注意的问题

施工中应注意的问题主要有三个方面,如表 2-27 所示。

表 2-27　施工中应注意的问题

项目	内容
施工方法	1. 深挖路基施工,应逐级开挖,逐级按设计要求进行防护; 2. 爆破作业必须符合《爆破安全规程》(GB 6722—2014)的规定; 3. 石方开挖严禁采用硐室爆破,靠近边坡部分宜采用光面爆破或预裂爆破; 4. 爆破法开挖石方,应先查明空中缆线、地下管线的位置,开挖边线外可能受爆破影响的建筑物结构类型、居民居住情况等,然后制定详细的爆破技术安全方案
边坡整修及检验	1. 挖方边坡应从开挖面往下分段整修边坡,每下挖 2~3 m,宜对新开挖边坡刷坡,同时清除危石及松动石块; 2. 石质边坡不宜超挖; 3. 石质边坡质量要求:边坡上无松石、危石
路床清理及整修	1. 欠挖部分必须凿除。超挖部分应采用无机结合料稳定碎石或级配碎石填平碾压密实,严禁用细粒土找平; 2. 石质路床的边沟应与路床同步施工

(七)爆破作业安全管理

炸药和雷管等爆破材料应安全运送,妥善保管,专门设置炸药仓库,专人负责采购、运输、保管。

严格按公安部的《中华人民共和国民用爆炸物品管理条例》的有关规定实施管理。严格执行领发手续,剩余材料退库保管;爆破作业人员持证上岗,严禁无证人员进行操作;规定放炮时间和信号,由专人负责指挥,起爆前应将全部人员和行人、牲畜等撤出危险区,同时对危险区内的房屋等采取安全保护措施;根据爆破的安全距离确定危险区;严禁掏挖哑炮。爆破后发现哑炮,应立即封闭现场,禁止一切无关人员进入,应有原施工人员参加处理;爆破后应进行现场清理,应特别注意边坡上方的浮岩、浮土的清理,防止落物伤人。清理时应自上而下用撬棍撬石块;在土方开挖地段,严禁先将底脚掏空,让上方的土自行坍落的所谓挖“神仙土”作业法。图 2-35 所示为爆破警戒标志。

图 2-35　爆破警戒标志

四、深挖路基施工

挖方边坡高度等于或大于 20 m 时称为深挖路基。深挖路基的施工方法与一般挖方路基的施工方法基本相同,这里仅就深挖路基中的一些特殊问题和要求作一些简介。

(一)施工前的准备

(1)深挖路基由于它的边坡较高,易于坍塌,且工程量大,常是影响工期的关键工程。因此,在施工前准备工作的一个重要任务就是详细复查设计文件所确定的深挖路基地段的工程地质资料和深挖路基的边坡,并收集了解土石界限、工程等级、岩层风化厚度及破碎程度等工程特征。

(2)施工前准备的另一个重要任务是对工程地质进行补探工作。补做工程地质勘探并做验算后,若深挖路基边坡难以稳定,则应按补做的地质资料进行方案的选择,并报审批后实施。

(二)土质深挖路基

1. 边坡

土质深挖路基的边坡是否能够稳定,因素很多。最主要的是边坡坡度大小,若边坡平缓,则易于稳定;反之,则不稳定。同时也与气候有关,因此要求边坡应严格按照设计坡度施工。但遇到土质情况与设计资料不符时,特别是土质较设计松散时,应向有关方面提出修改设计的意见,批准后实施,以保证土质深挖路基边坡的稳定。

同时，在施工中应分层设置平台，不但能使边坡稳定，还能起到碎落台的作用。平台表面横向坡度应向内倾斜，纵向坡度与路线平行，平台上的排水设施应与路基排水系统贯通。

2. 施工方法

土质深挖路基施工方法与一般挖方路基的施工方法基本相同，只是多分几层而已。但均应按照设计自上而下，分层开挖，不得乱挖和超挖，严禁掏洞取土。同时，在距边坡 3 m 以内禁止采用爆破法施工。图 2-36 所示为土质深挖路基。

图 2-36　土质深挖路基

(三) 石质深挖路基

石质深挖路基宜采用中小爆破法施工。边坡应从开挖面往下分级刷坡，一般下挖 2~3 m 时，刷坡工作应同时进行。边坡要求顺直、圆滑、大面平整，边坡上不得有松石、危石。

石质深挖路基因过量超挖而影响上部岩石稳定时，应采取加固措施维持岩体的稳定。

石质深挖路基路床顶面宜使用密集小排炮施工。

同学们，挖方路基施工的方法与要求大家是否都掌握了呢？快来扫码跟着老师的微课一起复习一下吧！

挖方路基施工

项目三　路基整修与交工验收

路基整修是在路基施工基本完成后,对其外观质量和局部缺陷进行整修或处理,是路基工程顺利通过交工验收的重要保证。因此,在路基交工验收前,应严格按规范要求再次检查路基施工质量,并进行适当的修整。交工验收是依据施工技术标准和设计文件,对路基工程最终的施工质量作出评定,以评价工程是否可以移交下一阶段施工或是否满足通车要求。

路基整修

路基工程基本完成后,在交工验收前,应对外观质量和局部缺陷进行整修或处理。路基整修由施工单位会同监理单位按设计文件和施工规范要求对路线中线、高程、宽度、边坡、防护与支挡、排水系统和临时工程等检查,根据检查结果制订整修计划并进行整修。整修工作应在检查结果及整修计划经监理工程师核查与批准后方能动工。

一、路基顶面表层整修

一般情况下,由于路面与路基施工的不连续性,路基顶面表层在多种因素下会产生不同类型的局部质量缺陷。为保证路床与路面的整体性,防止出现“夹层”,故应有针对性地处理措施。表层的整修,应根据质量缺陷的具体情况采用合理的方案、工艺进行。

(1)土质路基表面应用人工或机械刮土或补土的方法整修,并配合压路机械碾压,补填的土层压实厚度应不小于 100 mm,压实后表面应平整,不得有松散、起皮现象。石质路基表面应用石屑嵌缝紧密、平整,不得有坑槽和松石。

(2)土质路基表面达到设计标高后应采用平地机或推土机刮平,铲下的土不足以填补凹陷时,应采用与路基表面相同的土填平夯实。

(3)修整的路基表层厚 150 mm 以内,松散的或半埋的尺寸大于 100 mm 的石块,应从路基表面层移走,并按规定填平压实。

二、路基边坡整修

(1)深路堑土质边坡整修应按设计要求坡度自上而下进行边坡整修,不得在边坡上以土贴补。

(2)边坡需要加固地段,应预留加固位置和厚度,使完工后的坡面与设计边坡一致。当填土不足或路堑边坡受雨水冲刷形成小冲沟时,应将原边坡挖成台阶,分层填补,仔细夯实。如填补的厚度很小(10~20 cm),而又非边坡加固地段,可用种草整修的方法,以种植土来填补,但应顺适、美观、牢靠。石质路基边坡,应达到设计要求的边坡比,坡面的松石、危石应及时清除。

（3）填方路基边坡受雨水冲刷形成冲沟或坍塌缺口时，应自下而上，分层挖台阶加宽填补夯实，再按设计坡面削坡，弯道内侧路肩边缘，应修建路肩拦水带。

（4）填土路基两侧超填的宽度应予以切除，如遇边坡缺土，必须挖成台阶，分层填补夯实。

三、排水系统及其他整修

（1）边沟的整修应挂线进行。对各种水沟的纵坡（包括取土坑纵坡）应用仪器检测，修整到符合图纸及规范要求。各种水沟的纵坡，应按图纸及规范要求办理，不得随意用土填补。

（2）截水沟、排水沟及边沟的断面、边坡坡度，应按设计要求办理。沟的表面应整齐、光滑。填补的凹坑应拍捶密实。

（3）在路面铺筑完成后或铺筑时，应立即填筑土路肩，同时按设计要求进行加固。

（4）路基整修完毕后，堆于路基范围内的废弃土料应予清除。

（5）修整过的路基，应继续维修养护，直到缺陷责任期满。

交工验收

一、交工验收的作用与各单位职责

交工验收是检查施工合同的执行情况，评价工程质量是否符合技术标准及设计要求，是否可以移交下一阶段施工或是否满足通车要求，对各参建单位工作进行初步评价。

交工验收由项目法人负责。项目法人负责组织公路工程各合同段的设计、监理、施工等单位参加交工验收。拟交付使用的工程，应邀请运营、养护管理单位参加交工验收。参加交工验收单位的主要职责是：

（1）项目法人负责组织各合同段参建单位完成交工验收工作的各项内容，总结合同执行过程中的经验，对工程质量是否合格作出结论。

（2）设计单位负责检查已完成的工程是否与设计相符，是否满足设计要求。

（3）监理单位负责完成监理资料的汇总、整理，协助项目法人检查施工单位的合同执行情况，核对工程数量，科学公正地对工程质量进行评定。

（4）施工单位负责提交竣工资料，完成交工验收准备工作。

（5）项目法人组织监理单位按《公路工程质量检验评定标准 第一册 土建工程》（JTG F80/1—2017）的要求对各合同段的工程质量进行评定。

（6）监理单位根据独立抽检资料对工程质量进行评定，当监理按规定完成的独立抽检资料不能满足评定要求时，可以采用经监理确认的施工自检资料。

（7）项目法人根据对工程质量的检查及平时掌握的情况，对监理单位所作的工程质量评定进行审定。

各合同段工程质量评分采用所含各单位工程质量评分的加权平均值。

工程各合同段交工验收结束后,由项目法人对整个工程项目进行工程质量评定,工程质量评分采用各合同段工程质量评分的加权平均值。

工程质量等级评定分为合格和不合格,工程质量评分值大于等于75分的为合格,小于75分的为不合格。

二、交工验收条件

公路工程交工验收工作一般按合同段进行,并应具备以下条件:

(1)合同约定的各项内容已全部完成。各方就合同变更的内容达成书面一致意见。

(2)施工单位按《公路工程质量检验评定标准 第一册 土建工程》(JTG F80/1—2017)及相关规定对工程质量自检合格。

(3)监理单位对工程质量评定合格。

(4)质量监督机构按《公路工程质量鉴定办法》对工程质量进行检测,并出具检测意见。检测意见中需整改的问题已经处理完毕。

(5)竣工文件按公路工程档案管理的有关要求,完成"公路工程项目文件归档范围"(不含缺陷责任期资料)内容的收集、整理及归档工作。

(6)施工单位、监理单位完成本合同段的工作总结报告。

三、交工验收的基本程序

公路工程交工验收工作应当做到公正、真实和科学,验收要严格按照规定的程序进行。

(1)施工单位完成合同约定的全部工程内容,且经施工自检和监理检验评定均合格后,提出合同段交工验收申请报监理单位审查。交工验收申请应附自检评定资料和施工总结报告。

(2)监理单位根据工程实际情况、抽检资料及对合同段工程质量评定结果,对施工单位交工验收申请及其所附资料进行审查并签署意见。监理单位审查同意后,应同时向项目法人提交独立抽检资料、质量评定资料和监理工作报告。

(3)项目法人对施工单位的交工验收申请、监理单位的质量评定资料进行核查,必要时可委托有相应资质的检测机构进行重点抽查检测,认为合同段满足交工验收条件时应及时组织交工验收。

(4)对若干合同段完工时间相近的,项目法人可合并组织交工验收。对分段通车的项目,项目法人可按合同约定分段组织交工验收。

(5)通过交工验收的合同段,项目法人应及时颁发"公路工程交工验收证书"(见表2-28)。

表 2-28　公路工程交工验收证书

交工验收时间：　　　　　　　　　　　　　　　　　　合同段交工验收证书第　　号

<table>
<tr><td colspan="3">工程名称：</td><td colspan="2">合同段名称及编号：</td></tr>
<tr><td colspan="3">项目法人：</td><td colspan="2">设计单位：</td></tr>
<tr><td colspan="3">施工单位：</td><td colspan="2">监理单位：</td></tr>
<tr><td colspan="5">本合同段主要工程量：</td></tr>
<tr><td>本合同段价款</td><td>原合同</td><td></td><td>实际</td><td></td></tr>
<tr><td>本合同段工期</td><td>原合同</td><td></td><td>实际</td><td></td></tr>
<tr><td colspan="5">对工程质量、合同执行情况的评价和遗留问题、缺陷的处理意见及有关决定（内容较多时，可用附件）</td></tr>
<tr><td colspan="5">（施工单位的意见）
施工单位法人代表或授权人（签字）　　单位盖章
年　　月　　日</td></tr>
<tr><td colspan="5">（合同段监理单位对有关问题的意见）
合同段监理单位法人代表或授权人（签字）　　单位盖章
年　　月　　日</td></tr>
<tr><td colspan="5">（设计单位的意见）
设计单位法人代表或授权人（签字）　　单位盖章
年　　月　　日</td></tr>
<tr><td colspan="5">（项目法人的意见）
项目法人代表或授权人（签字）　　单位盖章
年　　月　　日</td></tr>
</table>

注：表中内容较多时，可用附件。

（6）各合同段全部验收合格后，项目法人应及时完成“公路工程交工验收报告”（见表 2-29）。

四、工程质量的政府监督

（一）政府监督的含义

政府监督是指政府交通主管部门和其所属的质量监督机构依法对工程建设和工程建设从业单位人员进行监督管理的活动。政府监督是公路工程质量保证体系中极其重要的质量监督环节之一，是政府职能部门强化对工程质量管理的具体体现。

表 2-29　公路工程交工验收报告

一	工程名称	
二	工程地点及主要控制点	
三	建设依据	
四	技术标准与主要指标	
五	建设规模及性质	
六	开工日期	年　　月　　日
	完工日期	年　　月　　日
七	批准概算	
八	工程建设主要内容	
九	实际征用土地数/亩	
十	建设项目工程质量交工验收结论	
十一	存在问题处理措施	
十二	附件	1. 公路工程交工验收证书(见表 2-28)； 2. 公路工程交工验收合同段工程质量评分一览表(见表 2-30)

表 2-30　公路工程交工验收合同段工程质量评分一览表

项目名称：

施工合同段号	实得分	监理合同段号	设计合同段号	说明
工程项目质量评分				

计算：　　　　　　　　复核：　　　　　　　　　　　年　月　日

（二）政府监督的性质

（1）强制性。政府的管理行业象征着国家机构的运转，而国家机构的管理职能是通过国家法律获得的。因此，政府机构实施的监督管理行为，对于被监督者来说，只能是强制性的、必须接受的。

（2）执法性。政府监督主要依据国家法律、法规、方针、政策和国家及交通运输部颁布的技术规范、标准进行监督，并严格遵照法定的监督、检查、许可、纠正、强制执行等权力。监督人员每一个具体的监督行为都有充分的法律依据，带有明显的执法性。

（3）全面性。政府监督是针对整个工程建设活动的，而不是对某一个工程项目的，就管理空间来说，覆盖了全社会；就一个工程项目的建设过程来说，则贯穿于工程建设的全过程。

（4）宏观性。政府监督侧重于宏观的社会效益，其着眼点主要是保证工程建设行为的规范性，维护国家和社会公众的利益和工程建设各参与者的合法权益。对一项具体的工程建设来说，政府监督不同于监理工程师的直接、连续、不间断的监理。

（三）监督实施

《公路工程质量管理办法》（交公路发〔1999〕90号）第七章第三十四条明确指出：公路工程质量实行政府监督管理制度。凡新建、改建的公路工程项目，均应由质监机构实施质量监督管理。可见，质监机构代表政府实施工程质量监督工作。

质监机构必须建立健全质量监督工作机制，完善监督手段，增强质量监督的公正性、权威性和有效性。

质监机构负责检查、监督建设、设计、施工、监理单位建立健全质量保证体系；负责对建设项目的招投标活动进行监督检查。负责监督设计、施工和监理单位在资质允许范围内从事的公路工程建设的质量工作；负责对施工现场影响工程质量的行为进行监督检查。

质监机构实施以抽查为主的监督方式，并运用法律和行政手段，制止和纠正影响公路工程质量的建设行为。

公路工程交工、竣工验收，质监机构应按公路工程检验评定标准对工程质量等级进行鉴定。未经鉴定或鉴定不合格的工程，不得组织验收和交付使用。

质监机构应具有相应的监督、检测条件和能力。根据需要，可以委托具备相应资质的试验检测单位，对公路工程项目进行检测。

国务院交通主管部门质监机构出具的检测数据，是全国最终检测数据；各省级质监机构出具的检测数据，是本行政区域内公路行业的最终检测数据。

五、路基的检查与验收

（1）当每一分项工程、分部工程、单位工程完成时，应按批准的设计图纸、设计文件、技术规范的要求，对施工质量进行中间检查。中间检查验收是保证工程质量的重要环节。出现的质量事故、质量问题要按规定程序进行处理，发现的质量缺陷根据规范要求或设计要求进行返工或者处理。

（2）路基施工过程中如有下列情况，应进行中间检查：

①地基准备工作完成后,以及在斜坡上完成台阶后(清除地面杂草、淤泥等)。

②边坡加固前,应对其加固方法、形式、填挖方边坡加固的适用性,以及边坡坡度是否适当进行检查。

③发现已完工的土方工程及竣工后的路基被地面水浸淹损坏时。

④取土坑及弃土堆超过原设计的数量时。

⑤遇意外的填土下陷及填挖方的边坡坍塌需增加土方及边坡加固工程数量时。

⑥在进行计划以外的附加土方工程(排水沟、截水沟、疏导工程等)时。

⑦遇下列隐蔽工程时,必须按照设计要求和规范的有关规定进行中间检查验收,凡不符合有关规定的项目不得进行下一工序。

(a)路基渗沟回填土以前;

(b)填方或挖方地段,按设计规定所做的换土工作完成后;

(c)对需采取特殊措施才能保证填方稳定的路基,在地基处理后(如泉水、溶洞、地下水处理后);

(d)路基隔离层上填土以前。

(3)各类防护加固工程基础开挖后,应检查基底地质、标高、地下水情况。

(4)交工验收前应恢复施工段内的导线点、水准点,以及验收中要求和可能需要的其他标志桩。

(5)交工验收前应按《公路路基施工技术规范》(JTG/T 3610—2019)和《公路工程质量检验评定标准 第一册 土建工程》(JTG F80/1—2017)的要求进行自检,自检合格后,编制符合要求的交工资料,申请进行交工验收。

(6)交工竣工验收时,应对下列项目进行检查、验收:

①路基的平面位置。

②路基宽度、标高、横坡和平整度。

③边坡坡度及边坡加固。

④边沟和其他排水设施的尺寸及底面纵坡。

六、土方路基施工质量验收标准

(一)基本要求

在路基用地和取土坑范围内,应清除地表植被、杂物、积水、淤泥和表土,处理坑塘,并按规范和设计要求对基底进行压实。

路基填料应符合相关规范和设计的规定,经认真调查、试验检测后合理选用。

填方路基须分层填筑压实,每层表面平整,路拱合适,排水良好。

施工临时排水系统应与设计排水系统结合,避免冲刷边坡,勿使路基附近积水。

在设定取土区内合理取土,不得乱开滥挖。完工后应按要求对取土坑和弃土场进行修整,保持合理的几何外形。

(二)实测项目

土方路基检测项目、土方路基允许偏差及检查方法见表 2-31。

表 2-31　土方路基实测项目、土方路基允许偏差及检查方法

<table>
<tr><th rowspan="3">项次</th><th rowspan="3" colspan="4">检查项目</th><th colspan="3">规定值或允许偏差</th><th rowspan="3">检查方法和频率</th></tr>
<tr><th rowspan="2">高速公路、一级公路</th><th colspan="2">其他公路</th></tr>
<tr><th>二级公路</th><th>三、四级公路</th></tr>
<tr><td rowspan="7">1△</td><td rowspan="7">压实度/%</td><td colspan="2">上路床</td><td>0~0.3 m</td><td>≥96</td><td>≥95</td><td>≥94</td><td></td></tr>
<tr><td rowspan="2">下路床</td><td>轻、中及重交通荷载等级</td><td>0.3~0.8 m</td><td>≥96</td><td>≥95</td><td>≥94</td><td rowspan="6">按规定方法检查。
密度法：每200 m每压实层测2处</td></tr>
<tr><td>特重、极重交通荷载等级</td><td>0.3~1.2 m</td><td>≥96</td><td>≥95</td><td>—</td></tr>
<tr><td rowspan="2">上路堤</td><td>轻、中及重交通荷载等级</td><td>0.8~1.5 m</td><td>≥94</td><td>≥94</td><td>≥93</td></tr>
<tr><td>特重、极重交通荷载等级</td><td>1.2~1.9 m</td><td>≥94</td><td>≥94</td><td>—</td></tr>
<tr><td rowspan="2">下路堤</td><td>轻、中及重交通荷载等级</td><td>>1.5 m</td><td rowspan="2">≥93</td><td rowspan="2">≥92</td><td rowspan="2">≥90</td></tr>
<tr><td>特重、极重交通荷载等级</td><td>>1.9 m</td></tr>
<tr><td>2△</td><td colspan="4">弯沉(0.01 mm)</td><td colspan="3">不大于设计验收弯沉值</td><td>按规定方法检查</td></tr>
<tr><td>3</td><td colspan="4">纵断高程/mm</td><td>+10,−15</td><td colspan="2">+10,−20</td><td>水准仪：中线位置每200 m测2点</td></tr>
<tr><td>4</td><td colspan="4">中线偏位/mm</td><td>50</td><td colspan="2">100</td><td>全站仪：每200 m测2点，弯道加HY、YH两点</td></tr>
<tr><td>5</td><td colspan="4">宽度/mm</td><td colspan="3">满足设计要求</td><td>尺量：每200 m测4点</td></tr>
<tr><td>6</td><td colspan="4">平整度/mm</td><td>≤15</td><td colspan="2">≤20</td><td>3 m直尺：每200 m测2处×5尺</td></tr>
<tr><td>7</td><td colspan="4">横坡/%</td><td>±0.3</td><td colspan="2">±0.5</td><td>水准仪：每200 m测2个断面</td></tr>
<tr><td>8</td><td colspan="4">边坡</td><td colspan="3">满足设计要求</td><td>尺量：每200 m测4点</td></tr>
</table>

注：1. 表列压实度以重型击实试验法为准，评定路段内的压实度平均值下置信界限不得小于规定标准，单个测定值不得小于极值（表列规定值减5个百分点的测点），小于表列规定值2个百分点的测点，按其数量占总检查点的百分率计算合格率。

2. 采用核子仪检验压实度时应进行标定试验，确认其可靠性。

3. 特殊干旱、特殊潮湿地区或过湿土路基等，可按路基设计、施工规范所规定的压实度标准进行评定。

4. 三级公路修筑沥青混凝土或水泥混凝土路面时，其路基压实度应采用二级公路标准。

5. 带"△"标志的项目为关键项目，后同。

(三)外观鉴定

(1)路基表面平整，边线直顺，曲线圆滑。不符合要求时，单向累计长度每 50 m

减 1~2 分。

(2)路基边坡坡面平顺,稳定,不得亏坡,曲线圆滑。不符合要求时,单向累计长度每 50 m 减 1~2 分。

(3)取土坑、弃土堆、护坡道、碎落台的位置适当,外形整齐、美观,防止水土流失。不符合要求时,每处减 1~2 分。

七、填石路基施工质量验收标准

(一)基本要求

(1)填石路基的开挖宜采用光面爆破法。爆破后应及时清理险石、松石,确保边坡安全、稳定。

(2)修筑填石路基时应进行地表清理,逐层水平填筑石块,摆放平稳,码砌边部。填筑层厚度及石块尺寸应符合设计和相关施工规范规定,填石空隙用石渣、石屑嵌压稳定。上、下路床填料和石料最大尺寸应符合相关规范规定。采用振动压路机分层碾压,压至填筑层顶面石块稳定,20 t 以上压路机振压 2 遍无明显标高差异。

(3)路基表面应整修平整。

(二)实测项目

填石路基实测项目应符合表 2-32 的规定。

表 2-32　填石路基实测项目

项次	检查项目	规定值或允许偏差		检查方法和频率
		高速公路、一级公路	其他公路	
1△	压实	孔隙率满足设计要求		密度法:每 200 m 每压实层测 1 处
		沉降差≤试验路确定的沉降差		精密水准仪:每 50 m 测 1 个断面,每个断面测 5 点
2△	弯沉(0.01 mm)	不大于设计值		按规定方法检查
3	纵断高程/mm	+10,-20	+10,-30	水准仪:中线位置每 200 m 测 2 点
4	中线偏位/mm	≤50	≤100	全站仪:每 200 m 测 2 点,弯道加 HY、YH 两点
5	宽度/mm	满足设计要求		尺量:每 200 m 测 4 点
6	平整度/mm	≤20	≤30	3 m 直尺:每 200 m 测 2 处×5 尺
7	横坡/%	±0.3	±0.5	水准仪:每 200 m 测 2 个断面
8	边坡 坡度	满足设计要求		尺量:每 200 m 测 4 点
	边坡 平顺度	满足设计要求		

注:上下路床填土时压实度检验标准同土方路基。

(三)外观鉴定

(1)上边坡不得有松石。不符合要求时,每处减 1~2 分。

(2)路基边线直顺,曲线圆滑。不符合要求时,单向累计长度每 50 m 减 1~2 分。

八、浆砌排水沟验收标准

(一)基本要求

(1)砌体砂浆配合比准确,砌缝内砂浆均匀饱满,勾缝密实。

(2)浆砌片(块)石、混凝土预制块的质量和规格应符合设计要求。

(3)基础中缩缝应与墙身缩缝对齐。

(4)砌体抹面应平整、压光、直顺,不得有裂缝、空鼓现象。

(二)实测项目

浆砌水沟实测项目应符合表2-33规定。

表2-33　浆砌水沟实测项目

项次	检查项目	规定值或允许偏差	检查方法和频率
1△	砂浆强度/MPa	在合格标准内	按规定检查
2	轴线偏位/mm	50	全站仪或尺量:每200 m测5点
3	沟底高程/mm	±15	水准仪:每200 m测5点
4	墙面直顺度/mm	30	20 m拉线
5	坡度	满足设计要求	坡度尺:每200 m测2点
6	断面尺寸/mm	±30	尺量:每200 m测2个断面,且不少于5个断面
7	铺砌厚度/mm	不小于设计值	尺量:每200 m测2点
8	基础垫层宽度、厚度/mm	不小于设计值	尺量:每200 m测2点

(三)外观鉴定

(1)砌体内侧及沟底应平顺。不符合要求时,减1~2分。

(2)沟底不得有杂物。不符合要求时,减1~2分。

九、砌体挡土墙质量验收标准

(一)砌体挡土墙评定标准

当平均墙高小于6 m或墙身面积小于1 200 m^2时,每处可作为分项工程进行评定;当平均墙高达到或超过6 m且墙身面积不小于1 200 m^2时,为大型挡土墙,每处应作为分部工程进行评定。

(二)基本要求

(1)石料或混凝土预制块的质量和规格应符合有关规范和设计要求。

(2)砂浆所用的水泥、砂、水的质量应符合有关规范的要求,按规定的配合比施工。

(3)地基承载力必须满足设计要求。

(4)砌筑应分层错缝。浆砌时坐浆挤紧,嵌填饱满密实,不得有空洞;干砌时不得松动、叠砌和浮塞。

(5)沉降缝、泄水孔、反滤层的设置位置、质量和数量应符合设计要求。

(三)实测项目

砌体挡土墙检查项目、允许偏差及检查方法见表2-34。

表2-34 砌体挡土墙实测项目、允许偏差及检查方法

项次	检查项目		规定值或允许偏差	检查方法和频率
1△	砂浆强度/MPa		在合格标准内	按规定方法检查
2	平面位置/mm		50	全站仪:每20 m检查墙顶外边线3点
3	顶面高程/mm		±20	水准仪:每20 m检查1点
4	竖直度或坡度/%		0.5	铅锤法:每20 m检查2点
5△	断面尺寸/mm		≥设计值	尺量:每20 m量2个断面
6	底面高程/mm		±50	水准仪:每20 m检查1点
7	表面平整度/mm	块石	20	2 m直尺:每20 m检查3处,每处检查竖直和墙长2个方向
		片石	30	
		混凝土块、料石	10	

(四)外观鉴定

(1)砌体表面平整,砌缝完好、无开裂现象,勾缝平顺、无脱落现象。

(2)泄水孔坡度向外,无堵塞现象。

(3)沉降缝整齐垂直,上下贯通。

十、抗滑桩质量验收标准

(一)基本要求

(1)混凝土所用的水泥、砂、石、水和外掺剂的质量和规格,必须符合设计和有关规范的要求,按规定的配合比施工。

(2)施工中应核对滑动面的位置,如图纸与实际位置有出入,应变更抗滑桩的深度。

(3)做好桩区地面截水、排水及防渗,孔口地面上应加筑适当高度的围埂。

(二)实测项目

抗滑桩的检查项目、允许偏差和检查方法见表2-35。

十一、挖方边坡锚喷防护质量验收标准

(一)基本要求

(1)锚杆、钢筋和土工格栅的强度、数量、质量和规格必须符合设计和有关规范的要求。

(2)混凝土及砂浆所用的水泥、砂、石、水和外掺剂必须符合有关规范的要求,按规定的配合比施工。

(3)边坡坡度、坡面应符合设计要求。岩面应无风化、无浮石,喷射前必须用水冲洗。

(4)钢筋应清除污锈,钢筋网与锚杆或其他锚固装置连接牢固,喷射时钢筋不得

晃动。

(5)锚杆插入锚孔深度不得小于设计长度的95%,孔内砂浆应密实、饱满。

(6)喷射前应做好排水设施,对漏水的空洞、缝隙应采取堵水措施,确保支护质量。

(7)钢筋、土工格栅或锚杆不得外露,混凝土不得开裂脱落。

表 2-35　抗滑桩实测项目

项次	检查项目		规定值或允许偏差	检查方法和频率
1△	混凝土强度/MPa		在合格标准内	按规定方法检查
2△	桩长/m		≥设计值	测量绳:每桩测量
3△	孔径或断面尺寸/mm		≥设计值	探孔器:每桩测量
4	桩位/mm		100	全站仪:每桩测量
5	竖直度	钻孔桩	1%桩长,且不大于500	测壁仪或铅锤法:每桩检查
		挖孔桩	0.5%桩长,且不大于200	铅锤法:每桩检查
6	钢筋骨架底面高程/mm		±50	水准仪:测每桩骨架顶面高程后反算

(二)实测项目

锚喷防护的检查项目、允许偏差和检查方法见表2-36。

表 2-36　锚喷防护实测项目

项次	检查项目	规定值或允许偏差	检查方法和频率
1△	混凝土强度/MPa	在合格标准内	按规定方法检查
2	砂浆强度/MPa	在合格标准内	按规定方法检查
3	锚孔深度/mm	不小于设计值	尺量:抽查10%
4	锚杆(索)间距/mm	±100	尺量:抽查10%
5△	锚杆拔力/kN	拔力平均值≥设计值,最小拔力≥0.9设计值	拔力试验:锚杆数1%,且不少于3根
6	喷层厚度/mm	平均厚≥设计厚;60%检查点的厚度≥设计厚;最小厚度≥0.5设计厚,且不小于设计规定	尺量(凿孔)或雷达断面仪:每10 m检查1个断面,每3 m检查1点
7△	锚索张拉应力/MPa	符合设计要求	油压表:每索由读数反算
8	张拉伸长率/%	符合设计规定,设计未规定时采用±6	尺量:每索
9	断丝、滑丝数	每束1根,且每断面不超过钢丝总数的1%	目测:逐根(束)检查

注:实际工程中未涉及的项目不参与评定。

(三)外观鉴定

混凝土表面密实,不得有突变;与原表面结合紧密,不应起鼓。

十二、砌石工程验收标准

(一)基本要求

(1)石料的质量和规格及砂浆所用材料的质量和规格应符合设计要求,按规定的配合比施工。

(2)砌块应错缝砌筑、相互咬紧;浆砌时砌块应坐浆挤紧,嵌缝后砂浆饱满,无空洞现象;干砌时不松动,无叠砌和浮塞。

(二)实测项目

浆砌砌体的检查项目、允许偏差和检查方法见表2-37。

表2-37　浆砌砌体的检查项目、允许偏差和检查方法

项次	检查项目		规定值或允许偏差	检查方法和频率
1△	砂浆强度/MPa		在合格标准内	按规定方法检查
2	顶面高程/mm	料、块石	±15	水准仪:长度不大于30 m时测5点,每增加10 m增加1点
		片石	±20	
3	坡度/%	料、块石	≤0.3	铅锤法:长度不大于30 m时测5处,每增加10 m增加1处
		片石	≤0.5	
4△	断面尺寸/mm	料石	±20	尺量:长度不大于50 m时测10个断面,每增加10 m增加1个断面
		块石	±30	
		片石	±50	
5	表面平整度/mm	料石	15	2 m直尺:每20 m测3处,每处测竖直、水平两个方向
		块石	25	
		片石	35	

干砌片石砌体的检查项目、允许偏差和检查方法见表2-38。

表2-38　干砌片石砌体的检查项目、允许偏差和检查方法

项次	检查项目		规定值或允许偏差	检查方法和频率
1	顶面高程/mm		±30	水准仪:长度不大于30 m时测5点,每增加10 m增加1点
2	断面尺寸/mm	高度	±100	尺量:长度不大于30 m时测5处,每增加10 m增加1处
		厚度	±50	
3	表面平整度/mm		≤50	2 m直尺:每20 m测3处,每处测竖直、水平两个方向

(三)外观鉴定

(1)砌体边缘直顺,外露表面平整。不符合要求时减1~3分。

(2)勾缝平顺,缝宽均匀,无脱落现象。不符合要求时减1~3分。

十三、导流工程验收标准

(一)基本要求

(1)所用材料的质量和规格应符合有关规定。

(2)导流堤(坝)的基础埋置深度及地基承载力应符合设计要求。

(二)实测项目

导流工程的检查项目、允许偏差和检查方法见表 2-39。

表 2-39　导流工程的检查项目、允许偏差和检查方法

项次	检查项目	规定值或允许偏差	检查方法和频率
1△	砂浆和混凝土强度/MPa	在合格标准内	按规定方法检查
2△	堤(坝)体压实度/%	满足设计要求	密度法:每压实层测 3 处
3	平面位置偏位/mm	30	全站仪:按设计控制坐标测
4	长度/mm	≥(设计长度-100)	尺量:测每个
5	断面尺寸/mm	≥设计值	尺量:测 5 个断面
6	坡度	≤设计值	坡度尺:测 5 处
7	顶面高程/mm	±30	水准仪:测 5 点

(三)外观鉴定

表面规整,线条直顺,曲线圆滑。不符合要求时减 1~3 分。

十四、石笼防护验收标准

(一)基本要求

(1)所用材料的质量和规格应符合有关规定。

(2)铁丝笼的网眼尺寸应符合设计要求。

(3)石笼的坐码或平铺应符合设计要求。

(二)实测项目

石笼防护的检查项目、允许偏差和检查方法见表 2-40。

表 2-40　石笼防护的检查项目、允许偏差和检查方法

项次	检查项目	规定值或允许偏差	检查方法和频率
1	平面位置偏位/mm	≤300	全站仪:按设计控制坐标测
2	长度/mm	≥(设计长度-300)	尺量:每段测
3	宽度/mm	≥(设计宽度-200)	尺量:每段测 5 处
4	高度/mm	≥设计值	水准仪或尺量:每段测 5 处

习题演练

学习模块二　课后习题

学习模块三 特殊地基处理

学习目标

【知识目标】

完成本学习模块的学习,使学生能够掌握特殊路基的类型;并掌握软土路基常用的施工方法;了解膨胀土地区、黄土地区、盐渍土地区、冻土地区、潮湿地区等路基常用的施工方法及注意事项等。

【能力目标】

学生能够掌握特殊地区的路基工程常用的施工方法及注意事项。

模块设计

【实施时间】

施工过程中。

【实施地点】

施工现场。

【实施人员】

材料员、试验员、测量员、施工技术人员、质检员、资料员、管理人员、设计代表、监理人员等。

【实施内容】

特殊地区的地基处理方法。

地基处理是指为提高地基承载力,改变其变形性质或渗透性质而采用的人工处理地基的方法。特殊路基是指在由软土、膨胀土、黄土、盐渍土、多年冻土与季节性冻土及多雨潮湿等地区的土体上修筑的路基。由于这些土体的性质与一般路基土体有较大的区别,因此在施工时应单独对待。特殊路基处理结构如图3-1所示。

- 地基处理对象
  - 软弱地基
    - 软土地基：淤泥、淤泥质土、泥炭质土等
    - 冲填土
    - 杂填土
  - 特殊地基
    - 膨胀土
    - 湿陷性黄土
    - 盐渍土
    - 季节性冻土
    - 多雨地区土

图 3-1　特殊路基处理结构

地基处理的目的：

(1)提高地基的抗剪强度,增加其稳定性。

(2)降低地基土的压缩性,减少地基的沉降变形。

(3)改善地基土的渗透特性,减少地基渗漏或加强其渗透稳定。

(4)改善地基土的动力特性,提高地基的抗振性能。

(5)改善特殊土地基的不良特性,满足工程设计要求。

项目一　软土地基施工

软土是指滨海、湖沼、谷地、河滩沉积的天然含水量高、孔隙比大、压缩性高、抗剪强度低的细粒土。从广义上来说,软土包括松砂、淤泥、淤泥质土、软弱吹填土和杂填土等。软土地基工程地质勘察可按表 3-1 的特征指标综合鉴别。

表 3-1　软土鉴别

特征指标名称	天然含水量/%	天然孔隙比	十字板剪切强度/kPa
指标值	≥35 与液限	≥1.0	<35

软土的分类,按成因,软土可分为内陆盆地沉积和海洋沿岸沉积两大类;按其沉积环境及特性的不同,可分为七种类型,其类型分布见表 3-2。

软土地基就是指压缩层主要由淤泥及淤泥质土、吹填土、杂填土或其他高压缩性土层组成的地基。一般认为,只要外荷载加在土基上,有可能出现有害的过大变形和强度不够等问题,使建筑物(路基、桥涵等构造物)出现下沉、裂缝甚至破坏,这种地基都应该视为软土地基。在公路建设中,软土地基可引起如下几个大的问题:

(1)由于道路等级高,路堤填土高,引起路基的沉降,路堤的失稳。

(2)桥头路堤与桥台的沉降差,在高速行驶的情况下,引起跳车。

(3)软基沉降量超出规定允许范围。

(4)软基上结构物的沉降、涵管弯曲。

(5)软基上各类路面结构类型的设计与施工存在的问题。

表 3-2　软土类型分布概况

<table>
<tr><th colspan="2">生成类型</th><th>特征</th><th>一般物理力学性质</th><th>分面概况</th></tr>
<tr><td rowspan="7">海洋沿岸沉积、内陆盆地沉积</td><td>泻湖相沉积</td><td>颗粒极细，孔隙比大，强度低，常有泥炭薄层，分布范围广，厚度为 2~25 m，最大可达 60 m</td><td rowspan="4">表层硬壳：0~3 m
天然容重：14.71~17.65 kN/m³
孔隙比：1.0~2.3
含水量：40%~100%
快剪黏结力：0.2~2.0 Pa
内摩擦角：1°~7°
压缩系数：(12~30)×10⁻⁴ kPa⁻¹</td><td rowspan="4">东海、黄海、渤海等沿海岸地区</td></tr>
<tr><td>溺谷相沉积</td><td>孔隙比大，结构疏松，含水量高，分布范围较窄</td></tr>
<tr><td>滨海相沉积</td><td>常用砂砾掺杂，组成较乱而不均匀，极疏松、渗透性较好，易于固结压缩，面积广，厚度大于 60 m，有时达 200 m</td></tr>
<tr><td>三角洲相沉积</td><td>分选性差，结构不稳定带有交错的粉砂薄层的层理，水平渗透性较好</td></tr>
<tr><td>湖相沉积</td><td>粉土颗粒，含水量高，层理均匀清晰，厚度一般小于 20 m</td><td>表层硬壳：0~5 m
天然容重：14.71~18.63 kN/m³
孔隙比：0.9~1.8
含水量：35%~70%
快剪黏结力：0.5~2.5 Pa
内摩擦角：0°~11°
压缩系数：(8~30)×10⁻⁴ kPa⁻¹</td><td>洞庭湖、洪泽湖、鄱阳湖、太湖等周边，古云梦泽边缘地带</td></tr>
<tr><td>河漫滩相沉积</td><td>沉积零乱，岩性复杂，富有中细层细砂交错层，呈透镜状分布</td><td rowspan="2">天然容重：14.71~18.63 kN/m³
孔隙比：0.8~1.8
含水量：30%~60%
快剪黏结力：0.5~3.0 Pa
内摩擦角：0°~10°
压缩系数：(8~30)×10⁻⁴ kPa⁻¹</td><td rowspan="2">长江中下游河口、珠江下游、淮河平原、闽江下游等地</td></tr>
<tr><td>丘陵谷地相沉积</td><td>呈片带状分布，厚度变化大，底部具有较大横坡，颗粒由山前到谷中逐渐变细，厚度一般为 7~10 m</td></tr>
</table>

从软基加固角度来说，一般砂类土地基承载力比黏质土地基承载力高，沉降也比黏质土小，并且由于砂类土较易透水，它在外荷载作用下产生的沉降能在短时间完成，不像黏质土那样有一个漫长的过程。但是砂类土，特别是松散的细砂或粉砂，在地震力作用下会发生液化，所以砂类土加固如何防止液化是一项重要内容。

软土地基上修筑路堤有两大特点：

(1)易于形成基底两侧凸起或路堤坡脚向外凸起而引起的坍滑，经验证明坍滑往往呈圆弧形。

(2)较大的沉降，对路基工程来说，大部分沉降量可以控制在施工中完成，后期少量沉降可以调整,对正常运行影响不大。

一、换填土法施工

当软土地基的承载力和变形满足不了设计要求,而软土层的厚度又不是很大时,将路基底面下处理范围内的软弱土层部分或全部挖去(见图 3-2),然后分层换填强度较大的砂(碎石、素土、灰土、二灰土等)或其他强度较高、性能稳定、无侵蚀性的材料(见图 3-3),并用人工或机械方法压(夯、振)实至要求的密实度,以保证路堤的稳定,这种地基处理的方法称为换填土法,它多用于公路构筑物的地基处理。

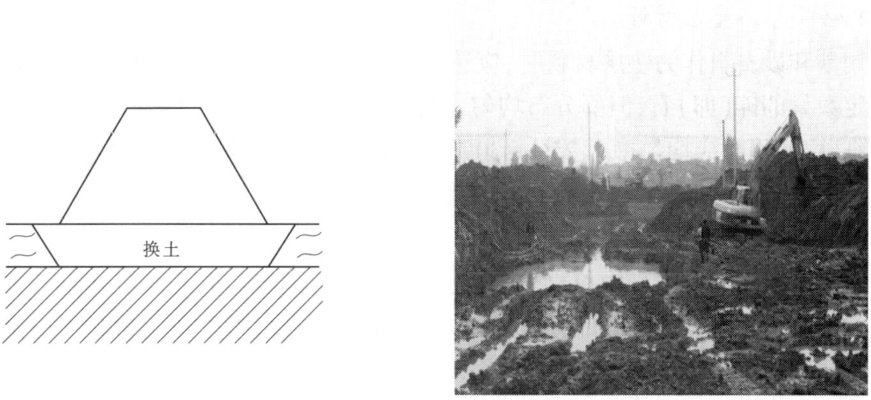

图 3-2　软弱土层挖除

(a)换填土层　(b)换填碎石

图 3-3　软基换填

机械碾压、重锤夯实、振动压实法作为压(夯、振)实垫层的不同施工方法,不但可以处理分层回填垫层材料,同时又可加固地基表层原状土。

换填土法按回填材料的不同,命名为该种材料的垫层,如砂垫层、碎石垫层、素土垫层、灰土垫层、二灰土垫层等。虽然不同材料的垫层,其应力分布稍有差异,但从试验结果分析其极限承载力还是比较接近的。通过沉降观测资料发现不同材料垫层的特点基本相似,故可以近似地按砂垫层的计算方法进行计算。

换填土法适用于淤泥、淤泥质土、素填土、杂填土地基及暗沟、暗塘等浅层和低洼区域处理，还适用于处理湿陷性黄土、膨胀土和季节性冻土等一些区域性特殊土。换填土法的处理深度通常宜控制在 3 m 以内，也不宜小于 0.5 m，因为垫层太薄，则换土垫层的作用也不显著。

换填土法的作用：提高地基承载力；减少沉降量；加速软弱土层的排水固结；防止冻胀；消除地基的湿陷性和胀缩性。

（一）垫层材料的选择

换填土法的垫层常用材料为砂、砂石、素土、灰土、二灰土等无黏性土，因为这类土的强度大、压缩性小、透水性好，比较容易使之密实，且在不少地区料源丰富，因而广泛使用。

1. 砂和砂石垫层材料

用砂和砂石料作为垫层材料时，应选用颗粒级配良好、质地坚硬的中、粗砂为佳，可掺入一定数量的碎（卵）石，但要分布均匀，颗粒的不均匀系数（C_u）最好不能小于 10。若采用粉细砂，使用时应均匀掺入 25%~30%的碎石及卵石，但最大粒径不宜大于 50 mm；当碾压（或夯实、振动）功能较大时，亦不宜大于 80 mm。

2. 素土垫层材料

素土可采用施工过程中挖出的黏性土，土料中有机质含量不得超过 5%，也不得含有冻土或膨胀土。当含有碎石时，其粒径不宜大于 50 mm。素土垫层材料不应采用地表耕植土、淤泥及淤泥质土、杂填土等。

3. 灰土垫层材料

灰土垫层是将路基底面下一定范围内的软弱土层挖去，用按一定体积配合比的灰土（石灰和土料）在最佳含水量条件下分层回填夯实或压实，适用于处理厚 1~4 m 的软弱土层。在施工现场用作灰土的熟石灰应予过筛，其粒径不得大于 5 mm。熟石灰中不得夹有未熟化的生石灰，也不得含有过多的水分。土料常采用施工中挖出的不含有机质的黏性土或塑性指数大于 4 的粉土拌制，不得使用表面耕植土、冻土、膨胀土及有机质含量超过 8%的土料。土料应过筛，其粒径不得大于 15 mm。

4. 碎石和矿渣垫层材料

碎石垫层用的碎石粒径，一般为 5~40 mm 的自然级配碎石，含泥量不大于 5%。

矿渣垫层应根据工程的具体条件选用矿渣垫层材料。大面积填铺时，多采用不经筛分的不分级的高炉混合矿渣，最大粒径不大于 200 mm 或不大于碾压分层虚铺层厚的 2/3；小面积垫层采用 20~60 mm 分级矿渣。

在碎石和钢渣垫层的底部，为防止基坑表层软弱土发生局部破坏而产生过量沉降，一般应设置一层 15~30 mm 厚的砂垫层，砂料应采用中、粗砂，然后铺筑碎石或钢渣垫层。

（二）垫层施工方法

（1）当地基表层具有一定厚度的硬壳层，其承载力较好，能上一般运输机械时，一般采用机械分堆摊铺法，即先堆成若干砂堆，然后用机械或人工摊平。

（2）当硬壳承载力不足时，一般采用顺序推进摊铺法。

（3）当软土地基表面很软时，如新沉积或新吹填不久的超软地基，首先要改善地基表

面的持力条件,使其能上施工人员和轻型运输工具。工程上常采取如下措施:

①地基表面铺荆笆。搭接处用铅丝绑扎,以承受垫层等荷载引起的拉力,搭接长度取决于地基土的性质,一般搭接长 20 cm。当采用两层荆笆时,应将搭接处错开,错开距离以搭缝的一半为宜。

②表面铺设塑料编织网或尼龙纺织网,纺织网上再做砂垫层。

③表面铺设土工合成材料,土工合成材料上再铺排水垫层。

以上为目前超软地基上施工常用的方法,它们可单一使用,也可混合使用,还可根据当地材料不同,选择具有一定抗拉强度、断面小的材料。但应注意:

(a)饱水后材料要有足够的抗拉强度;

(b)当被加固地基处在边坡位置或将来有水平力作用时,由于材料腐烂而形成软弱夹层,给加固后地基的稳定性带来潜在影响。

④尽管对超软地基表面采取了加强措施,但持力条件仍然很差,一般轻型机械上不去,在这种情况下,通常采用人工或轻便机械顺序推进铺设,如用人力手推车运砂铺设或用轻型小翻斗车铺垫。

无论采用何种施工方法,在排水垫层的施工过程中都应避免对软土表层的过大扰动,以免造成砂和淤泥混合,影响垫层的排水效果。

(三)施工中的注意事项

(1)换填土法施工的关键是将垫层材料压实到设计要求的密实度。压实的方法常用的有机械碾压法、重锤夯实法和振动压实法。这些方法要求垫层材料分层铺设,然后逐层振密或压实。

①机械碾压法。

机械碾压法是采用压路机、推土机、羊足碾或其他压实机械,利用机械自动压实地基土。施工时先将一定深度内的软弱土挖去,开挖的深度和宽度应根据设计的具体要求确定。先在基坑底部碾压,再将砂石或素(灰、二灰)土等在基坑内分层铺筑,然后逐层压实。机械碾压法施工时,应根据压实机械的压实能量控制碾压土的最佳含水量,选择适当的碾压分层厚度和碾压的遍数。

②重锤夯实法。

重锤夯实法是用起重机械将重锤提升到一定高度,自由落锤,以重锤自由下落的冲击力来夯实浅层地基和垫层填土。重锤夯实分层填土时,每层的虚铺厚度以相当于锤底直径为宜,夯实完后,应将路基表面修整至设计标高。

重锤夯实的现场试验应确定最少夯击遍数、最后 2 遍平均夯沉量和有效夯实深度等。夯实遍数一般为 8~12 遍,一般重锤夯实的有效夯实深度可达 1 m 左右,并可消除 1.0~1.5 m 厚土层的湿陷性。

③振动压实法。

振动压实法是用振动压实机械在地基表面施加振动力以振实浅层松散土的地基处理和垫层压实的方法。实践证明,振动压实法适宜于处理砂、砂石、碎石、炉渣等渗透性较好的无黏性土为主的松散填土，也适宜处理黏粒含量少、透水性较好的松散杂填土。

振实范围应从路基边缘放出 0.6 m 左右，先振两边，后振中间，其振实的标准是以振动机原地振实不再继续下沉为合格。地下水水位过高会影响振实效果，当地下水水位距振实面小于 60 cm 时，应降低地下水水位。另外，施振前应对工程场地周围环境进行调查。一般情况下，振源与邻近建筑物、地下管线或其他设施的距离应大于 3 m。如有危房和重要地下管线，应事先进行加固处理。

(2)以黏性土为主的软弱土，宜采用平碾或羊足碾。对杂填土可用平碾；对砂土、砂石料、碎石土和杂填土宜采用振动碾或振动压实机；对于狭窄场地、边角及接触带可用蛙式夯实机。压实效果、分层铺填厚度、压实遍数、最优含水量等应根据具体施工方法及施工机具通过现场试验确定。一般情况下，用平板振动器时，最优含水量为 15%～20%；用平碾及蛙式夯时最优含水量为 8%～12%；用插入式振动器时，宜对饱和的碎石、卵石或矿渣充分洒水湿透后进行夯压。

(3)垫层施工前必须对下卧地基进行检验，如发现局部软弱土层，应予挖除，用素土或灰土填平夯实。对垫层底部有古井、古墓、洞穴、旧基础、暗塘等软硬不均的部位时，应先清理后，再用砂石逐层回填夯实，并经检验合格后，方可铺填上一层砂石料后再行施工。

(4)严禁扰动垫层下卧的软土，为防止践踏、受冻、浸泡或暴晒过久，坑底可保留 200 mm 厚土层暂不挖去，待铺砂石料前再挖至设计标高，如有浮土必须清除，当坑底为饱和软土时，须在土面接触处铺一层细砂起反滤作用，其厚度不计入砂垫层设计厚度内。

(5)砂石垫层的底面宜铺设在同一标高上，如深度不同，基底土层面应挖成阶梯或斜坡搭接，各分层搭接位置应错开 0.5～1.0 m，搭接处注意捣实，施工应按先深后浅的顺序进行。垫层竣工后，应及时施工上层路面。

(6)垫层施工应注意控制分层铺填厚度。每层压实遍数宜通过试验确定。分层松铺厚度，可按采用的压实机具现场试验来确定，一般情况下松铺 30 cm，分层压实厚度为 20 cm。为保证分层压实质量应控制机械碾压速度，一般平碾为 2 km/h，羊足碾为 3 km/h，振动碾为 2 km/h，振动压实机为 0.5 km/h。

(7)人工级配的砂石应拌和均匀。用细砂作填料时，应注意地下水的影响，且不宜使用平振法、插振法和水振法。灰土、二灰土材料应拌和均匀，注意配合比，控制含水量，如土料水分过多或不足应晾干或洒水润湿。

(8)当施工中地下水水位高于挖土底面时，宜采取排水或降水措施，注意边坡稳定，以防止坍土混入砂石垫层中。

(9)压实后的灰土、二灰土应采取排水措施，3 d 内不得受水浸泡。

(10)灰土、二灰土垫层铺筑完毕后，要防止日晒雨淋，及时铺筑上层路面。

二、抛石挤淤法施工

抛石挤淤法就是通过向流塑状的高灵敏度的饱和软土中抛入较大的片石、块石，使片石、块石强行挤出饱和软土并占据其位置，以此来提高地基承载力、减小沉降量，提高土体的稳定性的地基处理法，如图 3-4 所示。

图 3-4　抛石挤淤

在修建道路处，若是常年积水的洼地，排水困难，地基为软弱土壤，承载力极小，而且近于流塑状态，附近又有石料可以利用，经济上适宜时，可考虑采用抛石挤淤方法修筑路基。

采用抛石挤淤法，地基的地质条件除土壤接近流塑、承载力极小之外，软弱土壤的厚度一般不宜大于 4 m，且其下有较硬的承载层，表层无硬壳层，所抛片石能沉达底部。

石料的选择，应选用不易风化的片石，片石厚度或直径不宜小于 300 mm。

抛石挤淤应按照路堤断面及所处的地形进行施工。一般的情况下，应从路堤的中部开始，使中部先从积水洼地露出之后，再渐渐向两侧扩展，以便淤泥向前及两侧挤出。当软土或泥沼底面有较大横坡（陡于 1:10）时，抛石则应自高侧向低侧填筑，并在低侧坡脚外一定宽度内同时抛填形成片石平台，使所筑路堤处于稳定状态。

在片石抛填出水面之后，宜用强力振实设备进行振实，使片石落位稳定。然后在已稳定的片石层上铺填一层碎石，再次进行强力振实和碾压，使碎石嵌入片石缝中，反复进行，以使填石密实。此层完成之后，按一般路堤施工方法进行路堤的填筑。抛石挤淤的断面如图 3-5 所示。

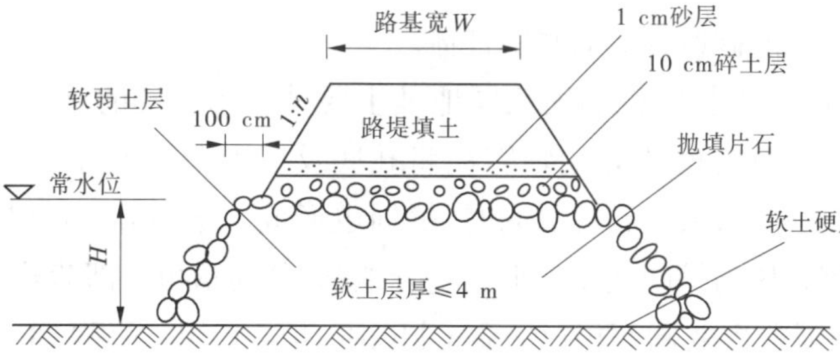

图 3-5　抛石挤淤断面

三、其他施工方法

除上述换填土法和抛石挤淤法两种常用的处理方法外，软土路基的处理方法还有很多，下面简要介绍。

（一）排水固结法

排水固结法是对天然地基，先在地基中设置砂井（袋装砂井或塑料排水带）等竖向排水体，然后利用建筑物本身重量分级逐渐加载；或在建筑物建造前在场地上先行加载预压，使土体中的孔隙水排出，逐渐固结，地基发生沉降，同时强度逐步提高的方法。该法常用于解决软黏土地基的沉降和稳定问题，可使地基的沉降在加载预压期间基本完成或大部分完成，使建筑物在使用期间不致产生过大的沉降和沉降差。同时，可增加地基土的抗剪强度，从而提高地基的承载力和稳定性。

排水固结法是由排水系统和加压系统两部分共同组合而成的，如图 3-6 所示。

- 排水固结法
  - 排水系统
    - 竖直排水法
      - 普通砂井
      - 袋装砂井
      - 塑料排水带
    - 水平排水体——砂垫
  - 加压系统
    - 堆载法
    - 真空法
    - 降低地下水水位法
    - 电渗法
    - 联合法

图 3-6　排水固结法

排水固结法适用于处理各类淤泥、淤泥质土及冲填土等饱和黏性土地基，其具体方法分为砂井与袋装砂井预压固结法、排水板预压固结法和真空预压排水固结法。

（二）复合地基加固法

复合地基是指天然地基在地基处理过程中部分土体得到增强，或被置换，或在天然地基中设置加筋材料，加固区是由基体（天然地基土体）和增强体两部分组成的人工地基。

（1）砂桩挤密法：指用振动、冲击或水冲等方式在软弱地基中成孔后，再将砂挤压入已成的孔中，形成大直径的砂所构成的密实桩体。

（2）碎石挤密桩法：碎石挤密桩加固软弱地基主要是利用夯锤的垂直夯击填入孔中的碎石，夯击能量通过碎石向孔底及四周传递，将孔底及桩周围的土挤密，并有一些碎石挤入碎石桩四周的软土中，形成碎石桩的同时，桩周也形成一个与碎石胶结的挤密带，提高原地基的承载力，碎石桩与桩间地基土形成复合地基，共同承担上部荷载。

（3）CFG 桩法：水泥粉煤灰碎石桩（Cement Flyash Gravel Pile，简称 CFG 桩），是在碎石桩基础上加进一些石屑、粉煤灰和少量水泥，加水拌和制成的一种具有一定黏结强度的桩，和桩间土、褥垫层一起形成复合地基，也是近年来新开发的一种地基处理技术。

（4）树根桩法：树根桩是一种用压浆方法成桩的微型桩。树根桩是指桩径在 70～250 mm，长径比大于 30，采用螺旋钻成孔、加强配筋和压力注浆工艺成桩的钢筋混凝土就地灌注桩。

(5)夯实扩底桩与混凝土薄壁管桩法。

夯实扩底灌注桩(简称夯实扩底桩)通过击入沉管全部现浇混凝土,利用重锤夯击桩端新灌混凝土,在最大限度地扩大桩头的同时,对桩端地基强制夯实挤密。通过桩端截面的增大和对地基土的挤密,显著提高桩头地基承载能力,进而提高桩端竖向承载力。然后现浇混凝土桩身,形成桩侧摩阻力。

混凝土薄壁管桩复合地基采用自动排土振动灌注成桩技术,依靠沉腔上部锤头的振动力将内外双层钢套管所形成的环形腔体在活瓣桩靴的保护下,打入预定的设计深度,在腔体内现浇混凝土,然后振动拔管,在环形区域中土体与外部土体之间便形成混凝土管桩。

(6)水泥搅拌桩法:指利用喷浆型搅拌机或喷粉型搅拌机将水泥浆或水泥粉喷入软土中形成水泥土,通过水泥土的物理化学反应,水泥土硬化后使软土地基的承载力得以提高,减少沉降量。

(7)石灰搅拌桩法:(Deep Lime Mixing,简称 DLM 法),是将磨细后的生石灰颗粒用压缩空气通过竖管送入土中,同时开动电动机,通过传动轴转动装于竖管下端的搅拌轮叶,使石灰与软土混合,改善软土的性质。

(8)高压旋喷桩法:是利用钻机把带有喷嘴的注浆管钻进至土层的预定位置后,以高压设备使浆液成为 20~40 MPa 的高压射流从喷嘴中喷射出来,冲击破坏土体,同时钻杆以一定速度渐渐向上提升,将浆液与土粒强制搅拌混合,浆液凝固后,在土中形成一个固结体,从而加固地层。

项目二　膨胀土地区路基施工

膨胀土是指黏粒成分主要由强亲水性矿物蒙脱石和伊利石组成的多裂隙并具有显著胀缩性的黏性土。我国由于膨胀土地基致害的建筑面积达 1 000 万 m^2 以上,公路工程中因膨胀土发生的边坡失稳、路基变形、路面破坏、构造物开裂、倒塌等公路病害造成的经济损失是十分巨大的。

在自然条件下,膨胀土多呈硬塑或坚硬状态,颜色为黄、红、灰白色,裂隙发育,常见光滑面和擦痕。其吸水膨胀、失水收缩并且反复变形的性质(见图 3-7),以及土体中杂乱分布的裂隙,对路基、轻型建筑、机场、岸坡及堤坝等都有严重的破坏作用。在我国,膨胀土在黄河流域及其以南地区分布较广泛。

一、膨胀土的工程性质

膨胀土因其组成含有大量的强亲水性黏土矿物,故具有吸水量大、高塑性、快速崩解性、很强的胀缩性、多裂隙性和强度衰减性。同时又因膨胀土沉积时代较早,历史上承受过较现在更大的上覆压力。因此,其压缩性不大,并多具有超固结性。这些性质构成了膨胀土区别于其他土类的独有工程地质性质。它们是对膨胀土进行工程性质评价比较重要

图 3-7 失水收缩后的膨胀土

的基本技术指标。

二、膨胀土路基的危害

(一)溜坍

路基边坡上局部表层土体,由于降雨下渗含水量过大及土的胀缩作用,强度降低而溜坍。

(二)滑坡

和一般滑坡相同,斜坡土体沿土中软弱面滑动。这一软弱面多为裂隙面、层面或其他结构面。由于土体存在滑动趋势,当失去前部支撑,便产生滑动。膨胀土地段的滑坡,滑动面土体含水量较大、强度低,有时虽然土体边坡已经放缓,但仍易产生滑动。

(三)坍滑

路基边坡坍滑是膨胀土地段的路堑、路堤边坡经常发生的一种变形现象。不少地段坍滑体厚度不大,在边坡上不断扩展。

(四)路堤和基底的不均匀沉降及变形

由于膨胀土的土质条件和工程特性,使其在行车荷载和水的影响下,经常产生不均匀沉降和变形,给车辆的正常运行带来极大的危害。

三、膨胀土路基施工

(一)路堤填筑

(1)铺筑试验路段。膨胀土地区路堤施工前,应按规定做试验路段,为路堤的正式施工提供数据资料和经验。

(2)原地面处理。在膨胀土地区修建公路,特别是修建高速公路及一级公路时,在路堤填筑前,必须对原地面进行处理,并应满足如下要求:

①填高不足 1 m 的路堤,必须挖去地表 30~60 cm 的膨胀土,换填非膨胀土,按规定压实。

②地表为潮湿土时,必须挖去湿软土层,换填碎石土、砾石土、砂砾或挖方坚硬岩石碎渣,或将土翻开掺石灰处理。

(3)填筑材料及作业要求。强膨胀土稳定性差,不应作为路堤填料;中等膨胀土宜经过加工、改良处理后作为填料;弱膨胀土可根据当地气候、水文情况及道路等级加以应用,胀缩总率不超过0.7%的弱膨胀土可直接填筑。直接使用中等、弱膨胀土填筑路堤时，应及时对边坡及顶部进行防护。

①高速公路、一级公路、二级公路采用中等膨胀土作路床填料时，应作掺灰(一般为石灰)改性处理，改性处理后要求胀缩总率应不大于0.7%。

②限于条件，高速公路、一级公路用中等膨胀土填筑路堤时，路堤填成后，应立即做浆砌护坡封闭边坡。当填至路床底面时，应停止填筑，改用符合强度要求的非膨胀土或改性处理的膨胀土填至路床顶面设计标高并进行严格压实。如当年不能铺筑路面，则应加做封层，封层的填筑厚度不宜小于20 cm，并设不小于2%的横坡。

③使用膨胀土作填料时，为增加其稳定性，可采用石灰处置，石灰剂量可通过试验确定，要求掺灰处理后的膨胀土，其胀缩总率接近零为佳，如图3-8所示。

图3-8 膨胀土填筑

④公路可用接近最佳含水量的膨胀土填筑路堤，但两边边坡部分要用非膨胀土作为封层。路堤顶面也要用非膨胀土形成包心填方。

(二)路堑开挖

(1)施工前的准备。路堑施工前，先开挖截水沟并铺设浆砌圬工，其出口应延伸至桥涵进出口。

(2)开挖作业及要求。膨胀土地区路堑开挖应按下列要求办理：

①挖方边坡不要一次挖到设计线，沿边坡预留厚度30~50 cm一层，待路堑挖完时，再削去边坡预留部分，并立即以浆砌护坡封闭。

②如路基与路面不连续施工，二级及以下公路的挖方地段挖到距路床顶面以上30 cm时，应停止向下开挖，并挖好临时排水沟，待做路面时，再挖至路床顶面以下30 cm并用非膨胀土回填，并按要求压实。如路基与路面连续施工，对高速公路、一级公路应一次性超挖路床30~50 cm，并立即用粒料或非膨胀土分层回填或用改性土回填，按规定压实。

(三)路基碾压

(1)先要根据膨胀土自由膨胀率的大小，选用工作质量适宜的碾压机具。一般地，自由膨胀率越大的土应采用的压实机具越重。

(2)由于膨胀土遇水易膨胀,因此压实时,应在最佳含水量时进行。

(3)压实土层不宜过厚,一般不得大于 30 cm。

(4)土块应击碎至 37. 5 mm 粒径以下,使土块中水分易于蒸发,减少土块本身的膨胀率,有利于提高压实效率。

(5)路堤与路堑分界处,即填挖交界处,两者土内的含水量不一定相同,原有的密实程度也不相同,压实时应使其压实得均匀、紧密,避免发生不均匀沉陷。因此,填挖交界处 2 m 范围内的挖方地基表面的土应挖成台阶,翻松,并检查其含水量是否与填土含水量相近,同时采用适宜的压实机具,将其压实到规定的压实度。

(6)因膨胀土路基压实后的紧密程度比一般土填筑的路段更重要,因此压实度的检验频率应增加一倍,为每 2 000 m^2 检查 16 点。

(四)施工注意事项

(1)膨胀土地区的路基施工,应避开雨季作业,加强现场排水,保证地基和已填筑的路基不被水浸泡。

(2)膨胀土地区路基施工,开挖后各道工序要紧密衔接,连续施工,分段完成,特别是高速公路、一级公路更应如此,路基填筑后不应间隔太久或越冬后做路面。

(3)路堤、路堑边坡按设计修整后,应立即浆砌护墙、护坡,防止雨水直接侵蚀。

(4)膨胀土地区路床土的强度及压实标准应符合有关规定。

(五)施工中的控制要点

由于膨胀土在一般情况下不宜作为路堤填料,但公路所经膨胀土地区常常由于路线长,膨胀土分布范围广,难以找到非膨胀土,这就提出了改善膨胀土特性、满足填方要求的课题。在实际施工中,除强膨胀土不宜使用外,对中等和弱膨胀土可以采取相应的治理措施,增加其稳定性,主要的方法是在膨胀土中加入稳定剂(石灰)和冲稀材料(砾石或粉煤灰)。在膨胀土中加入石灰进行改性处理,主要是针对黏土矿物中易亲水的蒙脱石、伊利石,使其与石灰发生物理、化学作用,进行离子交换。施工中要控制好以下几个要点:

(1)掺加石灰对膨胀土进行改性处理。膨胀土中加入石灰后,由于石灰水化产生大量钙离子,与膨胀土中的蒙脱石、伊利石等矿物层起吸附水作用,同时也把大量钙离子和溶液中析出的 $Ca(OH)_2$ 粒子吸附到其颗粒周围,这些作用形成石灰的水化物在膨胀土矿物颗粒表面聚集。经硬化结晶,形成一种防止膨胀土颗粒内水化散和外水内侵的固化层。其结果将使膨胀土减弱亲水性,增加自身的稳定。

(2)加强土的粉碎和拌和的均匀性。自取土坑挖出的土块,一般粒径都较大,大的达到 5~10 cm,经风吹日晒形成外硬内塑的状态,施工时必须将土块击碎在 5 cm 以下,通常在土块外表的含水量略大于最佳含水量时旋耕、粉碎效果较好。同时要求石灰与土拌和均匀,为了避免出现素土夹层和大块集中区,碾压厚度控制在旋耕机一般旋耕深度(25 cm)以内。

(3)加强压实。与一般路基相比,压实机具应选重型压路机、振动压路机或 35~50 t 的轮胎压路机。压路机的行驶速度不宜超过 4 km/h。碾压时,直线段由双边向中央,小半径曲线由内侧向外侧,纵向进退式进行;横向接头处振动压路机要重叠 0.4~0.5 m,对三轮压路机一般重叠后轮的 1/2,前后两相邻区段纵向重叠 1~2 m,做到无漏压,无死角。在路堤与路堑分界地段更应碾压密实,考虑到膨胀土路堤的沉降,路堤边缘两侧应各加宽 30~50 cm,路基成形后刷坡整平。

由于雨水的侵入,路基会出现表面隆起、膨胀,因此雨后及时复压,对保证路基密实度也很有必要。

(4)路堤填筑要连续施工。完工之后,路堤两侧边坡的防护封闭工程必须及时施工,做好膨胀土路基的防水、保温、防风化工作。

(5)有条件的地方对黏土路基顶面 80 cm,应选用非膨胀土回填。

项目三　黄土地区路基施工

黄土是第四纪的一种特殊堆积物,颜色以淡黄色为主,也有黄色、褐色等,颗粒组成以粉土颗粒为主,富含硫酸盐,具有大孔隙,如图 3-9 所示。黄土在我国主要分布在北纬 34°~41°,大陆内部干旱和半干旱地区,即西北、华北、内蒙古等地区。其中,以黄土高原的黄土沉积最为典型。黄土高原主要是指秦岭以北、长城以南、太行山以西、日月山以东的黄河中游地区的陕、甘、宁、豫、晋等省,河北、山东、青海及新疆等地亦有所分布。

图 3-9　黄土地貌

一、黄土的工程特性

(一)黄土的结构特征

(1)黄土的颗粒组成以粉粒为主,其含量可达 50%以上,其中粗粉粒(0.01~0.05 mm)含量又大于细粉粒(0.005~0.01 mm)含量。

(2)黄土孔隙率为 35%~60%,从地理分布上则自东向西、自南向北孔隙率逐渐增大。黄土中的孔隙呈垂直或倾斜的管状,以垂直为主,上下贯通。其内壁附有白色的碳酸钙薄膜。碳酸钙的胶结对黄土起着加固的作用。

(3)黄土的节理。

黄土的节理以垂直节理为主,一般在干燥而固结的黄土层中比较发育,土层上部比下部发达。黄土中的斜节理是由新构造运动造成的。

(二)黄土的渗水、收缩、膨胀和崩解

由于黄土孔隙率大及垂直的节理,所以垂直方向的透水性比水平方向大。即使经压实后,孔隙及节理被破坏,因黄土中的粗粒含量高,其渗水也比一般黏质土强。

黄土遇水后便膨胀,干燥后又收缩。经多次胀缩后,容易形成裂缝及剥落。由于土的自重作用使粉粒在垂直方向的间距变小,所以具有天然湿度的黄土在干燥后,水平方向的收缩量比垂直方向的收缩量大。不同类别黄土的崩解情况相差很大。新黄土浸入水中很快就崩解,而老黄土要经过一段时间才全部崩解,红色黄土基本不崩解。

(三)黄土的物理特性

1. 黄土的抗剪强度

黄土的抗剪强度以水平方向最大,垂直方向最小;冲积、洪积有水平层理关系的黄土,则正好相反,水平方向小而垂直方向大。

2. 黄土的湿陷性

黄土可分为两类,一类为湿陷性黄土,另一类为非湿陷性黄土。

3. 黄土的液塑限

从黄土的液塑限试验结果看,黄土是一种特殊的黏质土或粉质土。

4. 黄土的击实特性

黄土的最大干密度为1.85~1.89 g/cm^3,最佳含水量为13.8%~15.0%。高等级公路使用黄土填筑路堤时施工含水量的控制范围很小。这就是黄土填筑高等级公路路堤的困难所在。

二、黄土地区路基施工

(一)常规路堤施工方法及注意事项

黄土路堤施工除采用常规路堤的施工方法外,应特别注意以下事项。

1. 施工含水量的控制

黄土压实对水很敏感,含水量的施工控制较难。施工时,应通过击实曲线确定达到某一压实标准干密度相应的含水量范围,并应在取土场控制。如取土场天然含水量低于施工要求含水量范围,则可在取土场采用闷土提高土的含水量。闷土时,在取土场表面修筑网状水渠,浇水使其均匀渗入土中,若干天后即可使用。

黄土地区大多干旱少雨,路基施工的主要困难是水源缺乏。因此,在求得最佳含水量后,摊铺厚度应控制在25~30 cm,可将现场含水量控制在低于最佳含水量的1~2个百分点以内,选用15 t以上的压路机进行碾压。这样减少了用水量,也可以达到要求的密实度。

在施工中为防止和减少水的蒸发,上路的土要及时碾压,洒水后的土达到最佳含水量时也要及时进行碾压。

2. 摊铺

路基土运到现场后应及时摊铺。当使用普通振动压路机时,必须保证摊铺厚度在30 cm以内,厚度应在现场经过试验路段试验后确定。施工中常见的问题是摊铺厚度超厚,摊铺的平整度问题也一直被忽视。如果路基不平整,碾压后各个点上土的受力就不同,造

成路基强度不均匀，日后会形成不均匀变形及沉降。路基刚碾压完时平整度很好，而经过一段时间行车就会出现凸凹不平。图 3-10 所示为黄土摊铺。

图 3-10　黄土摊铺

3. 碾压

同一种土的最佳含水量随压实功能的增加而减少，而最大密度则随压实功能的增加而增大。当含水量一定时，压实功能越大，则密实度越高。黄土路堤施工中选择适当的压路机是非常重要的。一般情况下，应选择 18 t 以上的重型压路机。当采用振动式压路机时，配合以静碾光轮压路机可弥补表层密度不够的缺陷，如图 3-11 所示。

图 3-11　黄土碾压

黄土路堤试验路资料显示，宽填尺寸不小于 50 cm 时，路基边缘压实度才可保证。所以，施工中宽填尺寸应不小于 50 cm，以保证路基的整体压实度达标。同时，尽可能增加光轮压路机在边缘的压实遍数。

4. 压实度的检测

黄土路堤施工压实度的检测要及时、快速，发现不符合要求的地段应及时进行补压处理，以确保填筑质量。

5. 黄土路堤雨季施工注意事项

(1) 因黄土的压实对含水量很敏感，施工时在多雨季节要注意防雨和排水；摊铺时要做成 2%～4%的路拱，以防填筑面积水；上料时随上随摊铺并及时碾压；当水分过大出现弹簧现象时，应换填砂砾或用石灰粉处理。

(2) 做好排水设施。因黄土易受水冲蚀，为防止下雨时路拱汇集的水冲刷路堤边坡，要及时修筑边坡防护工程,以确保已施工的路堤边坡不被冲出深沟,影响路堤的安全。

(二)路堑的施工

1. 边坡

黄土路堑边坡,应严格按设计坡度开挖,如设计为陡坡,施工中不得放缓,以免引起边坡冲刷。

黄土路堑边坡受各种因素的影响,容易产生变形。因此,施工中应采取措施进行边坡的防护加固,如图 3-12 所示。

图 3-12 施工完的黄土边坡

2. 路床

路堑施工,当挖到接近设计标高时,应对上路床部分的土基整体强度和压实度进行检测。

如路堑路床土质符合设计规定,则应将其挖除,另行取土,分层摊铺、碾压至规定的压实度。挖除厚度根据道路等级对路床的要求而定,高速公路、一级公路宜挖除 50 cm,其他公路可挖除 20 cm。

如路堑路床的密实度不足,土质符合设计规定,则视其含水量的情况或经洒水或经翻松晾晒至要求含水量再进行整平碾压至规定压实度。

三、湿陷性黄土地区路基施工

(一)湿陷性黄土的分布

湿陷性黄土占我国黄土地区总面积的 60%以上,而且又多出现在地表上层,主要分布在山西、陕西、甘肃大部分地区及河南西部,其次是宁夏、青海、河北的部分地区,新疆、山东、辽宁等地局部也有发现,分布十分广泛。

(二)湿陷性黄土的特性

湿陷性黄土具备黄土的一般特征,如黄色或黄褐色,粒度成分以粉土颗粒为主,约占 50%以上,具有肉眼可见的孔隙等。另外,它呈松散多孔结构状态,孔隙比常在 1.0 以上,天然剖面具有垂直节理,含水溶性盐(碳酸盐、硫酸盐类)较多,垂直大孔性、松散多孔结构,遇水后土颗粒间的加固凝聚力即降低或消失而沉陷。

(三)湿陷性黄土地基的处理

湿陷性黄土地基的处理目的是改善土的性质,减少土的涌水性、压缩性,控制其湿陷性的发生,以保证工程质量。对路基原地表土层采取必要的措施,如重机碾压、重锤夯实、石灰挤密加固、换填土等,提高土层承载力,减少下沉量。路基地基处理面积大、范围广,如采用重锤夯实、石灰挤密加固、换填土的办法,对Ⅰ、Ⅱ级湿陷性黄土处理,则工程量大,造价高,工期长。因此,国内许多高速公路都采用冲击压路机,如图 3-13 所示。冲击压路机具有作用力大、作用深度深的优点,其压实有效深度能达到 1 m 以上,一般合理的压实遍数在 12~15 遍,作业速度快,对 4 000 m^2 路基地基连续作业 15 遍仅需 3 h。

图 3-13　冲击压路机

对涵洞、通道构造物湿陷性黄土地基的处理,常用的方法有灰土(或素土)垫层、重锤夯实、灰土(或素土)挤密桩,可根据地基湿陷等级、结构物的要求处理厚度、施工技术条件等而选择使用。

1. 灰土(或素土)垫层处理湿陷性黄土地基

将基底以下湿陷性土层全部挖出或挖至设计的深度,然后以灰土(3∶7)或素土(就地挖出的黏质土)分层回填,分层夯实。它消除了垫层范围内的湿陷性,减轻或避免了地基附加压力产生的湿陷,施工简易,效果显著,适用于处理厚度较小的湿陷性黄土。Ⅰ级湿陷性黄土段落构造物基底多采用超挖 80 cm 素土回填压实再换填 30~50 cm 灰土垫层。

2. 重锤夯实处理湿陷性黄土地基

重锤夯实法适用于地下水水位以上的湿陷性黄土,重锤夯实能增加土的密实度,减少或消除地基土的湿陷变形,并可提高地基承载力,如图 3-14 所示。

一般采用锤重 100~200 kN,落距 10~20 m 夯击湿陷性黄土,可消除 4~8 m 深度内黄土的湿陷性。

3. 灰土(或素土)挤密桩处理湿陷性黄土地基

灰土(或素土)挤密地基是桩间挤密土和填夯的桩体组成的人工复合地基,如图 3-15 所示。沉桩时土的侧向挤密效应,单桩的影响半径通常为 1.0~1.5 倍的桩径。挤密桩通过桩与桩之间的挤密效果的叠加使桩与桩间土共同作用,以保持地基的稳定性。灰土

图 3-14　黄土地基重锤土

(或素土)桩承担的荷载通过桩的摩擦力向桩周围的土传递,其深度一般不超过 6~10 倍桩径。

图 3-15　挤密桩施工

施工中采用沉管法成孔,使用柴油打夯机,锤重 25 kN,落距 250 cm。桩孔填夯采用安装在自卸汽车上行走的偏心轮夹杆式夯实机,夯锤重 1 000 kN,落距 100 cm,每分钟击 40~50 次。

灰土(或素土)挤密桩可处理厚度较大的湿陷性黄土,最大处理深度可达 15 m。实践证明,复合地基承载力较高,施工操作方便且经济。

项目四　盐渍土地区路基施工

盐渍土是指地表 1 m 内易溶盐含量超过 0.3%的土层。

土中最常遇到的易溶盐类主要有氯化钠、氯化镁、氯化钙、硫酸钠、硫酸镁、碳酸钠、重碳酸钠，有时也可遇到不易溶解的硫酸钙和很难溶解的碳酸钙。

一、盐渍土的分布

盐渍土的分布见表 3-3。

表 3-3　盐渍土的分布

依据	名称		说明
按地理分布区域	沿海盐渍土区		包括辽宁、河北、山东、江苏等省沿海地区，主要是由于受海水浸渍或海岸退移形成的。主要是氯盐渍土，一般含盐量在 5%以下。该区气候比较湿润，地下水水位较高，水对这些地区的盐渍土的稳定性影响最大。在修长路基中要特别关注水的影响
	内陆盐渍区	半干旱与干旱盐渍土亚区	包括新疆、青海、甘肃、内蒙古、宁夏、陕西、河北、河南、山东、辽宁、吉林、黑龙江等省（区）荒漠、半荒漠地区和部分草原、森林草原地区，其界限大致为 $0.05<$湿润系数 $K<0.75$。盐渍土常再现于某些河道附近与平原低洼地带，以及一些灌渠附近。这一亚区面积最大，盐渍化类型多种多样，盐渍化程度相差悬殊，气候、地质条件也各不相同。因此，水对这一亚区盐渍土稳定性的影响也有很大的差别。在修筑路基中要特别关注水对路基稳定性的不同影响
		过干盐渍土亚区	包括新疆、青海、甘肃、内蒙古等省（区）中最干旱的一些荒漠地区，主要有塔里木盆地、柴达木盆地、阿拉善荒漠等。界限大致确定为年降水量小于 100 mm 及其他地区少见的硝酸盐和硼酸盐。因气候非常干燥，水对盐渍土的稳定性影响最小。在一定条件下，可利用盐渍土和岩盐修筑路基或铺筑低、中级路面

二、盐渍土分类

盐渍土的分类见表 3-4。

表 3-4　盐渍土的分类

依据	名称	说明
按形成条件	盐土	是指以含有氯盐及硫酸盐为主的盐渍土。往往是地下水水位很高时，水中盐分由于毛细管作用，经过蒸发而聚集在土的表层。海水浸渍也能形成盐土。在草原和荒漠中的洼地，由于带有盐分的水流入，经过蒸发而形成盐土
	碱土	是由盐土因地下水水位降低而形成或由地表水的渗入多于土中水的蒸发时形成的。其特点是在表土层中含有较多的碳酸钠和碳酸氢钠，不含或仅含微量的其他易溶盐类，黏土胶体部分为吸附性钠离子所饱和。碱土常具有明显的层次，表层为层状结构的淋溶层，下层为柱状结构的淀积层。在深度 40～60 m 土层内含易溶盐最多，同时聚积有碳酸钙和石膏
	胶碱土（龟裂黏土）	生成于荒漠或半荒漠的地形低洼处，大部分是黏性土或粉性土，表面平坦，不长植物，干燥时非常坚硬，干裂成多角形，潮湿时立即膨胀，裂缝挤紧，成为不适水层，非常泥泞。胶碱土的整个土体内易溶盐的含量均较少，盐类被淋溶至 0.5 m 以下的地层内，而表面往往含有吸附性的钠离子

三、盐渍土路基的主要病害

盐渍土路基的主要病害见表 3-5。

表 3-5　盐渍土路基主要病害

序号	病害名称	说明
1	溶蚀	主要是氯盐渍土,其次是硫酸盐渍土,浸水后土中盐分溶解,可形成雨沟、洞穴,甚至湿陷、坍陷等
2	盐胀	硫酸盐渍土盐胀作用强烈。在冷季,土基内的盐胀,可导致路面不平、鼓胀、开裂,是盐渍地区高等级公路最突出的病害。路基边坡及路肩表层在昼夜温度变化所引起的盐胀反复作用下,变得疏松、多孔,易遭风蚀,并易陷车
3	冻胀	氯盐渍土,当含盐量在一定范围内时,由于冰点降低、水分聚流时间加长,可加重冻胀。但含盐量更多时,由于冰点降低多,路基将不冻结或减少冻结,从而不产生冻胀或只产生轻冻胀。硫酸盐渍土对冻胀具有和氯盐渍土类似的作用,但冰点降低不如氯盐渍土多,影响不如氯盐渍土显著。碳酸盐渍土由于透水性差,可减轻冻胀
4	翻浆	氯盐渍土,当含盐量在一定范围内时,不仅可加重冻胀,也可加重翻浆。当含盐量更多时,也因不冻结或减少冻结而不翻浆或减轻翻浆。硫酸盐渍土,在降低冰点方面,其作用和氯盐渍土类似,可加重翻浆,但不如氯盐渍土显著。春融时,结晶硫酸钠脱水可引起加重翻浆的作用

四、盐渍土地区路基施工

(一)施工季节的选择及施工程序安排

在盐渍土地区筑路,应尽可能地考虑当地盐渍土的水盐状态特点,力求在土的含水量接近于最佳含水量的时期不发生冻结,也不在积水季节进行施工,根据这一原则,一般认为当地下水水位高,对黏性土的盐土地区,以夏季施工为宜;对砂性土的盐土地区,以春季和夏初施工为宜;强盐渍土地区,应在表层含盐量降低的春季施工为宜;对于不冻结的土,可以考虑冬季施工。

盐渍土路基要分段一次做完。自基底清除过盐土开始,要连续施工,一次做到路堤的设计标高,不可间断。在设置隔离层的地段,至少也要一次做到隔离层的顶部,以避免路基的再盐渍化和形成新的盐壳。

(二)基底(包括护坡道)处理

盐渍土路基基底的处理应视含盐量、含水量及地下水水位而定。

从含盐量方面看,由于一般盐渍土地区的含盐量往往表层最大,故当路堤底部表层盐渍土含有过量盐分(含盐量大于 8%)、或表土松软有盐壳时,应在填筑前,将路堤基底与取土坑范围内的表层过盐渍土铲除,铲除深度应根据土的试验资料决定,一般为 0.1~0.3 m。如路堤高度小于 1.0 m 时,除将基底含盐量较重的表土挖除外,应换填渗水性土,其厚度对高速公路、一级公路不应小于 1.0 m,其他公路不应小于 0.8 m。

当路堤高度小于表 3-6 的规定时,除应将基底土挖除外,还应按设计要求换填透水性较好的土。

表 3-6　盐渍土地区路堤最小高度

土质类别	高出地面/m		高出地下水水位或地基长期积水位/m	
	弱、中盐渍土	强、过盐渍土	弱、中盐渍土	强、过盐渍土
砾类土	0.4	0.6	1.0	1.1
砂类土	0.6	1.0	1.3	1.4
黏质土	1.0	1.3	1.8	2.0
粉质土	1.3	1.5	2.1	2.3

注:①二级公路最小高度可为表中数值的 1.2~1.5 倍;

②一级公路、高速公路最小高度可为表中数值的 2 倍。

从含水量及地下水水位方面看,当含水量超过液限的土层在 1.0 m 以内时,必须全部换填渗水性;当含水量界于液限和塑限之间时,应铺 0.1~0.3 m 的渗水性土后,再填黏性土;当含水量在塑限以下时,可直接填筑黏性土。当清除软弱土体达到地下水水位以下时,则应铺填渗水性土,并应高出地下水水位 0.3 m 以上,再填黏性土。在修建高级路面或次高级路面的地段,除路床填料符合规定要求外,还应在路堤下部设置封闭隔水层(材料如沥青砂、防渗薄膜、聚丙烯薄膜编织布等)以隔断地下水的上升后患。

清(铲)除表层后地表应做成由路基中心向两侧约 2%的横坡,整平压实,沿横坡均匀铺平,以利排水;铲除的表层过盐渍土应堆置在较远处,最好堆置在低处,以免水流浸渍后,又流回到路基范围内。

(三)路基填料

在盐渍土地区施工时,路基填料应符合下列要求。

(1)路基填料的含盐量不得超过表 3-7 的规定,不得夹有盐块和其他杂物。

表 3-7　盐渍土地区路基填料容许含盐量

路基等级	填料容许含盐量(以质量百分数计)/%		
	氯盐渍土及亚氯盐渍土	硫酸盐渍土及亚硫酸盐渍土	硫酸盐渍土
次高级路面	≤8	≤2	≤0.5
高级路面	≤5	≤1	≤0.5

(2)路堤填筑的具体位置对盐渍土的要求见表 3-8。

(3)在内陆盆地干旱地区,如当地无其他适用的填料,需用易溶盐含量超过规定值的土、砾等作填料时,应根据当地气候、水文地质等条件,通过试验决定填筑措施。

(4)对填料的含盐量及其均匀性应加强施工控制检测,路床以下每 1 000 m^3 填料、路床部分每 500 m^3 填料应至少做一组测试,每组取 3 个土样,取土不足上列数量时,亦应做一组试件。

表 3-8 盐渍土地区路堤填料的可用性

公路等级 / 填土层位		高速公路、一级公路			二级公路			三、四级公路	
土类及盐渍化程度		0~80 cm	80~150 cm	150 cm以下	0~80 cm	80~150 cm	150 cm以下	0~80 cm	80~150 cm
细粒土	弱盐渍土	×	○	○	□1	○	○	○	○
	中盐渍土	×	×	○	□1	○	○	□3	○
	强盐渍土	×	×	□1	×	□2	□3	×	□1
	过盐渍土	×	×	×	×	×	□1	×	□2
粗粒土	弱盐渍土	×	□1	○	□1	○	○	□1	○
	中盐渍土	×	×	□1	×	□1	○	×	□4
	强盐渍土	×	×	×	×	×	□2	×	□2
	过盐渍土	×	×	×	×	×	□2	×	×

注:表中○——可用;
×——不可用;
□——部分可用:
□1——氯盐渍土及亚氯盐渍土可用;
□2——强烈干旱地区的氯盐渍土及亚氯盐渍土经过论证可用;
□3——粉土质(砂)、黏土质(砂)不可用;
□4——水文地质条件差时的硫酸盐渍土及亚氯盐渍土不可用。
强烈干旱地区的盐渍土经过论证酌情选用。

(5)用石膏土作填料时,应先破坏其蜂窝状结构。石膏含量一般不予限制,但应控制压实度。

(四)路基压实及含水量控制

(1)为了防止盐分的转移和保证路基的稳定,盐渍土路基的压实应尽可能地提高一些。要求达到重型压实标准。

(2)路基应分层压实,每层填土厚度,对黏性土不得大于 20 cm;对砂性土不得大于 30 cm。

(3)碾压时应严格控制含水量,不应大于最佳含水量 1 个百分点。在干旱缺水地区,对路基填土可采用加大压实功的办法进行压实,并应设法(如远运)洒水,使路基表层 20 cm 厚的土层在碾压时为最佳含水量,至少应达到最佳含水量的 60%~70%以上。

(4)当填土含水量过大时,施工中除按设计挖好该地区排水沟外,可在取土坑附近挖临时排水沟,以截断地表水和降低地下水水位。此外,也可延长施工段落,在取土坑内分层挖土,分段填土暴晒,分段夯压。

(五)路基排水

盐渍土地区路基排水是一项关键性的工作。如排水不畅,势必会因积水使土质发生不利的变化,造成路基病害。因此,在施工中应及时合理地布置好地表排水系统,防止路基及其附近积水。

当路基一侧或两侧有取土坑时,可利用取土坑进行横向与纵向排水。取土坑的坑底离最高地下水水位不应小于0.15~0.20 m。底部应向路堤外有2%~3%的排水横坡和不小于0.2%的纵坡,在排水困难地段或取土坑有被水淹没可能时,应在路基一侧或两侧取土坑外设置高0.4~0.5 m、顶宽1 m的纵向护堤。

当路基两侧无取土坑时,应设置纵向排水沟,并根据当地的地形、地势设置必要的横向扫水沟,两排水沟的间距不宜大于300~500 m,长度不超过2 km。

当地下水水位高时,除阻断表面水外,应加深两侧边沟或排水沟,以降低路基下的地下水水位。

盐渍土地区的地下排水管与地面排水沟渠必须采取防渗措施。盐渍土地区一般不宜设置盲沟、渗沟排除地下水,因为盐分的沉淀易使盲沟失效,且地面排水系统不宜与地下排水系统合并设置,以免造成地下水水位的升高,影响路基稳定。

(六)路基毛细水隔断层的设置

路基修筑在强盐渍化细颗粒黏土(黏性土、粉性土)地区,路基边缘至地下水水位高度又不可能达到设计规定,而采用提高路堤或降低地下水水位的措施又不经济或不可能时,可在路基边缘以下0.4~0.6 m处(或路基底部)的整个路基宽度上设置毛细隔断层。隔断层的材料可采用卵石、碎石或其他粒径约5~50 mm的砂砾,厚度采用0.15~0.3 m,并在上、下面各铺设一层5~10 cm厚粗砂或石屑作为反滤层,以防止隔断层失效。

(七)路基边坡与路肩的处理

(1)边坡坡度。盐渍土路堤边坡率应根据填筑材料的土质和盐渍化程度确定。

(2)边坡及路肩加固。对于强盐渍土,无论其路基结构如何,边坡及路肩都必须进行加固,为保证路基有效宽度,当路基容易遭受雨水冲刷、淋溶和松胀时,对强盐渍土及过盐渍土的路基宽度,应比标准路基宽度增加0.5~1.0 m。

对硫酸盐渍土路基的边坡,根据需要与可能,宜采用卵石、砾石、黏土或盐壳平铺在路堤边坡上,用以防止边坡疏松、风蚀等破坏。对长期浸水地段,还需在高出水位以上0.5 m做护坡道,并予以防护。

在过盐渍土地区,对路肩的加固,可用粗粒浸水材料掺在当地土内封闭路肩表层,也可用沥青材料封闭路肩或用15 cm的盐壳加固。

项目五　多年冻土及季节性冻土地区路基施工

一、多年冻土地区路基施工

(一)多年冻土的定义及特性

凡温度为负温或零温并含有冰的各种土均称为冻土,如图3-16所示。如果土中只有负温度而不含冰时则称为寒土。冬季冻结、夏季全部融化的土层称为季节性冻土,季节冻结层又称季节作用层、活动层。冬季冻结,一二年内不融化的土层称为隔年冻土。冻结状态持续3年以上的土层称为多年冻土。

季节性冻土地区的表层土夏季融化,冬季冻结,所以是季节性冻土。根据其与下伏多年冻土的关系又可分为季节冻结层——夏季融化,冬季冻结时不与多年冻土层衔接或其

图 3-16　冻土

下为融土层；季节融化层——夏季融化，冬季冻结时与多年冻土完全衔接的土层。不衔接多年冻土属于前者；衔接多年冻土属于后者。

1. 多年冻土上限、下限及冻土厚度

在多年冻土地区，地表以下的一定深度内，每年夏季融化，冬季冻结，该层称为季节融化层。在该深度以下的土则终年处于冻结状态，称为多年冻土。这一深度称为季节融化层底板或多年冻土上限。从地表到达这一深度的距离即为季节融化层厚度或多年冻土上限的埋深。

多年冻土层的底部称作多年冻土下限。下限处的地温值为 0 ℃。下限以上为多年冻土，以下为融土。上限和下限之间的距离称为多年冻土厚度。

多年冻土厚度是多年冻土的重要标志之一，它反映着冻土的发育程度。冻土层的厚度对评价建筑物地基稳定性有着重要意义，是进行各类型建筑地层基础设计不可缺少的依据。多年冻土薄的在 10 m 以下，最厚的多年冻土在大、小兴安岭可超过 100 m。

2. 多年冻土分类

多年冻土按含冰量分类，可分为少冰冻土、多冰冻土、富冰冻土、饱冰冻土和含土冰层五类。

3. 多年冻土上限的类别及用途

多年冻土上限有天然上限和人为上限两种。

天然状态的多年冻土上限为其天然上限。因受人类活动影响改变了地温与气温的热交换条件，破坏了天然条件下的热平衡状态导致多年冻土上限发生变化，变化后的多年冻土上限即为其人为上限。

人为多年冻土上限决定了多年冻土融化下沉计算的下部界限；而天然上限往往是厚层地下冰的埋藏深度。在建筑物地基的融沉计算中应包括融沉和压密下沉两部分。

（二）多年冻土地区的不良地质现象

多年冻土地区的不良地质对公路建设会产生多种病害。因此，有必要了解冻土地区不良地质现象的形成和发展，以便采取预防措施。

多年冻土地区之所以会形成不良地质现象，是因为多年冻土地区不仅气候严寒，而且还有多年冻土层作为底板使地表水的下渗和多年冻土层上水的活动受到约束，这是冻土地区不良地质现象发生和存在的基本条件。

多年冻土地区的不良地质现象主要有冰丘、冰堆、地下冰和冻土沼泽等。

(三)多年冻土地区公路路基的主要病害

1. 融沉

融沉多发生在含冰量大的黏质土地段。当路基基底的多年冻土上部或路堑边坡上分布有较厚的地下冰层时,由于地下冰层埋藏较浅,在施工及使用过程中,因原来的自然环境条件发生变化,使多年冻土局部融化,上覆土层在土体自重及外力的作用下产生沉陷,造成路基变形。融沉主要表现在路堤向阳侧路肩及边坡开裂、下滑,路堑边坡溜坍等,如图 3-17 所示。

图 3-17　路基融沉开裂

融沉现象一般以较慢的速度下沉,但有时也会经过一段时间的慢速下沉后,突发大量的沉陷,并使两侧部分地基土隆起。产生的原因是路基基底由于含冰量大的黏质土融化后处于过饱和状态,几乎没有承载能力,又因路堤两侧融化深度不同,使得基底形成一个倾斜的冻结滑动面。在外荷载的作用下,过饱和的黏质土顺着冻结面挤出,路堤瞬间产生大幅度的沉陷,通常称为突陷。这样的凸陷危及行车的安全。

2. 冻胀

冻胀多发生在季节冻结深度较大的地区及多年冻土地区,多年冻土地区较严重。发生的原因是地基土及填土中的水冻结时体积膨胀所致。水分的来源是地表水或地下水对路基土的浸湿。冻胀的程度与土质及土中的含水量高低有关。

3. 冰害

冰害主要是指在路堤上方出露地表的泉水,或开挖路堑后地下水自边坡流出,在隆冬季节随流随冻,形成积冰掩埋路基或边坡挂冰、路堑内积冰等病害,如图 3-18 所示。

冰害在严寒的多年冻土地区尤为严重。对路基工程来说,路堑地段较路堤地段冰害要多,尤其发生在浅层地下水发育的低填浅挖及零填挖地段的冰害,危害程度更大。

(四)多年冻土区路基设计原则

(1)保护冻土的原则。多年冻土作为地基,保证在使用年限内,地基土始终保持冻结状态。

(2)预先融化的原则。在线路路基(建筑物)施工之前,使地基融化至计算深度或全部融化。

图 3-18 路基冰害

(3)逐渐融化原则。在线路(建筑物)施工和使用过程期间,地基土逐渐融化。

(五)多年冻土地区路基施工

1. 资料收集

多年冻土地区有关资料的收集,是路基施工前的一项关键性工作。只有对多年冻土地区气象资料、地质资料及冻土的物理力学性质资料等,在施工中进行综合考虑,采用切实可行的技术措施,才能确保工程质量。

2. 保护冻土方式

1)片石气冷措施

片石气冷路基是在路基垫层之上设置一定厚度和空隙度的片石层,因片石层上下界面间存在温度梯度,引起片石层内空气的对流,热交换作用以对流为主导,利用冻土区负积温量值大于正积温量值的气候特点,加快了路基基底地层的散热,取得降低地温、保护冻土的效果,如图 3-19 所示。通过长期冻融循环的观测分析,此措施起到了降低路基基底地温和增加地层冷储量的作用,路基沉降变形明显减小并基本趋于稳定。这是主动降温、保护冻土的一种有效工程措施。

图 3-19 片石气冷措施

其工作机制见图 3-20。

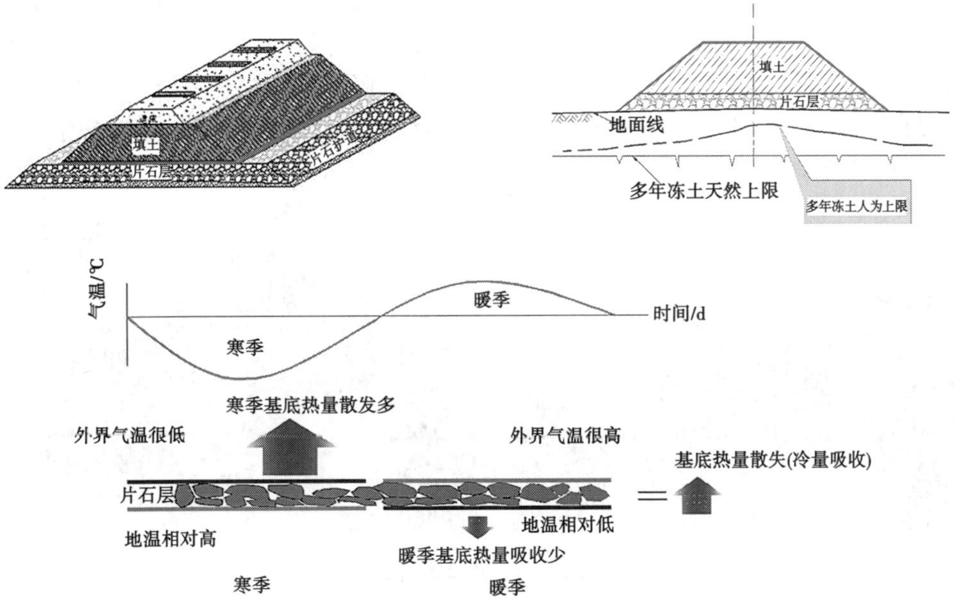

图 3-20　片石气冷措施工作机制示意

2)碎石(片石)护坡(或护道)措施

在路基一侧或两侧堆填碎石或片石,形成护坡或护道。碎石(片石)护坡空隙内的空气在一定温度梯度的作用下产生对流,寒季碎石(片石)内空气对流换热作用强烈,有利于地层散热,暖季碎石(片石)内空气对流作用减弱,对热量的传入产生屏蔽作用,从而增强了地层寒季的散热,减少了暖季的传热,达到了降低地温、保护冻土的效果,如图 3-21 所示。通过研究当地环境及碎石(片石)护坡和护道的作用机制,确定了能够保持或抬高多年冻土上限的最佳厚度和粒径。通过改变路基阴阳坡面上的护坡厚度,可调节路基基底地温场的不均衡性。这项措施对解决多年冻土区路基不均匀变形具有重要作用。

图 3-21　碎石护坡措施

3)通风管措施

在路基内横向埋设水平通风管,冬季冷空气在管内对流,加强了路基填土的散热,降低基底地温,提高冻土的稳定性。通风管的降温效果受管径、风向及管内积雪、积沙的影响,特别是夏季热空气在管内的对流对冻土有负面影响。为解决这一问题,现场做了在管口设置自动控制风门的试验。当外界气温低时,风门开启,以利冷空气进入管内;当外界气温高时,风门关闭,以防热空气进入管内,如图 3-22 所示。

图 3-22　通风管措施

通风管路基的主要施工要点为:

(1)通风管以下路堤填筑。

通风管以下路堤填筑工艺与一般地区路基填筑施工相同,要严格按照"三阶段、四区段、八流程"工艺要求施工,合理划分路基施工的四区段,并在施工过程中进行标识。

施工中组织专业施工队伍,进行标准化作业,实现整个施工过程有序可控。通风管以下路堤填筑应填至高于通风管顶面设计高程 10 cm 位置。整平压实后,经平整度和压实度检测合格后方可进行通风管安放工序。

(2)通风管安放。

①及时进行通风管位置测量。

②采取人工配合机械开挖沟槽,沟槽的宽度和深度按通风管外径加宽、加深。沟槽自线路中心向两侧预留 4%的人字横坡。施工中利用挖掘机改装挖槽机进行施工,减少人力劳动强度。施工中采用半幅法施工,以便于施工车辆通行。

③将沟槽整理平顺,清除松土。

④在挖好的沟槽中按设计铺设中粗砂垫层。

⑤人工将通风管放入沟槽,摆放平顺,接头严密。混凝土通风管较重,可采用装载机吊装,人工配合安装。施工中注意两端通风管取齐,采用混凝土通风管时,通风管制作误差可在预制管节阔口端用插入深度调节。

⑥人工回填中粗砂将通风管与沟槽间缝隙填塞,并用平板振动夯实。

4)热棒措施

热棒是利用管内介质的气液两相转换,依靠冷凝器与蒸发器之间的温差,通过对流循环来实现热量传导的系统。当大气温度低于冻土地温时,热棒自动开始工作;当大气温度高于冻土地温时,热棒自动停止工作,不会将大气中的热量带入地基,如图 3-23 所示。针对当地的环境温度变化情况，确定符合实际的热棒工作参数，起到基底地温降低、冻土上限上升的良好效果。其工作机制详见图 3-24。

图 3-23　热棒措施

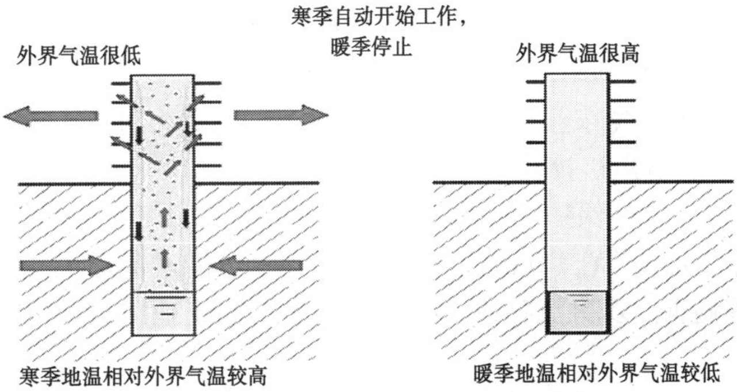

图 3-24　热棒工作原理

5）遮阳棚措施

在路基上部或边坡设置遮阳棚，可有效减少太阳辐射对路基的影响，减少传入冻土地基的热量。我们在风火山试验基础上，又在唐古拉山越岭地段设置了一处钢结构遮阳棚。现场测试表明，遮阳棚效果明显降低了路基基底的地温，提高了多年冻土的稳定性，如图 3-25 所示。这种措施可在一定条件下使用。

图 3-25　遮阳棚措施

6) 隔热保温措施

当路基高度达不到最小设计高度时，为减少地表热量向地基传递，采用挤塑聚苯乙烯等隔热材料，可起到当量路基填土高度同样的保温效果。如图3-26所示，实践表明，路基工程宜在地表以上0.5 m处铺设隔热材料，铺设时间选择在寒季末为好。隔热保温层在暖季减少了向地基传递的热量，但在冬季也减少了向地基传递的冷量，属于被动型保温措施。

图3-26　隔热保温措施

（六）多年冻土地区路基施工注意事项

（1）施工前应查明沿线冻土分布、类型、冻土上下限、冰层上限、地面水、地下水及有无其他如热融（湖、塘）、冰丘、冰堆等不良地质地段。

（2）施工必须严格遵循保护冻土的原则，使路基施工后仍处于热学稳定状态。路基原则上均应采取路堤形式，尤其在冰厚发育地段，并尽可能避免零填或浅挖断面，以免造成严重热融沉陷等病害。弱融沉陷或不融沉陷的多年冻土地区，路基施工可按融化原则进行。

（3）路基排水与加固除满足水力和土力条件外，还应考虑由于施工因素如排水系统修筑等引起的热力变化，导致多年冻土层上限的下降。

（4）填方路基施工应符合以下要求：

①排水。

当路基位于永久冻土的富冰冻土、饱冰冻土或含土冰层地段时，必须保持路基及周围的冻土处于冻结状态。排水系统与路基坡脚应保持足够距离。高含冰量冻土集中地段，严禁坡脚滞水，路侧积水，边坡应及时铺填草皮。

在少冰与多冰冻土地段，也应避免施工时破坏土基热流平衡。排水沟与坡脚距离不应小于2 m；沼泽湿地地段不应小于8 m。饱冰冻土及含土冰层地段，应避免修建排水沟和截水沟，宜修建挡水埝（堰），距坡脚不应小于6 m，若修建排水沟则不应小于10 m。

②基底处理。

填方基底为含冰过多的细粒土，且地下冰层不厚时，可挖除并用渗水性土回填压实，再填路基。

当基底为排水困难的低洼沼泽地段时，其底部应设置毛细水隔离层。其厚度宜在路堤沉落后至少高出水面0.5 m，并在其上铺设反滤层。泥沼地段路堤基底生长塔头草时，可利用其作隔温层。上述地段路堤应预加沉落度，并在修筑路面结构之前，路基沉降基本趋于稳定。

③路基高度。

路基高度应达到防止翻浆与不超过路基冻胀值要求的最小填土高度。按保持冻结原则施工的路段，应同时满足冻土上限不下降的要求。

④取土。

宜设置集中取土场。富冰冻土、饱冰冻土及含土冰层路段，确需就近解决部分土源时，应在路基坡脚 10 m 以外取土。斜坡地表路堤，取土坑应设在上坡一侧。取土坑深度均不得超过当地多年冻土上限以上土层厚度的 80%，坑底应有坡度，积水应有出口，水能及时排出；同时取土坑的外露面，宜用草皮铺填。

⑤填料。

填料应选用保温隔水性能均较好的细粒土。采用黏质土或透水性不良土填筑路堤时，要控制土的湿度，碾压时含水量不能超过最佳含水量的±2%。不得用冻土块或草皮层及沼泽地含草根的湿土填筑路基。通过融湖（塘）路堤，水下部分必须用渗水良好的土填筑，并应高出最高水位 0.5 m。

⑥压实。

压实检查应采用重型击实标准。成型后路床强度应符合设计要求，用不小于 20 t 的压路机或等效碾压机械进行碾压 2～3 遍，无轮迹和软弹现象。

⑦侧向保护。

靠近基底部位有饱冰冻土层且有可能融化时，宜设保温护道和扩脚。保温材料宜就地取材。用草皮时，草根应向上一层一层叠铺，最外一层应带泥，以便拍实形成保护层。沿线两侧 20 m 内植被和原生地貌应严加保护。

（5）挖方路基施工应符合以下要求：

①排水。

挖方路基地下水发育地段，路基边沟均应有防渗措施。路堑坡顶避免设置截水沟或排水沟，宜修挡水埝并与坡顶距离不小于 6 m，或必须修排水沟或截水沟，距挡水埝外距离不应小于 4 m。

②土质边坡加固铺砌厚度应满足保温层要求。如用草皮铺砌，应水平叠砌，错缝嵌紧，缝隙用黏土或草皮填塞严密，连成整体。草皮要及时铺填。

③饱冰冻土、含土冰层地段路堑，为防止开挖后基底冻胀翻浆，可根据需要换填足够厚度的渗水性土。

二、季节性冻融翻浆地区路基施工

季节性冻融地区的路基在冰冻过程中，土中的水分不断地向上移动，使路基上部的水分含量大大增加。春融期间，由于土基含水量过多，强度急剧降低，再加上行车的作用，路面会发生弹簧、裂缝、鼓包、冒泥等现象，形成翻浆，如图 3-27 所示。主要发生在我国北方各省及南方的季节性冰冻地区。

翻浆的发生，不仅会破坏路面，妨碍行车，严重的还会中断交通。因此，在翻浆地区修

图 3-27　路基冻融翻浆破坏

筑公路，对水文地质不良地段，要注意详细调查沿线地面水、地下水、路基土和筑路材料的情况，以便采取相应的处理措施。

（一）翻浆发生的过程及其影响因素

1. 翻浆发生的过程

秋季，是路基水的聚积时期。由于降水或灌溉的影响，地面水下渗，地下水水位升高，使路基水分增多。

冬季，气温下降，路基上层的土开始冻结，路基下部土温仍较高。水分在土体内，由温度较高处向温度较低处移动，使路基上层水分增多，并冻结成冰，使路面冻裂或隆起，发生冻胀。

春季（有的地区延至夏季），气温逐渐回升，路基上层的土首先融化，土基强度很快降低，以至失去承载能力，在行车作用下形成翻浆。

春季以后天气渐暖，蒸发量增大，冻层化透，路基上层水分下渗，土变干，土基强度又逐渐恢复，这就是翻浆发展的全过程，如图 3-28 所示。

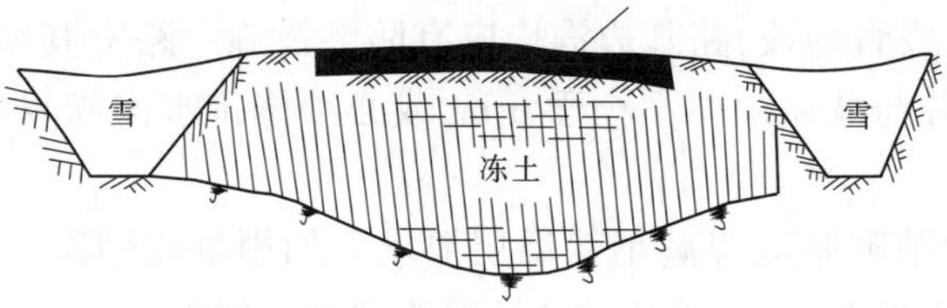

(a)冻结时

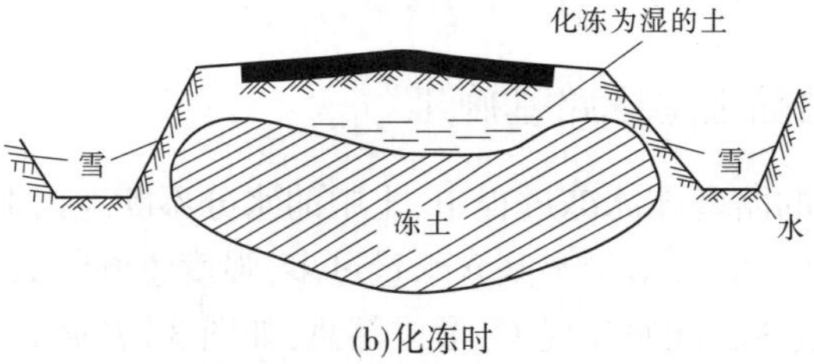

(b)化冻时

图 3-28　路基土壤冻融过程

2. 影响翻浆的因素

影响公路翻浆的主要因素有土质、温度、水、路面与行车荷载等，其中土质、温度、水是形成翻浆的三个自然因素，三者同时作用，才能形成翻浆。

（1）土质。粉性土是最容易翻浆的土，这种土的毛细水上升较高且快，在负温作用下水分聚流严重，而且土中水分增多时强度降低很快，容易丧失稳定。黏性土毛细水上升虽高，但上升速度慢。因此，只有在水源供给充足，并且在土基冻结速度缓慢的情况下，才能形成比较严重的翻浆。粉性土和黏性土含有大量腐殖质和易溶盐时，则更易形成翻浆。砂土在一般情况下都不会发生翻浆，这种土毛细水上升高度小，在冻结过程中水分聚流现象很轻，同时，这种土即使含有大量水分，也能保持一定的强度。

（2）温度。一定的冻结深度和一定的冷量（冬季各月负气温的总和）是形成翻浆的重要条件。在同样的冻结深度和冷量的条件下，冬季负气温作用的特点和冻结速度的大小对形成翻浆的影响也是很大的。除此之外，春天气温的特点和化冻速度对翻浆也是有影响的。

（3）水。翻浆的过程中，就是水在路基土中转移、变化的过程。路基附近的地表积水及浅的地下水，能提供充足的水源，是形成翻浆的重要条件。秋雨及灌溉会使路基土的含水量增加，使地下水水位升高，所以也会影响翻浆的发生。

（4）路面。公路翻浆是通过路面的变形破坏而表现出来，并按路面的变形破坏程度来划分等级的。因此，翻浆和路面是密切相关的。路面结构对翻浆也有一定的影响。

（5）行车荷载。公路翻浆是通过行车荷载的作用，最后形成和暴露出来的。当其他条件相同时，在翻浆季节，交通量愈大，车辆愈重，则翻浆也会愈多，愈严重。

（二）翻浆防治措施

（1）防止地面水、地下水或其他水分在冻结前或冻结过程中进入路基上部。例如，在路基中设置隔离层，做好路基排水，提高路基等。

（2）在化冻时期，可以将聚冰层中的水分及时排除或暂时蓄积在渗水性好的路面结构层中，如设置排水或蓄水砂（砾）垫层等。

（3）加强路面，改善土基。如采用石灰土、煤渣石灰土结构层或路基换土措施。

（4）在有些情况下，用一种处理措施，往往不能收到预想效果或不够经济合理，可采用两种或两种以上综合措施。

（三）季节性冻融翻浆路基施工要点

1. 排水

在施工前应认真了解地形及水文地质情况，凡是可能危害路基强度稳定性的地面水和地下水，均应采取有效的临时性或永久性措施，使水能迅速排至路基之外。路床面应保持良好的排水状态。从路堑到路堤必须修建过渡边沟并无阻塞现象。各层填土应有路拱，表面无积水。施工完，各式沟、管、井、涵等能形成完整有效的排水系统。

2. 路堤

（1）原地面处理。水文地质不良和湿软地段，可视情况在地表铺填厚度不小于 30 cm 的砂砾，或作局部挖除换填处理。

当路堤高度低于 20 cm 时（包括挖方土质路段），应翻松 30~50 cm，并分层整形压实，其压实度为93%~95%,高速公路、一级公路取高限,其他公路取低限。

(2)填料。宜选用水稳性良好的土填筑路基。路基上部受冰冻影响部位,应选用水稳性和冻稳性均较好的粗粒土。冻土、非渗水性过湿土、腐殖土禁止用于填筑各层路堤。压实时的含水量应控制在最佳含水量±2%范围内。

(3)取土场。宜设置集中取土场,排水困难地段更宜集中取土。

(4)碾压。各层表面碾压前应用平地机进行整平和修整路拱,切实控制松铺厚度以及填料的均匀性。压实后各层表面的平整度,用3 m直尺测量,其间隙高度不宜大于20 mm;形成后路床顶面应进行弯沉检查或用不小于20 t的压路机碾压检验有无软弹现象。

(5)路堤高度。应满足路基能全年处于干燥或中湿状态。修低路堤时,应根据具体情况采取相应技术措施。

(6)为使路基预拱度和稳定性满足设计要求,施工中各类冻融翻浆防治方法可综合选用。

3.路堑

(1)石方段超挖回填部位应选用符合要求的石渣,压实度不得低于95%,禁止使用劣质开山料或覆盖土回填或找平。超挖部分不规则或超挖不超过8 cm时,可用混凝土修补找平。整平层宜采用级配碎石或水泥稳定碎石、二灰稳定碎石类等半刚性材料。

(2)土质路或遇水崩解软化的风化泥质页岩等类路堑的路床压实度如不符合规定要求,应翻松压实或根据土质情况,换填符合路床强度并满足压实度要求的足够厚度的好土,然后加强排水措施,如封闭路肩、浆砌边沟等。

(3)有裂隙水、层间水、潜水层、泉眼等路段,应分别采取切断、拦截、降低等措施,如加深边沟和设置渗沟、渗管、渗井等。

项目六　多雨潮湿地区路基施工

多雨潮湿地区路基施工中主要出现的问题是水的影响和土含水量大。因此,多雨潮湿地区路基施工和相关处治方法的要点及应遵循的原则要求如下:

(1)路基施工时,应特别注意排水。机具停放地、库房、生活区域,都必须选在地势较高不易被水淹的地点,并要求有可靠的排水防洪设施,预防洪水造成危害。

(2)开工前的场地准备工作应特别注意排除地面水。低洼地带沿用地两边应开挖大断面的纵向排水沟并引向出水口,在纵向排水沟之间应挖掘横向排水沟并互相贯通疏干地表,以使地面不积水。

(3)多雨潮湿地区,原地面多为含水量过大的过湿土,应按下列方法处理:

①含水量过大的潮湿土深度在2 m以内时,可挖去湿土,换填适用的干土或挖方石渣、天然砂砾等,并分层压实到要求密实度。

②挖去淤泥后将土层湿土翻松耙碎掺5%~10%的生石灰粉压实,其层厚以能达到规定压实度为准,使之成为稳定土加固层。

③当有非风化大块石可利用时,在挖去软湿土后铺筑厚50 cm左右石块层,嵌填石渣后,用重型压路机碾压成形,再于其上填筑路堤。二级以下公路可采用抛填片石挤淤,整

理碾压成形后填筑路堤。

④当软土深度大于 2 m 时，应按前述的要求处理。

(4)利用潮湿土填筑路堤时，应按下列压实标准和方法进行。

①当天然稠度小于 1.1、液限大于 40、塑性指数大于 18 的黏性土用作高速公路、一级公路和二级公路上路床的填料时，应采取各种措施达到规定的压实度；上述土用作下路床及上、下路堤的填料时，当进行处治或采用重型压实机械确有困难时，可采用轻型压实机械，填料经翻拌晾晒分层压实后，压实度应符合表 3-9 规定要求。

表 3-9 路基压实标准(轻型)

填挖类型		路面底面计起的深度范围/cm	压实度/%	
			高速公路、一级公路	二级及以下公路
路线	上路床	0~30	—	≥95
	下路床	30~80	≥95	≥95
	上路堤	80~150	≥95	≥90
	下路堤	>150	≥90	≥90
路型路床		0~30	—	≥95

②碾压潮湿土填筑的路堤适宜的压路机形式、规格，填层的适宜厚度、所需碾压遍数和压实度，应通过试验确定。

③碾压完成后的路段，若不立即铺筑路面，且不须维持通车，应在路床顶面铺盖一层碾压紧密的防水黏土层或沥青封层。

④填料的天然稠度(指土的液限与天然含水量之差和塑性指数之比)为 0.9~1.0 时，宜将土摊开翻拌晾晒，当含水量接近最佳含水量时，即可碾压密实。

⑤填料的天然稠度在 0.5~0.9 时，宜在土中掺入生石灰等外掺剂拌和均匀后，分层填筑压实。潮湿黏性土经添加外掺剂处理后，其压实度应达到规定要求。

(5)多雨潮湿地区，土的含水量大，地下水水位高，容易影响路基稳定，填方边坡宜采用浆砌护坡防护。二级以下公路也宜采取相应的防护措施。

(6)路堤填筑每层表面宜做成 2%~4%的横坡以利排水，当天的填土，必须当天完成压实。

(7)路堤坡脚护坡道外，应设置加大断面的石砌边沟，以降低地下水水位。

习题演练

学习模块三 课后习题

学习模块四 路基排水设施施工

学习目标

【知识目标】

完成本学习模块的学习，使学生能够熟练掌握路基排水工程的类型、结构、设计原理和工程量计算的方法；掌握路基排水工程施工的工艺流程及施工方法；掌握路基排水工程质量检测的原理及质量评定的方法。

【能力目标】

学生能够正确地使用图纸；理解施工图纸的意义，能够合理地完成工程量计算；能够按照图纸进行路基排水工程施工并完成质量检测工作。

模块设计

【实施时间】

(1)开工前；

(2)路基施工过程中。

【实施地点】

施工现场。

【实施人员】

材料员、试验员、测量员、施工技术人员、质检员、资料员、管理人员、设计代表、监理人员等。

【实施内容】

(1)会看排水工程的设计图纸，能够完成工程量计算；

(2)路基排水工程施工；

(3)路基排水工程竣工验收。

【职业素养】

领会党的二十大会议精神，把会议的精髓践行到路基排水工程的设计方案与施工方法之中，训练学生收集和处理信息、获取新知识的能力、综合运用所学知识分析和解决问题的能力，形成良好的思维习惯、工作方法和科学态度，在未来的工作岗位上有能力进一步学习新技术，解决新问题，并且要提高环保意识，保护生态文明。

项目一　地面排水设施的构造与施工

公路路基和路面结构的变形和破坏,很大程度上是由于水的存在造成的。水是导致道路失效的主要原因之一。好的道路排水能够延长道路的使用寿命。要维持公路足够的支撑能力,延长公路的使用寿命,就必须有一个好的排水系统。拥有良好排水系统的现代公路的设计寿命要比没有排水系统的公路高出 2~3 倍。因此,必须十分重视路基的排水设计。

危害路基的水可分为地面水和地下水两大类。地面水包括大气降水(雨或雪)后在地表形成的径流、低洼积水和路基上侧流向路基的地表水。这些雨、雪和江河湖水会对路基产生冲刷和渗透。冲刷可能导致路基整体稳定性受损害,形成水毁现象;渗入路基土体的水分,使土体过湿而降低路基强度。

地下水是指地表以下岩石或土层的孔隙、裂隙中的水,包括上层滞水、潜水、层间水等。这些泉水、毛细水和间隙水等会对路基的危害程度因埋藏情况、流量大小而异,轻者能使路基湿软,降低强度及其承载力;重者会引起路基冻胀、翻浆或边坡滑坍,甚至整个路基沿倾斜基底滑动。

考虑排水的原则首先要查清水源,结合农田水利进行全面规划,排除隐患。水沟宜短不宜长,及时疏散,就近分流。要充分利用地形,不宜挖深沟,以减少水土流失。设计要注意因地制宜、就地取材,结构应经济实用,并作出优化选择。

路基排水的目的是减小路基的湿度,保证路基常年处于干燥或中湿状态,确保路基路面的结构稳定。路基排水系统指为保证路基稳定而采取的汇集、排除地表或地下水的措施,以确保路基始终处于干燥、坚实和稳定状态。其任务就是将路基范围内的土基湿度降低到一定的范围。路基排水工作应贯穿设计、施工及养护的全过程。

地面排水设施

路基地面排水结构物(统称沟渠)常见的类型有边沟、截水沟、排水沟、跌水、急流槽、拦水带、蒸发池、渡槽、倒虹吸等。高速公路、一级公路应有自身的地表排水设施。各种沟渠分别设置在路基的不同部位,各自的主要功能、布置要求或构造形式,均有所差异。

一、边沟

边沟一般设置在路堑、矮路堤、零填零挖路基及陡坡路堤边缘外侧或坡脚外侧,主要用来汇集和排除路基范围之内和流向路基的少量地面水。边沟深浅和横断面大小,随地面降水量大小而定。边沟的排水量不大,一般不需要进行水力水文计算,依沿线具体条件,选用标准横断面形式。

(一)边沟的横断面形式

按照岩土性质和施工方式的不同,边沟横断面可筑成梯形、流线形、三角形和矩形。如图 4-1 所示。

一般情况下,土质边沟宜采用梯形;石质边沟宜采用矩形;矮路堤或机械化施工时可

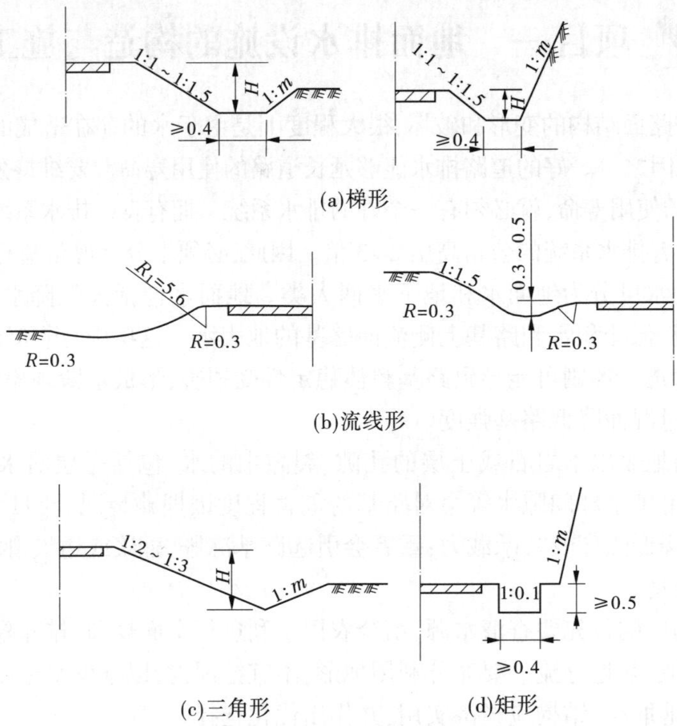

图 4-1 边沟的横断面形式示意图 （单位:m）

采用三角形。流线形边沟是将路基边缘的边角整修圆滑,防止路基旁侧积砂或积雪,并可改善道路的景致、增进美观。因此,流线形断面在国外公路较为普遍。

(二)边沟断面尺寸

边沟的深度一般取 0.4~0.8 m,边沟的底宽不应小于 0.4 m。高速公路、一级公路边沟的底宽、深度不应小于 0.6 m,其他等级公路边沟深度和底宽一般不小于 0.4 m,在水流较多的情况下,须根据流量大小适当加宽或加深边沟的断面尺寸。干旱地区的深度可小到 0.2 m。

通常土质边沟多采用梯形,梯形边沟的内侧(靠路基一侧)边坡一般为 1:1~1:1.5;另一侧与路堑边坡相同;有碎落台时,外侧也可采用 1:1;机械化施工时,土质边沟多采用三角形,三角形边沟的边坡内侧一般为 1:2~1:4,外侧为 1:1~1:2;石方地段边沟多采用矩形,矩形边沟的内侧边坡视其强度可用直立,亦可稍有倾斜(1:0.5)。浆砌边沟内侧边坡可直立;各种沟渠外侧边坡可参照挖方路基与挖方边坡一致。

(三)边沟的纵坡与长度

边沟应该有一定的纵坡,一般应与路线纵坡一致,一般情况下以 1%~2%为宜,并不宜小于 0.5%,以防淤积,在特殊情况下容许减至 0.3%。当沟底纵坡大于 3%时,应对边坡进行加固;当纵坡超过 6%时,水流速度大且冲刷严重,可采用跌水或急流槽的形式缓冲水流。另外,在设置超高的平曲线区段内,挖方地段路基内侧标高的改变,可能形成边沟积水,危害路基,因此应注意使平曲线段边沟沟底与曲线前后沟底平顺衔接。路线纵断面设计时，各级公路的长路堑路段，以及其他横向排水不畅的路段，均应采用不小于0.3%的纵坡，从而兼顾边沟设置的需要。

一般情况下，边沟不宜与其他沟渠合并使用，为防止边沟中水流漫溢或冲刷，边沟的单向排水长度一般不宜超过300~500 m（特殊情况200 m）。若超过此值，则添设排水沟或涵洞，将水引出路基范围以外。

（四）边沟出水口处理

在由路堑过渡到路堤，边沟沟底到填土坡脚高差过大处；山坡路基在大坡下的回头曲线处；边沟水引向桥涵进口处等，水流均有冲刷路基边坡，或使桥涵进口淤塞，或冲毁构造物的危险，必须采取妥善措施予以解决。目前，常用排水沟、跌水或急流槽将边沟所汇集的水引至低洼地、天然河流处。在回头曲线处，应顺着原来边沟方向沿山坡开挖排水沟，将水引出路基范围以外。

在路堑与路堤接合处，边沟沟底纵坡一般较陡。当边沟底与填土坡脚高差较大时，应结合地形与地质等具体条件采取以下两方面措施：

（1）设置排水沟，将路堑边沟水沿出口处的山坡引向路基范围以外，使之不致冲刷填方边坡。

（2）自边沟与填方毗连处设跌水或急流槽，将水流直接引到填方坡脚之外，如图4-2所示。

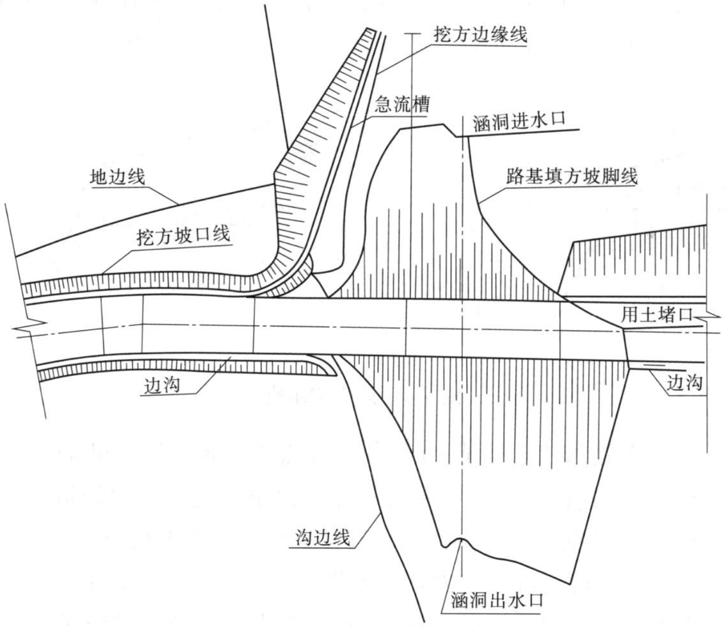

图4-2　路堑与高路堤衔接处边沟排水

图4-2所示为路堑与高路堤衔接处的边沟排水示意图。在设置超高的平曲线上，挖方地段路基内侧标高的改变，可能形成边沟积水，危害路基路面。因此，应注意使平曲线段的边沟纵坡与直线段纵坡平顺衔接，以保证水流畅通。在路基外侧，边沟应适当加深，其增加值等于各断面的超高值。若在平曲线内调整边沟确有困难，可在平曲线前适当位

置增设涵洞,减少曲线段边沟的流量。

当边沟的出口与桥涵的高差较大时,为避免边沟流水冲刷,应作如下处理:

(1)在涵洞进口处设置雨水井,如图4-3所示,或根据地形需要,在进口前设置急流槽与跌水等构造物,将水流引入涵洞。

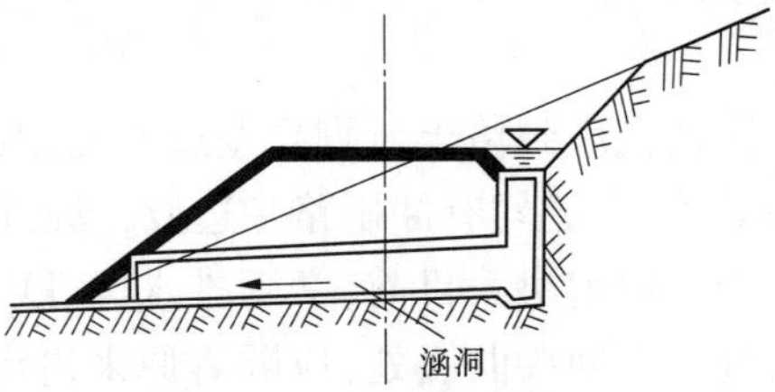

图4-3 边沟水流流入涵洞前的雨水井(单级跌水)

(2)在桥头翼墙或挡土墙的后端,设置急流槽或跌水,将水引入河道。

二、截水沟

截水沟又称天沟,一般设置在路堑坡顶或斜坡路堤以外适当的自然坡面上,为了拦截山坡上方流向路基的地表水(自然坡面的径流),使其不致沿着边坡流入路基之内,保护挖方边坡和填方坡脚不受流水冲刷,以减轻边沟的排水负担。降雨量较大、暴雨频繁,植被较差的山区路段,必要时可设置两道或多道截水沟。截水沟的位置,应尽量与绝大多数地面水流方向垂直,以提高截水效能和缩短沟的长度,如图4-4所示。

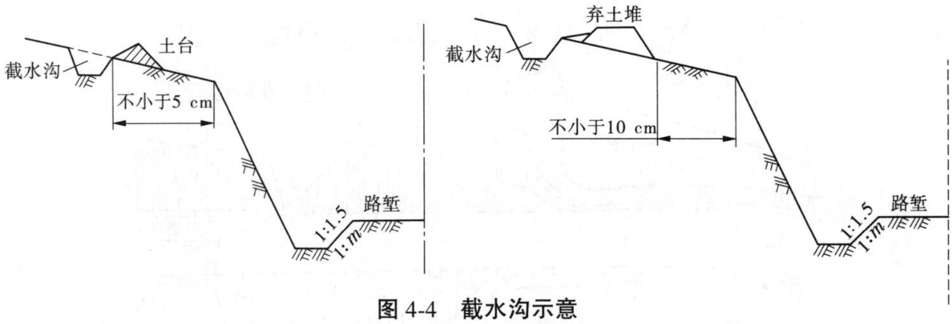

图4-4 截水沟示意

图4-5所示为路基边坡上方设置的截水沟示意图。截水沟的断面形状,一般多为梯形,底宽、深度一般不宜小于0.5 m,必要时按设计流量确定。其边坡坡度视土质而定,常采用1∶1~1∶1.5。为保证迅速排除地面水,沟底纵坡不应小于0.5%。

截水沟必须排水迅速,不得在沟内积水或沿沟壁土层渗水,否则会加剧路基病害的形成,而有可能成为边坡滑坍的顶边线。所以,截水沟应设有合适的纵坡度,沟底纵坡不应小于0.3%,亦不可太大(大于3%),以免总水流冲刷严重,一般取用1%~2%。对土质地段截水沟,还应适当加固,以保证不渗水和冲刷。截水沟处应综合利用地形,合理布置。若因地形限制,附近又无出水口,可分段考虑,中部以急流槽衔接;若由于地形限制,汇流量大,将截水沟引至自然沟或路堤地段有困难,引入边沟又将过大增加路基挖方,则应综合考虑,可在挖方较低处增设急流槽或涵洞,直接将水引至路基的另一侧,排至路基范围以外。

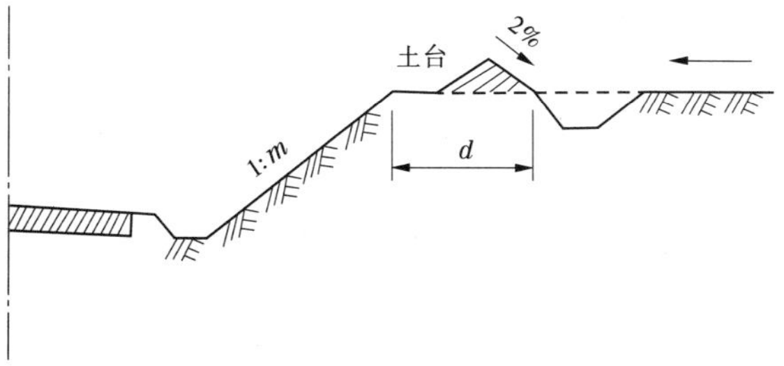

(a)挖方边坡上方设置的截水沟

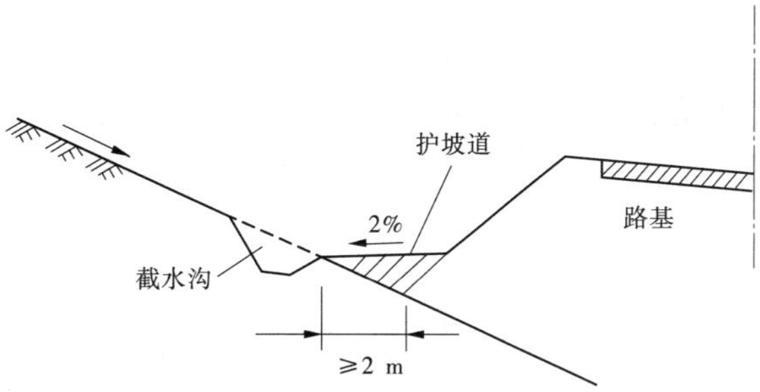

(b)填方路段上的截水沟

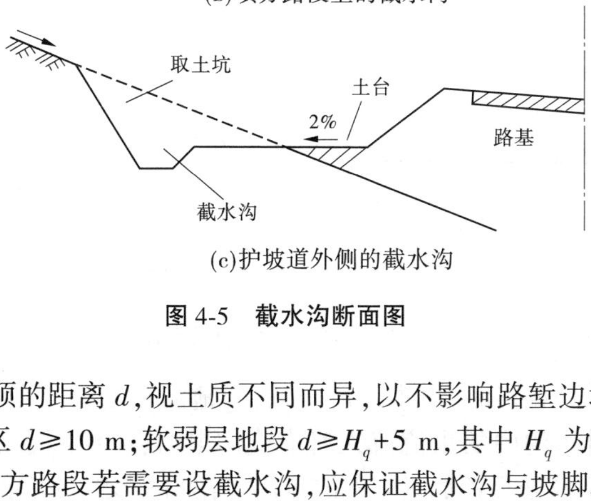

(c)护坡道外侧的截水沟

图 4-5　截水沟断面图

截水沟离路堑坡顶的距离 d，视土质不同而异，以不影响路堑边坡稳定为原则，一般土质 $d \geqslant 5$ m；黄土地区 $d \geqslant 10$ m；软弱层地段 $d \geqslant H_q+5$ m，其中 H_q 为挖方边坡高度，但不应小于 10 m。山坡填方路段若需要设截水沟，应保证截水沟与坡脚之间有 2 m 的间距。截水沟挖出的土，可在路堑与截水沟之间修成土台，台顶应筑成 2% 倾向截水沟的横坡，土台坡脚离路基坡顶应有大于 1 m 的距离。截水沟在转弯处应以曲线连接，使水流畅通。

截水沟也应设有可靠的出水口，与其他排水设施平顺衔接，截水沟的出水口，可用排水沟或跌水、急流槽相连接，将水引至山坡一侧的自然沟中或桥涵进水口处。为防止水流下渗，在土质松软、透水性较大或裂隙较多的岩石路段，应对沟渠加固。沟底纵坡较大的土质截水沟，为防止冲刷，沟底亦应加固，必要时设跌水或急流槽，将水流排入截水沟所在山坡一侧的自然沟中，或直接引到桥涵进口处，应避免排入边坡，或者在山坡上任其自流，造成冲刷。

三、排水沟

排水沟是一种人工沟渠,用来汇集路基边沟和截水沟中的流水,一般引至桥涵或路基范围以外的天然河沟或低洼地。也可用排水沟连通取土坑或路基附近低洼处的积水,引至桥涵等处水道中排泄。设置排水沟的目的,在于用来将水流从路基排至路基范围以外的低洼处或排水设施中。在平丘区,当原有地面沟渠蜿蜒曲折,并且影响路基稳定时,可用排水沟来改善沟渠线路。有时为了减少涵洞数量,也使用排水沟来合并沟渠。

排水沟的横断面大小,视汇集和排泄的水量经水文计算而定,通常都大于边沟横断面。排水沟的横断面形式,应随地质情况选定,土质地段多为梯形,底宽、沟深均不宜小于0.5 m。土沟的边坡坡度为1:1~1:1.5。石质地段多为矩形。

排水沟的位置灵活性很大,可根据需要并结合当地地形条件而定,离路基尽可能远些,距路基坡脚不宜小于3~4 m。排水沟线形要求平顺、直捷,需要转弯时转弯处做成弧形,其半径尽量采用较大值,不宜小于10~20 m。沟的连续长度一般不宜超过500 m。沟底纵坡应不小于0.5%,以1%~3%为宜,纵坡大于3%时,需要加固,大于7%时,则应改为跌水或急流槽。一般情况下,排水沟底是等宽的。沟底宽度不同时,要求徐缓相接,如图4-6所示。沟底渐变宽的长度按下式计算:

$$\frac{b_2 - b_1}{L} = \frac{1}{5} \sim \frac{1}{10} \tag{4-1}$$

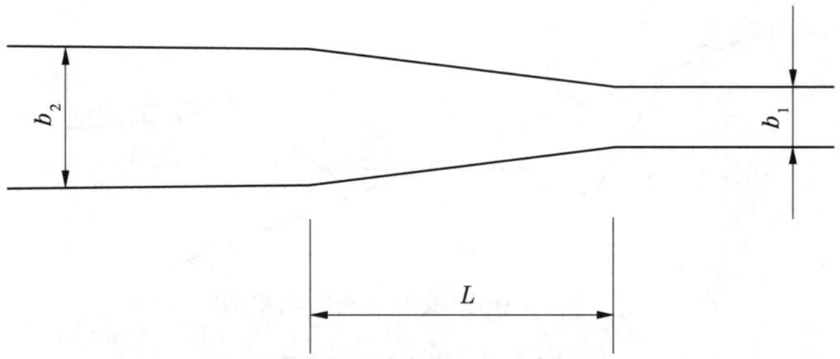

图4-6　沟底宽度的渐变段

排水沟与其他沟渠相接时,力求水流舒顺,因地形限制呈直角相交时,可按图4-7所示的形式处置。当排水沟中的水流流入河道或沟渠时,应使原水道不产生冲刷或淤积。一般应使排水沟与原水道两者水流方向的流向成锐角相交,并力求小于45°,保证汇流处水流顺畅,如限于地形,锐角连接有困难,可用半径$R=10b$的圆弧线形(弧长等于1/4圆周,b为排水沟顶宽),如图4-7所示。

四、跌水与急流槽

一般在重丘、山岭地区,地形险峻,排水沟渠纵坡较陡,水流陡急,冲刷力强,为减小其流速,降低其能量,防止对路基形成危害,多采用跌水或急流槽。沟底纵坡较陡的桥涵,为使水流稳定而顺利地通过,也可将其涵底及涵洞进出水口做成跌水或急流槽。此外,若必须沿高边坡将水流排至坡脚,可将截水沟接向边沟,为避免边坡受到冲刷,以及需要减速消能的排水设施时,均可采用跌水或急流槽。

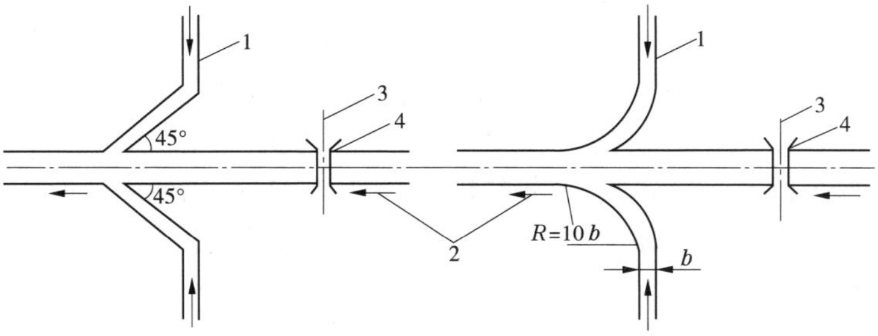

1—引水沟；2—其他沟渠；3—路中线；4—桥涵。

图 4-7　沟渠连接示意

跌水与急流槽两者均为人工排水沟渠的特殊形式，用于陡坡地段。在陡坡或深沟地段设置的沟底为阶梯，水流呈瀑布跌落式通过的沟槽称为跌水。其作用是在较短的距离内，降低水流流速，消减水流能量。在陡坡或深沟地段设置的坡度较陡，水流不离开槽底的沟槽称为急流槽，急流槽是具有很陡坡度的水槽，其作用是将上下游水位差较大的水流引至桥涵进口或路基下方，在很短的距离内，水面落差很大的情况下进行排水。跌水、急流槽纵坡大、水流湍急、冲刷作用严重。因此，两者一般均需用浆砌石块或水泥混凝土砌筑，且基础应埋设牢固。跌水、急流槽的形式、断面尺寸和位置的确定，必须保证宣泄全部水流。根据水力计算，确定加固形式，并在适当地点与桥涵进口连接。两者既可单独采用，也可以与其他排水构造物联合采用，形成完整的排水系统。

(一)跌水的一般构造与布置

按照水力计算特点，跌水的构造可分为进水部分、消力池和出水部分三个组成部分，如图 4-8 所示。

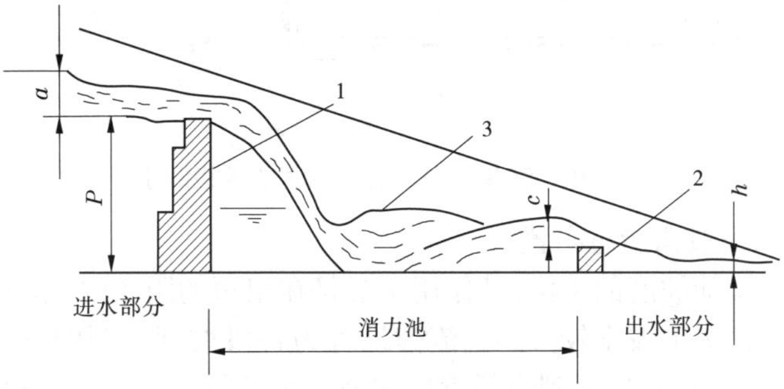

1—护墙；2—消力槛；3—墙身；P—护墙高；c—消力槛高；a—上游水深；h—下游水深。

图 4-8　跌水示意图

跌水有单级和多级之分，如图 4-9 所示。单级跌水适用于水位落差较大，需要消能或改善水流方向的沟渠连接。图 4-10 所示为路基边沟水流入涵洞前设单级跌水的窨井。当陡坡较长时，为减缓水流速度，并予以消能，可采用多级跌水，如图 4-11 所示。各个组成部分的尺寸，由水力计算而定。一般情况下，如果地质条件良好，地下水水位较低，设计流量小于 1.0~2.0 m^3/s，跌水台阶（护墙）高度 P，最大不超过 2.0 m。常用简易多级跌水，P 值为 0.3~0.6 m。护墙要求石砌或混凝土浇筑。墙基埋置深度约为水深 a 的

1.0~1.2 倍,并不得小于 1.0 m,且埋入冰冻线以下;石砌墙厚不小于 0.4 m,混凝土为 0.25~0.30 m。消力池起消能作用,要求坚固耐用,槽底宜有 2%~3%的纵坡,底厚 0.2~0.4 m,槽壁高出计算水深的 0.2 m 以上,壁厚与护墙类似;消力池末端设消力槛,其高度 c 依计算而定,比池内水深低些,约为(0.2~0.3)P,一般取 0.15~0.20 m;槛顶厚度约为 0.3~0.4 m,底部预留 5~10 cm 孔径的泄水孔,间距 1~2 m,以便断流时池内不致积水。跌水两端的土质沟渠,宜适当加固,保持水流畅通,不致使跌水产生淤塞或冲刷。

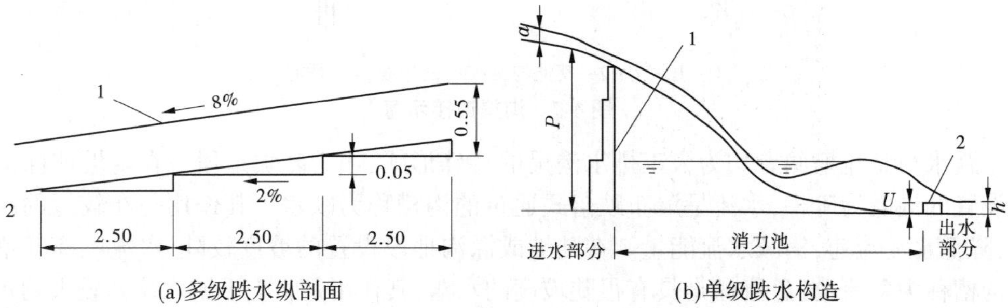

(a)多级跌水纵剖面　　(b)单级跌水构造

1—跌水墙 ;2—消力槛。

图 4-9　跌水示意

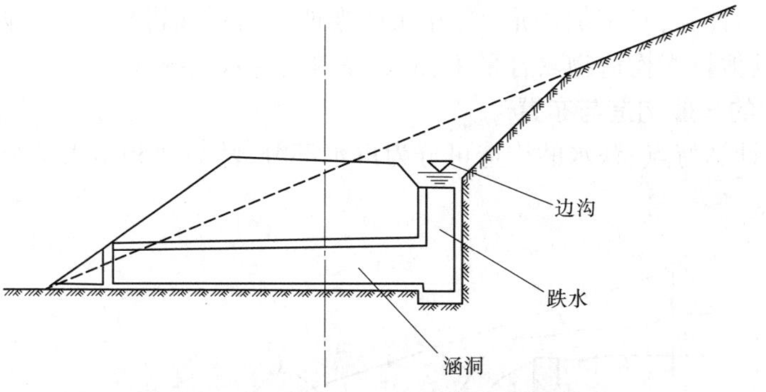

图 4-10　路基边沟水流入涵洞的单级跌水

(二)急流槽的一般构造与布置

急流槽是具有很陡坡度的水槽,其作用主要是在很短的距离内,水面落差很大的情况下进行排水。通常情况下坡度较大的急流槽设置为各段坡度不同的阶梯状,并在每一个阶梯内设置消力墙(跌水),以达到降低流速和消减水的能量的作用,防止对边坡、边沟及道路的冲刷。

急流槽的纵坡,比跌水的平均纵坡更陡,故要求其结构坚固、稳定、耐用。急流槽的结构可分为进水口、槽身和出水口三部分,进出口与槽身连接处因断面不同需设过渡段,如图 4-12 所示。为使出水口水流流速与下游的容许流速相适应,槽底可用几个坡度,上段较陡,向下逐渐放缓,以达到降速、消能作用。若急流槽末端流速过大,可在出口处设置消力池,或与跌水联合使用。

急流槽要求用石砌或混凝土修筑,甚至在岩石坡面上开槽。临急使用时,可用竹木结构做成竹(木)槽。

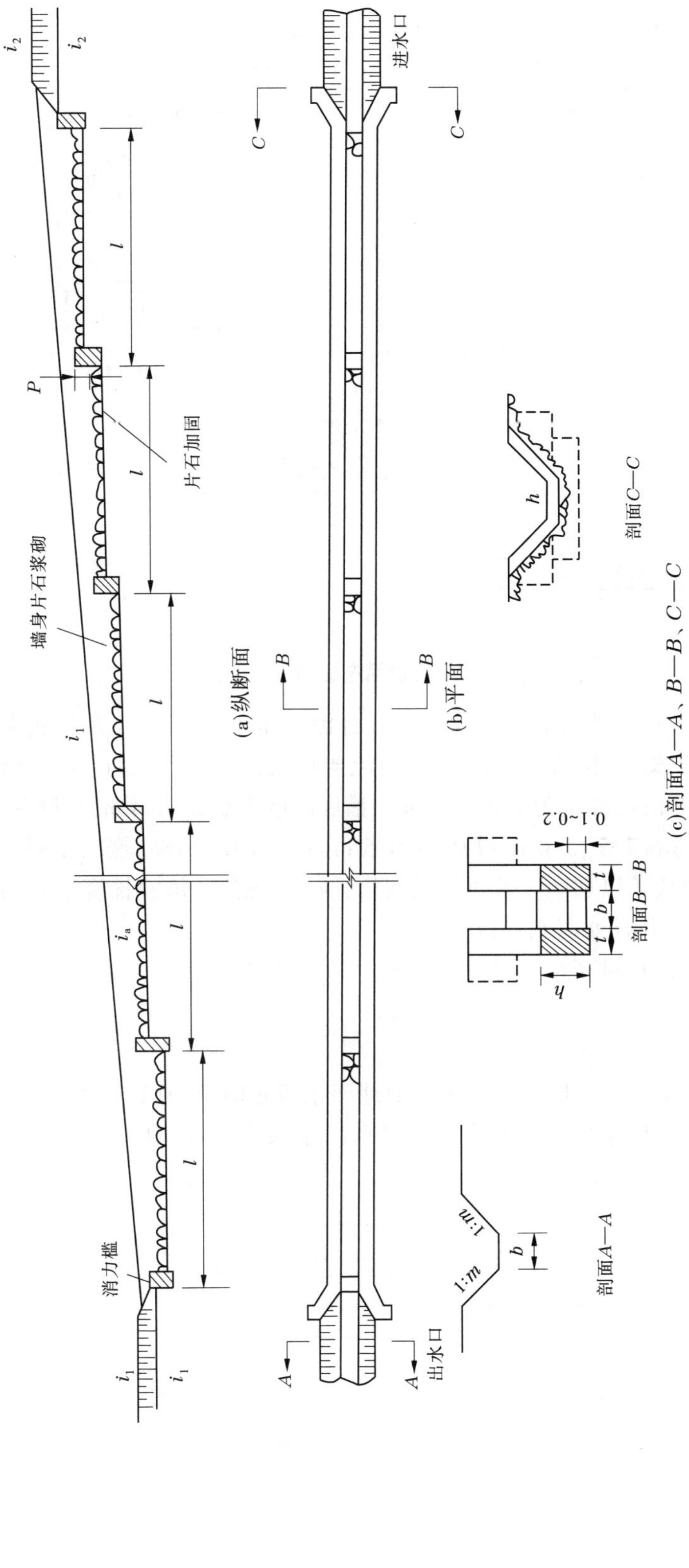

图 4-11　固定底宽的多级跌水结构图

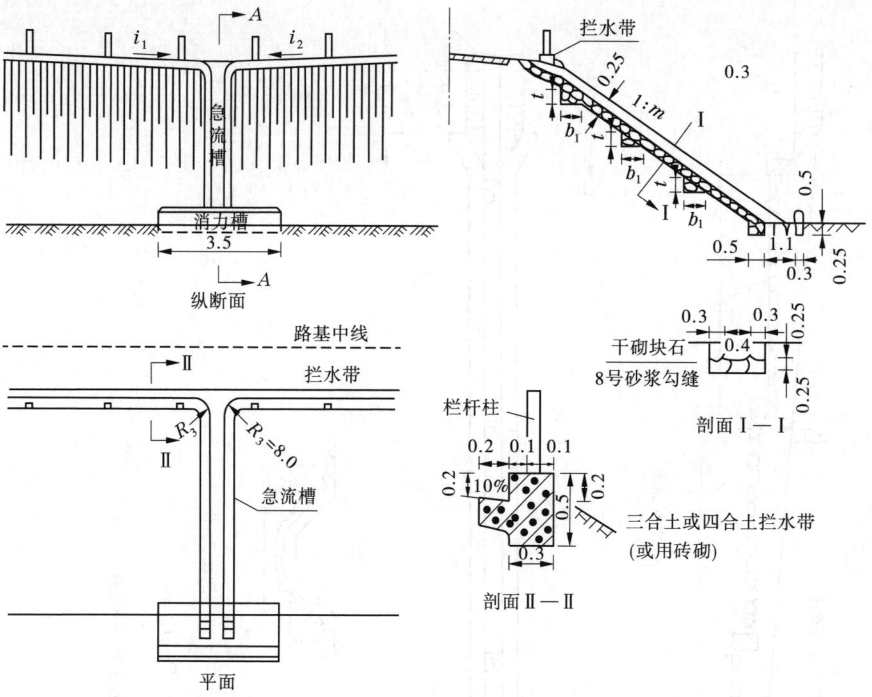

图 4-12　急流槽布置图

急流槽的主要尺寸,由水力计算而定。若设计流量小于 1.0 m^3/s 及槽底纵坡 1∶1～1∶1.5,可参照图 4-12 及下列经验数据使用。急流槽纵坡,一般不宜超过 1∶2;槽壁厚度,浆砌块石为 0.3～0.4 m;混凝土为 0.2～0.3 m。槽底厚度为 0.2～0.4 m,水槽壁应高出计算水位至少 0.2 m,每隔 2.5～5.0 m 设 0.3～0.5 m 深的耳墙(凸榫)嵌入基底,以防止滑动。进水口与出水口应予以加固。若急流槽较长,应分段砌筑,每段长度不宜超过 5～10 m,预留伸缩缝,接头处用防水材料填缝。

为防止或减缓路面水对高路堤边坡的冲刷,可在路堤边坡上设急流槽。

五、蒸发池

路线穿越平坦地形,地面排水困难,无法把地面水排走时,可在距离路基适当的地方设置蒸发池,引水入池,依靠自然蒸发或下渗将水排除,如图 4-13 所示。池的容积,按汇水流量决定,深可达 1.5～2.0 m。

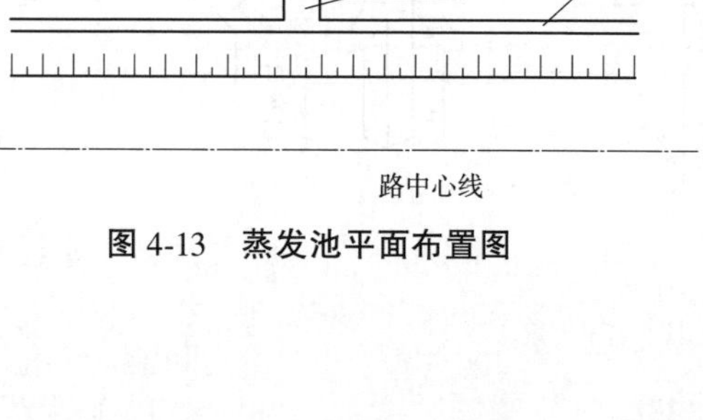

图 4-13　蒸发池平面布置图

地面排水沟渠的加固处理

为了防止水流对排水沟渠的冲刷与渗漏，美化路容，提高公路使用品质，应采取各种措施对沟底和沟壁予以加固。沟渠加固类型与土壤类型、当地材料、公路等级、水流速度和沟底纵坡有关。其中，沟底纵坡是选择加固类型的重要依据。公路工程中沟渠加固的类型及适用条件见表 4-1。

表 4-1 中三合土一般指石灰:黏土:碎(砾)石:1:3.3:2.3(体积比)的土缺乏黏土地区可用炉渣代替。在三合土中掺入适量的水泥，则为四合土。为提高抗渗能力，在干砌片石表面采用水泥砂浆勾缝或抹面。常见的各种沟渠加固断面图如图 4-14 所示。

表 4-1　沟渠加固类型及适用条件

序号	型式	加固类型	使用条件			一般边坡坡度	铺砌厚度/cm
			沟底最大纵坡/%	容许流速/(m/s)	周壁土质密实程度		
1	简易式	土沟表面夯实	1.5	0.8	胶结	1:0.5~1:1	
2	干砌式	铺草皮	1.5	0.8	密实	1:1~1:1.5	
3		三合土或四合土抹面	3	1.0~2.5	中密	1:1~1:1.5	10~25
4		单层干砌片石	3~5	2	密实，无渗漏	1:1	15~25
5		单层栽砌卵石	3~5	2~2.5	密实无渗漏	1:1~1:1.5	15~20
6		干砌片石水泥砂浆勾缝	3~5	2~2.5	密实，有渗漏	1:1~1:1.5	15~25
7		干砌片石水泥砂浆抹面	3~5	2~2.5	密实，有渗漏	1:1~1:1.5	20~25
8	浆砌式	浆砌片石	5~7	>4	各种土质	1:0.5~1:1	25~30
9		混凝土预制块	5~7	>4	各种土质	1:0.5~1:1	6~10
10		砖或片石砌矩形水槽	5~7	>4	密实	垂直	30~50
11		跌水或急流槽	>7	>4	各种土质	1:0.1~1:1.5	变化

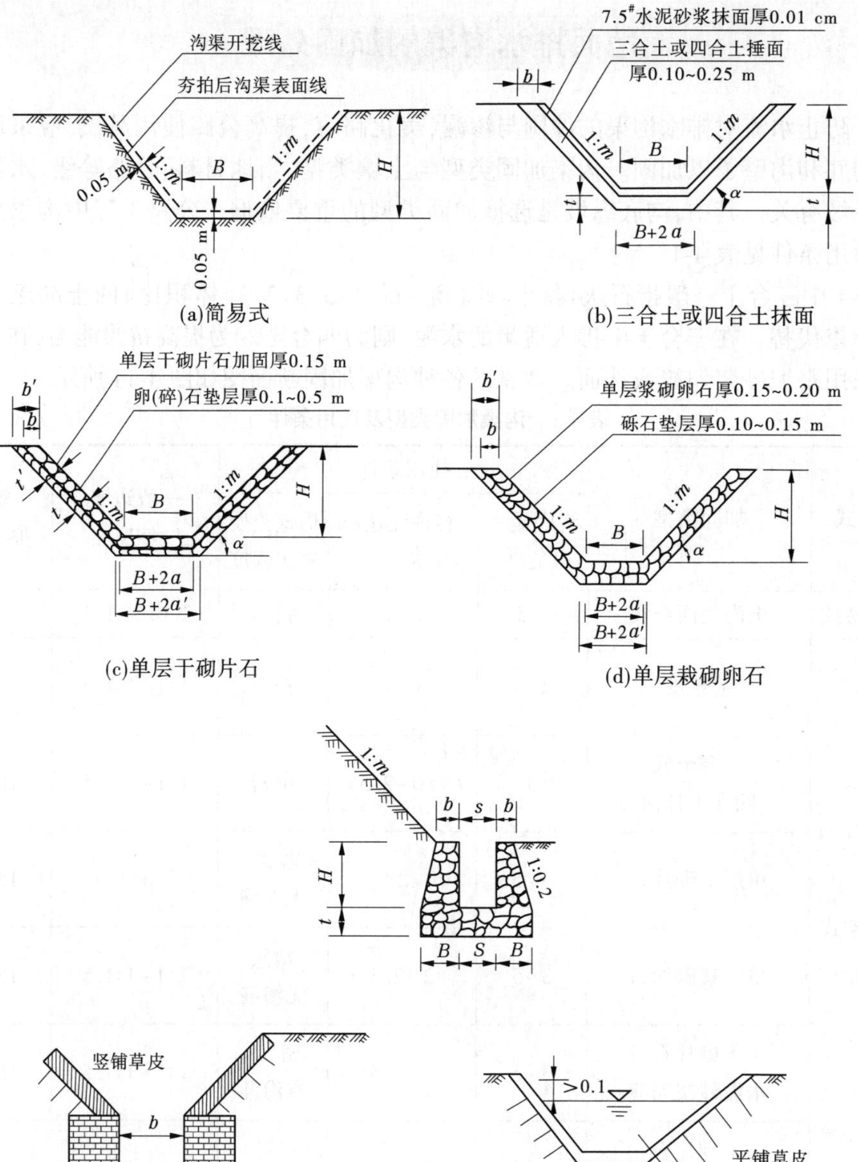

图 4-14　沟渠加固断面图

边沟施工

边沟、截水沟与排水沟的施工工艺和施工方法有许多相似的地方，下面以边沟为例说明地面排水设施的施工过程。

边沟的施工大体包括如下工作内容：

施工准备（清理现场、核查设计布置是否合理、组织施工人员及施工机械、材料准备）→测量放样→撒石灰线（机械开挖）或挂线（人工开挖）→沟槽开挖→人工修整→验槽→边沟加固（边沟沟底纵坡大于3%时，或土质边沟采用矩形断面时，或需要防止边沟水流下渗时）。

公路的用地比较紧张，其边沟、排水沟和碎落台截水沟大多采用矩形断面形式，通常需要结合其他防护工程进行加固处理。高等级公路路面汇水面积较大，另外，有些山区公路的挖方边坡较高、较长，从边坡汇入边沟的水流流量亦较大，标准断面尺寸（沟心尺寸）为60 cm×60 cm、80 cm×80 cm、100 cm×100 cm。为了行车安全和增加路面视觉宽度，通常需要在边沟顶面加带槽孔的混凝土盖板。因此，高等级公路的边沟施工工艺可表示为：全站仪定位放样→撒石灰线→挖机（或人工）开挖沟槽→人工修整→验槽→砌筑沟底→砌筑沟帮→检查沟底、沟帮→沟底、沟帮抹面或勾缝→运输盖板→清除边沟淤积及沉降缝封缝→安装盖板→找平外露边沟顶面。

边沟的施工方法：各种断面的边沟根据条件及设计尺寸大小，可采用不同的施工方法。

一、土质边沟的施工方法

沟槽测量放样，可根据设计图纸尺寸，利用经纬仪及钢尺或皮尺从中桩引测，或利用全站仪从测量控制点引测，放样点间距直线段一般为10 m一点，曲线段根据转弯半径大小为2~5 m一点。

放样时，应核查边沟设计位置是否合理，是否与公路设施及建筑物位置发生冲突；降坡是否过大或过小，过大是否需要采取加固措施，过小是否会产生积水或漫流现象；与其他防排水措施交接处是否会发生错位或冲刷，是否需要进行防冲加固；出水口水流是否顺畅，是否会发生冲刷危害，是否应采取消能或提高抗冲刷的加固措施；边沟转弯半径是否符合有关要求，是否应在外侧加高和加固。设计存在不合理的地方或存在需要完善的地方，须及时向有关单位进行汇报，并对设计进行修改和完善。

放样之后，应进行现场清理，清除杂草、灌木、有机质土及覆土等杂物，平整场地及进行施工临时排水。

低等级道路，或降水量较少的地区，边沟设计尺寸亦较少，通常采用人工开挖沟槽。反之，高等级道路，或降水量较大的地区，边沟设计尺寸亦较大。为了保证施工质量和工期，大多采用人工配合挖掘机开挖。在纵向，一般应从下游向上游开挖。

如果采用人工开挖，测量放样后，挂线施工。施工时一般采用分段开挖的方法，每一段可以分层开挖，从上至下，逐渐成形，也可以全断面开挖，先开辟一个工作面，修整成设计断面,然后往前推进,每一个断面都一次成形。

如果采用机械开挖,应该先放样,然后撒石灰线,挖土机开始工作。开挖过程中,最好欠挖,人工修整到位,不能超挖。如果出现超挖,超挖部分用浆砌片石或其他加固材料找补。

开挖时尽量不扰动原状土,当采用机械开挖,可适当欠挖,边挖边测量控制,沟底高程用水准仪实测控制,最后用人工修整。修整时以一定长度(一般为 10 m,曲线段按半径大小为 2~5 m)按设计尺寸定一标准断面,在两标准断面间拉线,按线修整,也可用断面样板(由轻质木板订成)或皮尺或钢尺逐段检查,反复修整,直到符合设计要求。雨季施工时基坑开挖必须采取防止坑外雨水流入基坑的措施,坑内雨水应及时排出。

(一)边沟施工放样的实施

1.路堑边沟实地放样技术

1)用钢尺(或皮尺)拉距法标定边沟中心点位

(1)在直线段:由于边沟中心至中桩距离在每一横断面都相等(如表 4-2 中边沟中心至中桩距离都是 13.50 m),所以一般情况下,只要放出边沟起点和终点,然后在其间拉一条直线,每间隔一等距(一般为 25 m),加一桩位。如果边沟较长,可每百米放一桩,然后拉线加桩。

放样方法:用钢尺(皮尺)自边沟起点(终点)的中桩,沿中桩—边桩方向线拉紧尺,按设计的沟中心至中桩距离定点打桩固定。

(2)在曲线段:如线路是曲线,此段边沟应与主线路曲线弯向一致。此段边沟放样,仍可用钢尺拉距法标定沟中心点位,只是由于是曲线,应在每个中桩拉距定桩,且在施工铺砌时,注意交点处应圆滑顺适。

上述边沟中心点放样,若条件可能,亦可用全站仪坐标法放出。

2)用水准前视法标定边沟中心点设计高程

(1)用水准前视法测量边沟中心点实地高程 H_i,如 K11+975 实地高程 $H=125.46$ m。

(2)根据边沟中心点设计高程及该点的实地高程计算该点应挖填的高度。

计算公式:$\pm h=H_{设}-H_i$

计算结果为正,应填;为负,应挖。

例如:K11+975 设计高程 $H_{设}=125.33$ m。

(3)根据计算的 h,在桩位上标出沟底中心点设计高程面。

此例中 $A=-0.13$ m,说明该点应下挖 0.13 m 才是该点设计高程。

为了控制下挖深度,作业中是把该点实测点标定在沟内侧碎落台的帮壁上(见图 4-15)。

(4)根据实地沟底中心点设计高程面,控制边沟基础面。从边沟设计图知,边沟基础厚 0.35 m,就是说,应从边沟设计高程面下挖 0.35 m 才是基坑面(见图 4-15)。

2.边沟沟底设计高程放样注意事项

在线路直线段进行边沟沟底设计高程放样时,不需对每个桩位都标定沟底设计高程。实践中是每隔 50 m 标定一个沟底设计高程,然后将相邻两点设计高程处用线绳连接拉紧,以指示下挖基础并铺砌基础至拉绳高度。

表 4-2　边沟(排水沟)设计表

序号	起讫号右中心桩号	主要尺寸及说明	长度/m	起点				终点				沟底纵坡		说明
				地面高程/m	设计高程/m	沟底设计高程/m	边沟中心至中桩距离/m	地面高程/m	设计高程/m	沟底设计高程/m	边沟中心至中桩距离/m	坡度/%	方向	
1	K11+905.5~K11+985.0	梯形排水沟 60 cm×80 cm(左)	79.50	120.93	125.93	120.63	22.50	126.39	126.39	125.59	13.50	-6.24	↑	沟底纵坡为“+”时水流与沟底纵坡相反
2	K11+905.5~K11+985.0	梯形排水沟 60 cm×80 cm(右)	54.50	121.93	125.93	121.63	21.00	126.24	126.24	125.44	13.50	-6.09	↑	路线方向相同用“↑”表示
3	K11+985.0~K12+50.0	梯形边沟 50 cm×100 cm(左)	65.00	126.39	126.39	125.39	13.50	126.75	126.75	125.75	13.50	-0.55	↑	沟底纵坡为“-”时水流与沟底纵坡相同
4	K11+960.0~K12+50.0	梯形边沟 50 cm×100 cm(右)	90.00	126.24	126.24	125.24	13.50	126.75	126.75	125.75	13.50	-0.57	↑	路线方向相反用“↑”表示
5	K12+50.0~K12+141.3	梯形排水沟 60 cm×80 cm(左)	91.30	126.75	126.75	125.95	13.50	122.26	127.26	121.96	22.50	4.37	↑	
6	K12+50.0~K12+141.3	梯形排水沟 60 cm×80 cm(右)	91.30	126.75	126.75	125.95	13.50	122.26	127.26	122.96	21.00	3.27	↑	
7	K12+150.7~K12+220.0	梯形排水沟 60 cm×80 cm(左)	69.30	122.32	127.32	122.02	22.50	127.61	127.61	126.81	13.50	-6.91	↑	
8	K12+150.7~K12+205.0	梯形排水沟 60 cm×80 cm(右)	54.30	123.32	127.32	123.02	21.00	127.56	127.56	126.76	13.50	-6.89	↑	

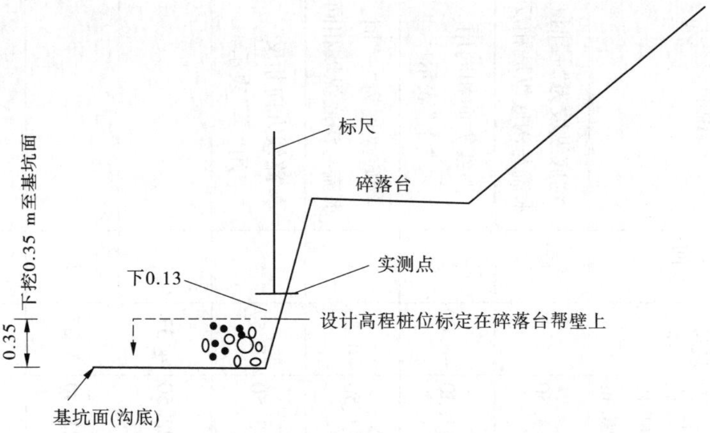

图 4-15 边沟中心点设计高程放样 （单位:m）

在曲线段进行边沟沟底设计高程放样时,应将每个沟底中心点都放出来,然后将两相邻点用线绳连接拉紧,以指导下挖基础及铺砌基础面至拉绳高度。

二、石质边沟的施工方法

石质边沟的开挖,无论采用人工还是机械施工,均需放炮,使石方松动后再开挖成型,这样很容易超挖,应控制炮孔位置和爆破药量,超挖部分用浆砌片石,或混凝土、或砂浆找补。

石质边沟其他工序的施工方法与土质边沟相同。

(一)边沟施工的质量控制与检测

边沟施工过程中,质量控制应采用全过程控制,但主要应控制沟槽开挖质量和边沟加固质量。

1) 土沟施工的质量控制

(1) 施工放线时,在转弯段应加密放线的控制点(每 2 m 放一点),应对水沟放线位置进行复核,并与公路及其他设施位置进行对比,确信放线无误。

(2) 人工开挖或修整时,最好采用挂线施工,开挖时可用图 4-16 所示的样板尺随时测量土沟,以控制土沟的断面尺寸。

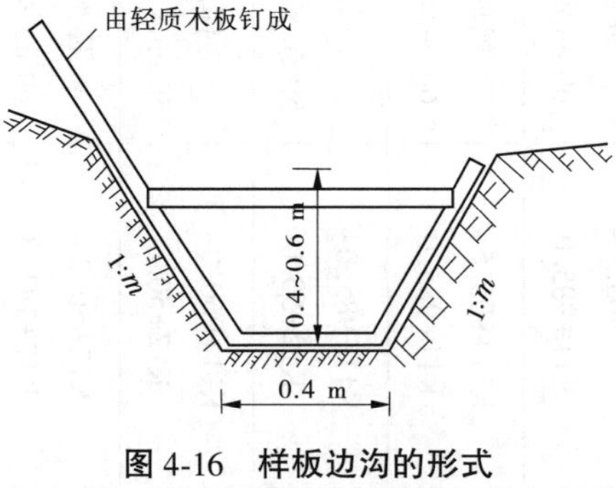

图 4-16 样板边沟的形式

在水沟经过弃土场或其他新填土地段,可采用放水浸泡或分层碾压的方法,使沟基土的密实度达到规定的压实密度。

检查时，对超挖较大的部分，可用原土夯实到93%的压实度或不低于原地基天然密实度，对局部扰动及超挖，应在砌筑时采用同标号砂浆、片石或混凝土找补。

(3)土沟表面的夯实加固：

①开挖水沟时，沟底及沟壁部分少挖0.05 m；

②将沟底、沟壁夯拍坚实，使土的干密度不小于1.66 t/m^3，土层厚度不小于0.05 m；

③沟槽开挖时，应随挖随拍；

④施工中如发现沟底、沟壁有鼠洞或蛇洞，应用原土夯实或砂浆填实；存在浅层窑洞、墓穴、大孔洞、膨胀土、冻胀土、新近填土等时，应对其进行处理。

2)土沟施工的质量检测

施工完毕时，应对其施工质量及断面尺寸进行检查、校核，工程质量检查内容和检查方法按表4-3进行。

表4-3　土沟实测项目

项次	检查项目	规定值或允许偏差	检查方法和频率
1	沟底高程/mm	0,-30	水准仪：每200 m测4点，且不少于5点
2	断面尺寸/mm	不小于设计值	尺量：每200 m测2点，且不少于5点
3	边坡坡度	不陡于设计值	尺量：每200 m测2点，且不少于5点
4	边棱直顺度/mm	50	尺量：20 m拉线，每200 m测2点，且不少于5点

土沟外观质量应符合下列规定：沟内不得有杂物，无排水不畅。

同学们，地面排水设施的构造与施工方法大家是否都掌握了呢？快来扫码跟着老师的微课一起复习一下吧！

地面排水设施简介

项目二　地下排水设施的构造与施工

当地下水水位较高且路基标高受到限制时，往往会导致路基水温条件变差，影响路基的强度与稳定性。因此，需要考虑地下排水设计。

建筑在地面以下，具有拦截、汇积和排除地下水，或降低地下水水位，使路基免遭破坏或能兼排地面水的结构物，称为地下排水设施。公路路基常用的地下排水设施有明沟与排水槽、暗沟、渗沟及渗井等。对于排出流量较大的地下水或地面水，应设置专用地下管道予以排出。

一、明沟与排水槽

当地下水水位高，潜水层埋藏不深时，可采用明沟或排水槽截流排除（浅层）地下水及降低地下水水位，也可兼排地面水。明沟或排水槽必须深入潜水层，且不宜在寒冷地区采用。

明沟断面一般采用梯形，边坡采用1∶1.0~1∶1.5。明沟边坡一般应以干砌片石加固，并设反滤层以使水流渗入明沟，明沟纵坡宜适当加大，保证水流及时排出。

排水槽一般为矩形，可用混凝土、干砌或浆砌片石筑成，槽底纵坡不应小于3%。当用混凝土或浆砌时,应视地下水流量及槽深设置一排或多排渗水孔,外侧填以粗颗粒透水材料。沿沟槽每隔 10~15 m,或当沟槽通过软硬岩层分界处时,应留伸缩缝和沉降缝。

二、暗沟

暗沟是设在地面以下引导地下水水流的沟渠,其本身不起渗水、汇水作用。因此,暗沟主要作用是把路基范围内的泉水或渗沟所拦截、汇集的水流,排出路基范围。其目的是拦截或降低地下水。通过沟内分层填实的不同粒径的颗粒材料,利用其透水性,将路基范围内的泉眼或渗沟汇积的水流排到路基范围以外。高速公路、一级公路中央分隔带有雨水浸入时,通过雨水口将路面水引入地下暗沟,排到路基范围之外。

暗沟应在路基填土前或开挖后,按照泉眼范围及流量的大小或渗沟汇集的水流情况,确定断面尺寸。暗沟的断面形式一般为矩形,亦可呈上宽下窄的梯形。底宽为 0.3~0.5 m,高度为 1.0~1.5 m。沟内下部填石,粒径为 3~5 cm,水可在缝隙中流动;为防止细料堵塞缝隙,粗粒径石块的上部和两侧,分层填入较细料,每层厚约为 10 cm。暗沟的顶面和底面,一般设有 0.3 m 厚的隔水层。

暗沟可分洞式和管式两大类。图 4-17 所示为疏导路基泉水的暗沟构造图。在路基填土之前或挖成之后,按照泉眼范围的大小,剥除泉眼上层浮土,挖出泉井,砌筑井壁与沟壁,上盖混凝土盖板。井深应保证盖板顶的填土厚度不小于 50 cm。沟宽或管径可按泉眼范围或流量大小决定,一般为 20~30 cm,净高约为 20 cm。若两侧沟壁为石质,盖板可直接放在两侧石壁上。为防止泥土或砂砾落入沟槽或泉眼,以免淤塞,盖板周围用碎(砾)石做成反滤层,其颗粒直径自上而下,由外及里,逐渐增大。

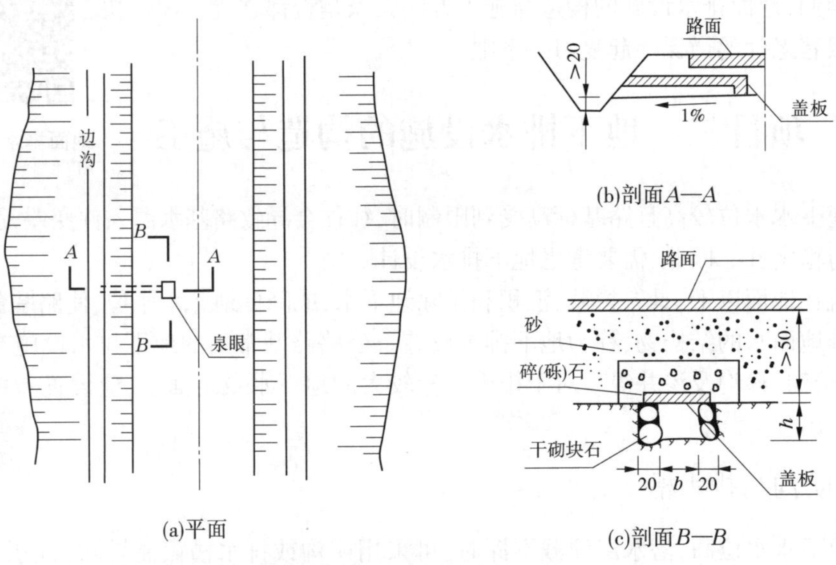

图 4-17 疏导路基泉水的暗沟构造图 (单位:cm)

暗沟的排水量较少,不宜过长,一般以 50 m 为限,沟底具有 1%~2%的纵坡,暗沟出水口应高出边沟最高水位 20 cm 以上,以防止水流倒渗,不允许出现倒灌现象。

三、渗沟

渗沟是一种常见的地下排水设施。渗沟主要用来吸收地下水并降低地下水水位,汇集和拦截流向路基的地下水,并将其排至路基之外。切断、拦截有害的含水层和降低地下水水位,保证路基经常处于干燥状态。它是公路路基最常见的一种地下排水沟渠,尤其适用于地下水蕴藏量大、面积分布广的路段。根据地下水水位分布情况,渗沟可设置在边沟、路肩、路基中线以下或路基上侧山坡适当位置,如图 4-18 所示。

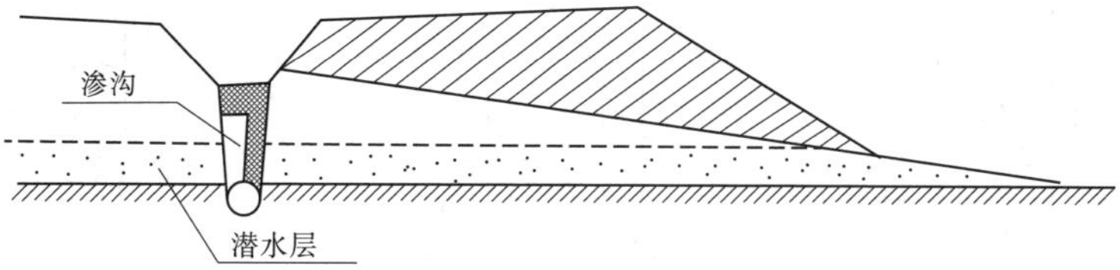

(a)拦截潜水流向路堤的渗沟

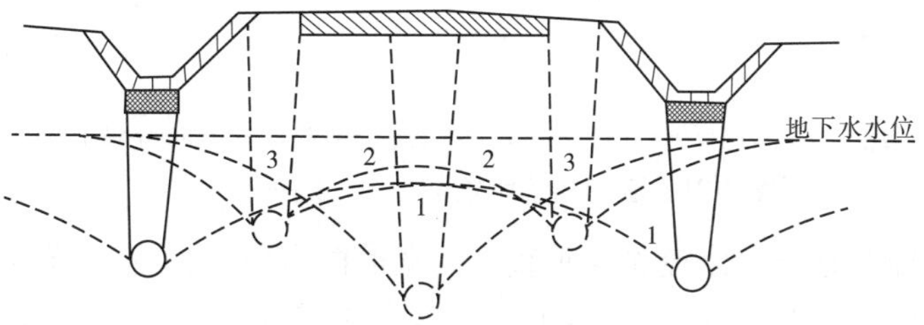

(b)降低地下水水位的渗沟

1,2,3—渗水沟位置不同所降低的不同水位曲线。

图 4-18 渗沟布置图

图 4-19 所示为一侧边沟下面所设的盲沟,用以拦截流向路基的层间水,防止路基边坡滑坍和毛细水上升危及路基的强度与稳定性。

如图 4-20 所示,路基两侧边沟下面均设盲沟,用以降低地下水水位,防止毛细水上升至路基工作区范围内,形成水分积聚而造成冻胀和翻浆,或土基过湿而降低强度等。

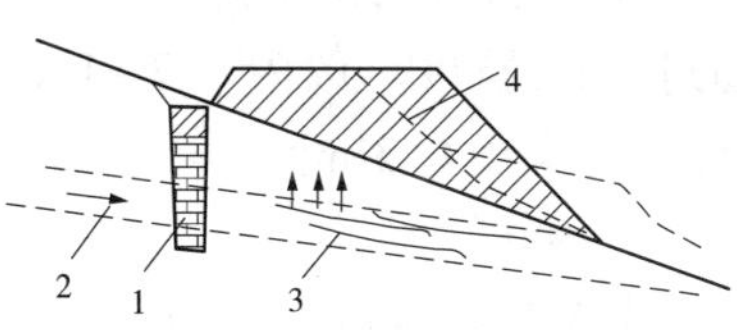

1—盲沟;2—层间水;3—毛细水;4—可能滑坡线。

图 4-19 一侧边沟下设盲沟

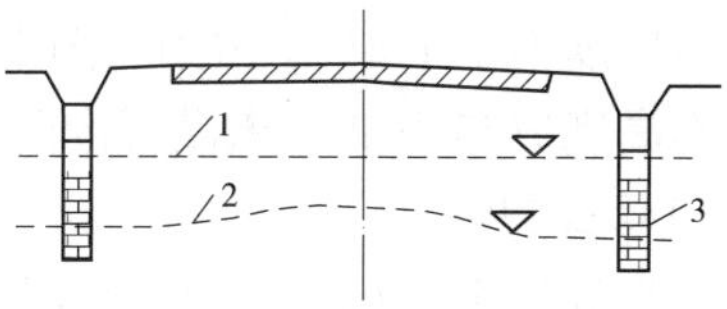

1—原地下水水位;2—降低后地下水水位;3—盲沟。

图 4-20 两侧边沟下设盲沟

渗沟由碎(砾)石或管(洞)排水层、反滤层和封闭层所组成,如图 4-21 所示。反滤层用于汇集、吸收水流,防止土或砂石材料挤入相邻层内,堵塞排水层;一般用碎石砂砾材料分层填埋,颗粒粒径由上而下,自外而内逐渐增大,相邻层的粒径一般不小于 1:4,每层厚度不小于 15 cm。为避免地面水进入渗沟,渗沟顶部应设置封闭层。封闭层可用双层反铺草皮或沥青纸材料,铺筑在反滤层顶面,上面为厚度不小于 50 cm 的夯实黏土层,或用浆砌片石。当渗沟局部地段无地下水渗入时,沟壁应用浆砌片石封闭。

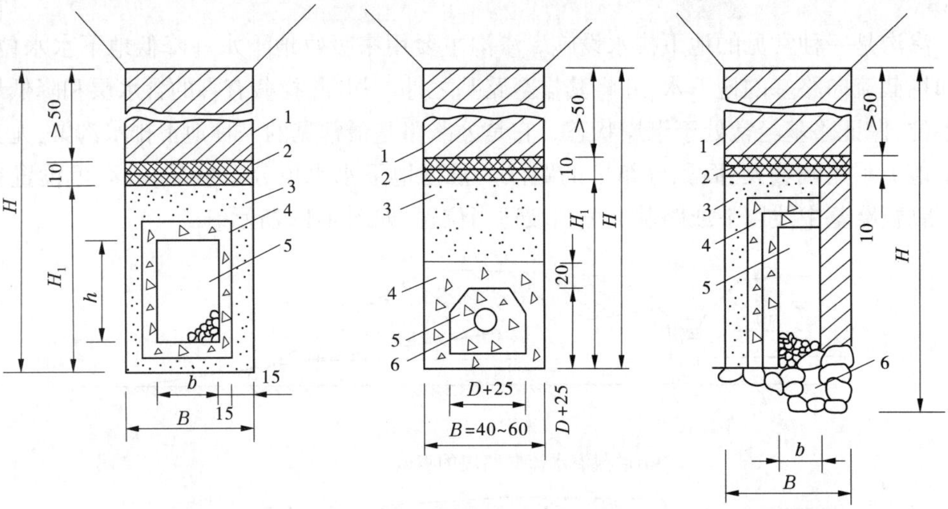

(a)填石渗沟　(b)管式渗沟　(c)洞式渗沟

1—夯实黏土;2—双层反铺草皮;3—粗砂;4—石屑;5—碎石;6—浆砌片石沟洞。

图 4-21　渗沟构造示意图　(单位:cm)

渗沟走向尽可能与地下水水流相互垂直。沟宽根据沟深、地下水蕴藏量、布置数量而定。一般地,沟深在 2 m 以内,宽度 0.6~0.8 m;沟深 3~4 m,宽度不小于 1.0 m。渗沟出口必须保证水流顺畅,出口如在路基附近,需防止水流停滞或冲刷路基边坡;冰冻地区的渗沟出口应采取措施,如加大出口沟底纵坡,设保温层等,以保证水流不致冻结。渗沟纵坡一般不宜小于 0.5%。

按排水层的形式,渗沟可分为三种:填石渗沟、管式渗沟和洞式渗沟。

(一)填石渗沟

填石渗沟也称盲沟,是目前公路上常用的一种渗沟。排水层采用颗粒较大的碎石、砾石材料填充,施工时应注意防止淤塞失效,并须保证具有通过设计排水量的孔隙度。由于排水阻力较大,填石渗沟一般适宜于流量不大、渗沟不长的地段,由于排水层阻力较大,沟底纵向坡度不小于 1%,一般可采用 5%,深度不超过 3 m,宽度一般为 0.7~1.0 m。排水层填充高度 H 应不低于未设盲沟前的地下水水位,并不少于 0.3 m。

(二)管式渗沟

管式渗沟是用排水管作为排水层排泄地下水。管式渗沟排水顺畅,适用于地下水分布范围广,藏水量大,渗沟较长的路段。渗沟纵向长度应为 250~350 m。若渗沟过长,应增设横向泄水管,将纵向渗沟内的水流分段,引出路基范围之外。沟底纵坡取决于设计流速,最大流速应考虑到水管的构造及其使用寿命,且不致冲毁管下垫枕材料,一般以不大于 1.0 m/s 为宜,亦不应低于最小流速,最小纵坡为 0.5%,以免淤塞。

泄水管可采用陶土、混凝土或石棉水泥材料制成,在林区缺少建筑材料地段,也可用木制或竹制。为保证向管内渗水,集水部分排水管管壁应设渗水孔眼、缝隙或间隙,其构造如图 4-22 所示。水管直径大小取决于地下水流量,一般为 15~30 cm。冰冻地区为防止管内水流冻结而堵塞,可采用直径较大的水管。渗沟高度 H 应使反滤层顶面高出原地下水水位,且不低于沟底至管顶之间高度的 2~4 倍。沟底用干砌片石铺砌。若渗沟沟底深入不透水层,则用浆砌片石或混凝土铺筑。

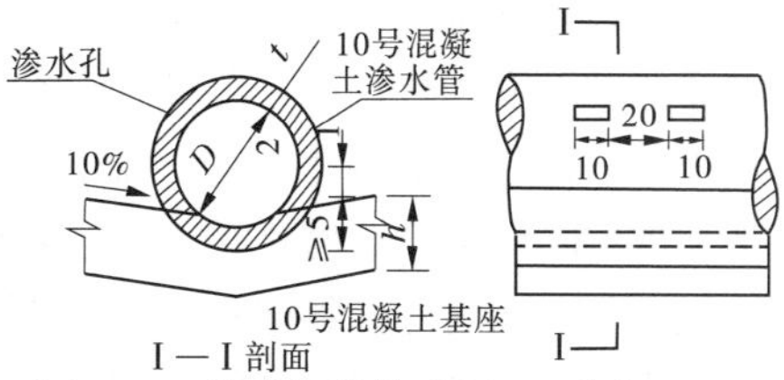

图 4-22　管式渗沟构造图（单位:cm）

(三)洞式渗沟

当地下水流量较大且范围较广,或缺乏水管时,而当地石料丰富时,可采用石砌方洞。排水洞大小依设计流量而定,一般为 20~40 cm。洞内的水可以满流或非满流。沟底最小纵坡为 0.5%,有条件可适当采用较大纵坡,以利排水。渗沟高度 H 及沟底处理类似于管式渗沟。洞顶可加设带泄水小孔的混凝土盖板或用条石铺砌,条石间设空隙,以利集水。

渗沟的施工质量是保证其能否发挥作用的关键。如质量控制不严、造成渗沟淤塞,不但起不到汇流、排水作用,反而会给工程留下隐患。因此,在施工中,必须注意以下问题:

(1)渗沟的布置应尽可能与地下水水流向互相垂直,使之能拦截更多的地下水。

(2)渗沟的横宽一般视埋藏深度、排水要求、施工和维修便利而定,深度为 2 m 时,宽度为 0.8~1.0 m;深度为 3~4 m 时,宽度不小于 1.0 m。沟内用作排水和渗水的砂石填料,应经过筛选和清洗。

(3)为防止土粒落进填充石料的孔隙,造成渗沟堵塞,以及防止地面水渗入沟内,渗沟顶部应设封闭层。封闭层可用双层反铺草皮或其他材料铺成隔层,并在其上夯填厚度不小于 0.5 m 的黏土防水层或用浆砌片石筑成。

(4)汇积水流时,为防止含水层中砂、土挤入渗沟,应设反滤层。反滤层应用筛选过的中砂、粗砂、砾石、碎石等渗水材料分层填筑,其层数和颗粒级配、比例,应视坑壁土质和排水层材料而定。一般相邻层的粒径比不小于 1∶4,层厚不小于 0.15 m,砂石料颗粒小于 0.15 mm 的含量不应大于 5%,颗粒粒径一般为含水层土粒最大粒径的 8~10 倍。禁止用粉砂、细砂及风化石料填筑。

(5)渗沟的施工与暗沟一样,宜由下游向上游施工,并应随挖随撑随填,支撑渗沟应间隔开挖。渗沟反滤层施工时,可用木板将各层反滤材料组成垂直层,其高度视渗沟的填充高度而定,填筑完后再将木板抽出。

(6)为了核查、维修渗沟,同暗沟施工一样,每隔 30~50 m,或在平面转折和坡度由陡变缓处,宜设置检查井,检查井一般采用圆形,内径不小于 1.0 m,在井壁处的排水管管底应高出井底 0.3~0.4 m,井底铺筑一层 0.1~0.2 m 的混凝土,以免漏水,井基如遇不良土质,应采取接填、夯实等措施。兼起渗井作用的检查井壁,应在含水层范围设置渗水孔和反滤层。深度大于 20 m 的检查井,除设置检查梯外,还应设置安全设备。

四、渗井

当平坦地区如路基附近无河流、沟渠或洼地,地面水或浅层地下水无法排除,影响路基稳定,而距地面不深处又有透水层,地下水背离路基,同时地面水流量不大时,可设置渗井。前述渗沟属于水平方向的地下水排水设备,而渗井则属立式(竖向)排水设备。在平坦地区地面排水困难时,如距离地面不深处有渗透性土层,而且地下水背离路基或较深,可以修建渗井,将地表水或边沟水分散到离地面 1.5 m 以下的土层中。

渗井是一种立式的地下排水设施,在多层含水的地基上,向地下穿过不透水层,将上层的含水层的水引入下层渗水层,以利于地下水扩散排出,将排不出的地表水或边沟水渗到地下透水层中而设置的用透水材料填筑的竖井称为渗水井。影响路基的上层水流通过渗井穿过不透水层,引入更深的透水层中去,以降低上层的地下水水位或全部予以排出。图 4-23 所示为圆形渗井的结构与布置图。

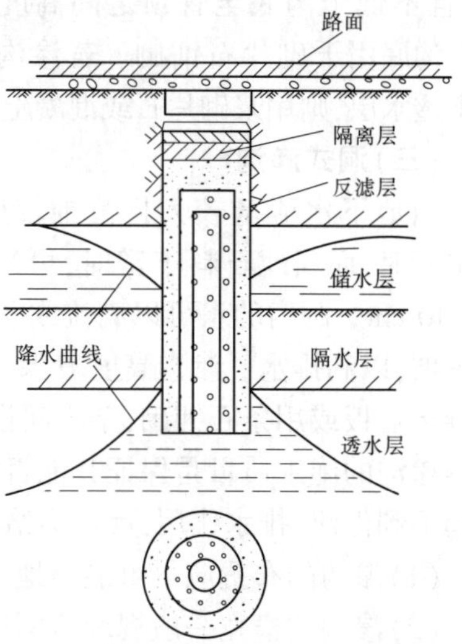

图 4-23　圆形渗井的结构与布置图

渗井的平面布置、孔径与渗水量,按水力半径而定,一般采用直径为 1.0~1.5 m 的圆柱形,或边长为 1.0~1.5 m 的正方形。井深视地层构造情况而定,以深入下面渗水层能够向下渗水为限。井内由中心向四周按层次分别填由粗至细的砂石材料。粗料渗水,细料反滤。填充料要求筛分冲洗,施工时需用铁皮套筒分隔不同粒径材料,不得粗细材料混杂,以保证渗井达到预期排水效果。渗井顶部周围用黏土筑堤围护,或加筑混凝土盖板。在多层含水的地基上,上部影响路基强度含水层的水流渗入渗井内,向下穿过不透水层,进入较深的、不影响路基强度的含水层内,流向远离路基的方向。

渗井施工难度大,单位面积造价高,一般不轻易采用。当土基含水量较大,路面翻浆,彻底解决地面、地下水又困难时,将与其他技术措施相比较,有条件地选用。

以上是公路工程中常见的几种地下排水设施。值得特别指出的是,由于地下排水结构物系隐蔽工程,其构造一般比地面排水结构复杂,投资较大,故设计、施工、养护均应特别注意,以免结构失效而后患无穷。

盲渗沟施工

一、盲渗沟的结构与布置

采用渗透方式将地下水汇集于沟内,并将水排到指定地点,这种设施统称为盲渗沟。盲渗沟具有疏干表层土体,增加坡面稳定性、截断及引排地下水、降低地下水水位、防止地下细颗粒土壤被冲移的作用。在路基中,浅埋的盲渗沟在 2~3 m,深埋时可达 6 m 以上。

由于盲渗沟是隐蔽工程,埋置于地面以下,不易维修,因此在选择时一定要与修建明沟相比较,择优选用。必须采用盲渗沟时,要确保施工质量,使之长久牢固,渗流畅通,引排有效。

盲渗沟按结构形式的不同可分为填石渗沟、管式渗沟和洞式渗沟。这三种形式的盲渗沟均由排水层(石缝、管或洞)、反滤层和封闭层所组成。

反滤层材料目前有三种:集料、土工布及无砂混凝土。集料反滤层是传统方法,随着反滤新材料的出现,由于土工布性能稳定,反滤效果较好,且施工工艺成熟,目前大多采用土工布作反滤材料。无砂混凝土由于其原材料广泛,透水性良好,并能起到支护作用,施工便利,其应用前景被一致看好。

二、盲渗沟的施工工艺

施工前准备→测量放样→沟槽开挖→沟槽清理与验槽→盲渗沟材料安装回填及夯实。

三、盲渗沟的施工方法

(一)施工前准备

认真阅读设计图纸,掌握设计意图、目的,拟订施工方案;核查设计是否合理完善,现场条件是否发生了变化;出水口位置是否有保证,是否产生淤积、冲刷等危害;渗沟底高程应高出沟外最高水位 20 cm;渗沟的埋深,要求透水层的顶部应低于原有地下水水位;当排出层间水时,渗沟底部应埋于最下面的不透水层上,旱冰冻地区,盲渗沟埋深不得小于当地最小冻结深度;检查人员、材料、机具到位情况;熟悉验收标准,落实冬、雨季施工措施。

(二)现场清理

清理现场,平整路基,检查路基标高,复核水准点、控制点(导线桩或路中心桩)。

(三)测量放样

根据设计图上盲渗沟位置,采用经纬仪或全站仪在现场实地定出盲渗沟中线桩位,撒划石灰边线或挂线,标出开挖位置;开挖前须经过复核验收;如需变更原设计平面布置,须经监理批准。

(四)开挖沟槽

根据渗沟宽度大小及现场条件,选择采用人工开挖或机械开挖,开挖方向宜自下游向上游进行,沟槽开挖宽度及放坡可根据设计、土质、挖深、水位确定,优先采用挖直立沟或直立沟加支撑方式。开挖过程中注意检查控制基底高程、断面尺寸,做到不超挖、不扰动槽底基土。机械开挖时在设计槽底高程以上保留 20 cm 左右不挖,用人工清理底、基壁;当下一步工序不能连续进行时,槽亦留 20 cm 左右土层不挖,待下一步工序开工时再挖。开挖过程中要做好排水引流,避免基槽受水浸泡。

(五)沟槽清理与验槽

沟槽按设计开挖至预定深度后,检验基槽土质类型、地质水文状况,以决定是否需加深沟槽或变更设计布置。沟槽清理后,沟内不得有突出的尖石或树根,以免刺破、损伤土工布。沟槽应按规范规定的项目验收。

作好基槽记录,及时通知监理检验;若发现槽中土质、水文地质情况与原设计有较大出入,须报业主代表及监理工程师,另行确定解决方案。

(六)盲渗沟材料安装回填及夯实

1. 反滤土工布盲渗沟

验收合格的基槽应尽快进行下道工序的施工,首先将反滤土工布铺放入沟槽,土工布规格和质量应符合设计文件要求。土工布铺放前应事先裁剪成符合要求的宽度,尺寸按上口搭接形式留足宽度。土工布铺放入槽后,须整平表面,紧贴沟底及沟壁,但布面不应绷得太紧,需略有松弛,用石块压住固定;土工布长度或宽度不够时,土工布之间搭接长度不得小于 30 cm,搭接处位于下游的土工布应放在上游的土工布下面,也可以采用缝接方法进行,缝接方法见图 4-24。

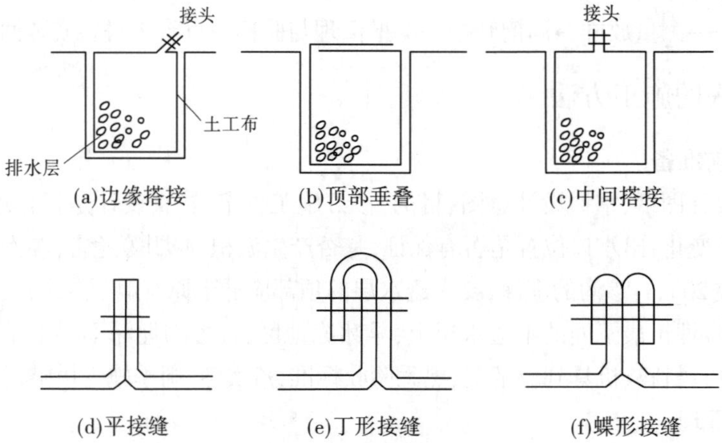

图 4-24 土工布的搭接方法

土工布铺好就位后,沿槽底土工布分层倒入经筛分洁净的碎石或卵石的填料,填料要求无片状、针状,坚固抗冻,含泥量<3%。整平碎石表面后,人工或小型打夯机夯实。每层碎石虚铺厚度 20 cm,夯实 3 遍,不得漏夯,密实度应达到 60%以上。施工中,应避免对碎石产生污染,运料和沟内回填人员应分工,避免把沟外的泥土带进沟内,堆放碎石的场地也应进行认真清理后(在必要的地方,应铺垫铁皮等物隔离),方可卸料。在堆料回填过程中,应分堆近距离回填,避免长距离摊铺。

盲渗沟内排水层碎石填至预定高度后,应及时将沟顶碎石封闭,以防碎石受到污染,沟顶土工布可用缝接或搭接的方式处理接头,如图 4-24(a)、(b)、(c)所示。图 4-24(b)所示顶部垂叠可不进行缝合,但要采取临时压盖措施,如用石块、小堆碎石或路基填料等压盖,也可以采用铁丝穿缝,以免上部施工活动造成卷边。

接头采用缝接时,是将左右两片土工布用手提缝纫机缝合起来,缝接形式有平接缝、丁形接缝和蝶形接缝,如图 4-24(d)、(e)、(f)所示,其中以蝶形接缝的强度最高,缝线可为一道或两道,缝合宽度不小于 10 cm。

盲渗沟施工完成后,如不立即进行土工布以上路基填筑或上覆土层的回填,应采取临时遮盖措施,以避免土工布长时间暴露或暴晒而使其性能劣化。

盲渗沟位于路基范围以外时,为防止地面水进入渗沟,应在盲渗沟顶面砌筑厚度 20 cm 浆砌片石或夯填厚度不小于 30 cm 的黏土作为顶部封闭层。

出口处理:出口可根据实地情况安排在路基外自然水体或排水沟内,也可以安排在挡墙或路基边坡上。可用全断面干砌片石封堵出口,砌筑长度 50 cm,也可在出口做局部的浆砌片石或预制块,局部开口尺寸不小于 15 cm×15 cm,开口下缘与沟底平齐。出水口下方铺设混凝土挡溅垫板,或者对边坡上的泄水道进行浆砌片石防冲刷加固。

2. 集料反滤盲渗沟的施工

首先准备好符合质量要求的相应规格各种填料,反滤料的材料应符合规范要求,再加工 4 块以上铁皮或薄木板(胶合板)作为隔板使用,隔板高度应高于盲渗沟 20 cm 以上,如图 4-25 所示。反滤料的填筑顺序和填筑方法如下:

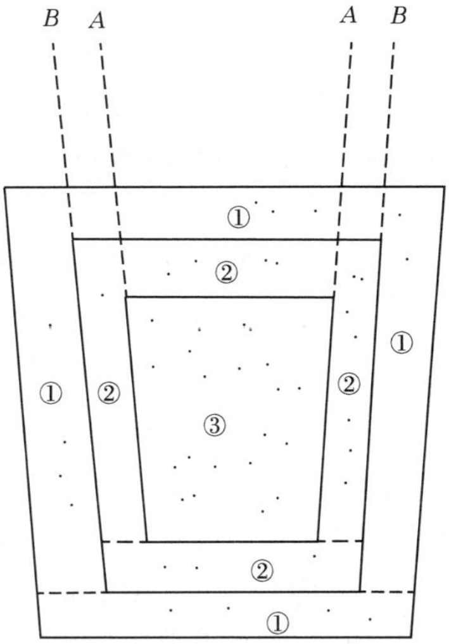

图 4-25　集料反滤盲渗沟

(1)沟底填入第一层细粒料①(外反滤层)。

(2)插入隔板 *B* 并正确定位。

(3)在两块隔板 *B* 之间底部填入第二层中粒料②(内反滤层)。

(4)在隔板 *B* 与槽侧壁填入细粒料①。

(5)插入隔板 *A* 并正确定位。

(6)在两块隔板 *A* 之间填入大孔隙排水层粗粒填料③。

(7)在隔板 *A*、隔板 *B* 之间侧隙填入中粒料②。

(8)在两块隔板 *A* 之间第③层填料上填入第二层中粒料②。

(9)在两块隔板 *A* 之间和隔板 *A*、隔板 *B* 之间的第②层填料上填入第一层细粒料①。

填入过程中边填边用木夯夯实,控制各层厚度;在隔板之间的填筑过程中,为了防止隔板倾倒或变形,可以各层同时水平填筑、同时上升、同时夯实。如果盲渗沟深度较大,为防止抽拔隔板困难,可边回填材料边向上逐步抽提隔板。

图 4-25 所示渗沟顶部反滤封闭层还可以有其他做法,如浆砌片石封顶、双层草皮加夯实黏土层封顶,这种处理可不再做顶部反滤层。

(七)盲渗沟施工的特殊要求

盲渗沟、管式渗沟和洞式渗沟在具体施工过程中,大部分施工工序和施工方法都是相同的,所不同的主要表现在排水层施工方面。

1. 填石渗沟(盲渗沟)

(1)排水层应采用较大颗粒的坚硬石质(粒径 2~6 cm 碎石和卵石),尽量采用单一级配,以保证具有足够的孔隙度,满足设计流量要求,填充高度不小于 30 cm。

(2)盲渗沟埋深,一般要求渗水材料的顶部(封层以下)不得低于原地下水水位。排除层间水时,盲渗沟底部应埋于最下面的不透水层。在冰冻地区渗沟的埋深不得小于当地最小冻结深度,以确保全年使用。

(3)盲渗沟采用混凝土浇筑或浆砌时,应在沟壁与含水层接触面的高度处,设置一排或多排向沟中倾斜的渗水孔,沟壁外侧应填以粗粒透水材料或土工布作反滤层;也可以采用无砂混凝土作渗沟壁,以采用无砂混凝土预制块砌筑施工为好,但无砂混凝土壁应比普通混凝土壁厚。

(4)沿沟槽每隔 10~15 m 或当沟槽通过软硬岩层分界处时,应设置伸缩缝或沉降缝。

2. 管式渗沟

(1)排水管可采用陶土、混凝土、石棉或聚氯乙烯带孔塑料管等材料制成,在林区公路临时性使用时也可选用竹木等当地材料。管径按设计渗流量确定,但最小内径宜为 15 cm(渗沟长度不大于 150 m)或 20 cm(渗沟长度大于 150 m)。在冬季管内水流结冰地段,为防止堵塞可采用较大直径的水管,并加设保温层。

(2)带孔的排水管,其管壁圆孔的内径为 5~10 mm,纵向间距为 75 mm,按 4 排或 6 排对称排列在圆管断面的下半截,如图 4-26 所示的排水孔花管,最上面一排圆孔距管内底的最大高度 H 和管下部无圆孔截面的弦长 L 应满足表 4-4 所列要求。带槽的排水管,其槽口的宽度为 3~5 mm(沿管长方向),沿圆周方向的长度和槽口的间距应满足表 4-5 所列要求。

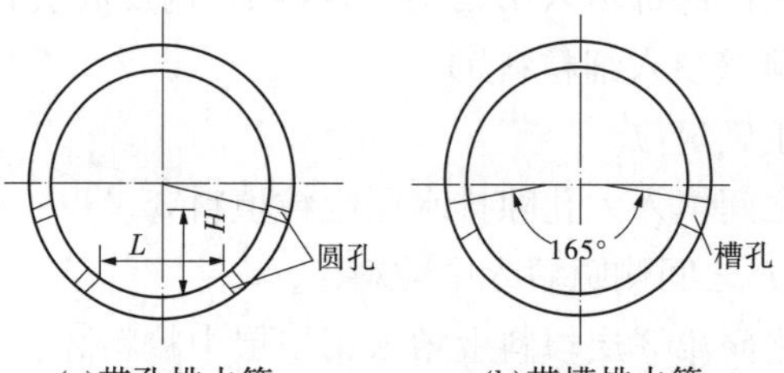

(a)带孔排水管　　(b)带槽排水管

图 4-26　带槽孔排水管的圆孔和槽孔布置要求

表 4-4　沟槽允许偏差

序号	项目	允许偏差	检验频率	检验方法
1	槽底高程	±30 cm	每 10 cm 测一点	全站仪或水准仪测量
2	沟槽位置	±10 cm	每 10 cm 测一点	全站仪或经纬仪测量
3	沟底纵坡	±0.5%,且不小于 1%	每 10 cm 测一点	全站仪或水准仪测量
4	断面尺寸	不小于设计规定	每 5 cm 测一点	尺量
5	沟槽边坡	不陡于规定	每 10 cm 测一点	用坡度尺或吊垂线测量

表 4-5　带槽孔排水管的槽孔布置尺寸要求

管径/mm	圆孔			槽口		管径/mm	圆孔			槽口	
	排数	H/mm	L/mm	长度/mm	间距/mm		排数	H/mm	L/mm	长度/mm	间距/mm
150	4	70	98	38	75	300	6	140	195	75	150
200	4	94	130	50	100	380	6	175	244	75	150
250	4	116	164	50	100	460	6	210	294	75	150

(3)管底回填料厚度为 15 cm,管两侧回填料每侧宽度不宜小于 30 cm。管式渗沟的高度,应使填料顶面高出原地下水水位,而且不低于沟底至管顶之间高度的 2~4 倍。沟底一般用干砌片石,如果深入不透水层,则用浆砌片石或混凝土砌(浇)筑。

3. 洞式渗沟

在渗沟底部,以浆砌片石或混凝土预制块砌成矩形排水槽,槽顶覆盖水泥混凝土条形盖板,或用无砂混凝土预制盖板,形成排水洞。板条间留有 20 mm 的间隙,间距不超过 30 mm。在盖板顶面铺以透水的土工织物或回填碎石。

四、盲渗沟的施工质量控制与检查

(一)盲渗沟的材料要求

(1)盲渗沟中的干砌石工程和浆砌石工程所用石料和水泥砂浆的质量应符合相关规范要求,混凝土预制块的材料及制作方法应符合相关规范要求。

(2)反滤土工布碎石盲渗沟所用的碎石及反滤土工布应符合相关规范要求。

(3)盲渗沟所用的反滤集料应符合相关规范要求。

(4)管式渗沟所用混凝土预制管及安装的要求应满足相关规范规定。

(5)管式渗沟所用的聚氯乙烯带孔塑料管应满足相关规范要求。

(6)渗沟反滤沟壁所用的无砂混凝土应满足相关规范要求。

(二)盲渗沟的施工质量控制与检查

1. 质量控制

(1)应保证渗沟开挖到地下水水位线之下。

(2)渗沟槽施工放线、开挖、修整、清理以后,渠槽断面高程、尺寸、平整度等允许的偏差见表 4-6。沟槽验收合格后,即可进行渗沟砌(铺)筑。

(3)碎石渗沟的材料质量;土工布的材料要求及施工方法;无砂混凝土的施工及材料要求;砌石工程的材料要求及施工方法均应满足相关规范要求。

(4)管式渗沟的管材运输、保存及连接应满足相关规范要求。

(5)路基下的碎石渗沟的碎石体填筑时,应进行分层填筑、分层夯实,使用轻型设备夯实薄层(层厚 15~20 cm),压实度应达到 60%以上;碎石填筑中一定要防止二次污染,不同粒径填料要做好分隔,平起平上。

(6)土工布搭接长度一定要保证,不小于相关规范中的规定值,施工过程中,要保持土工布的清洁,并做好渗沟顶部的封(压)顶工作。

(7)反滤集料的结构设计应满足相关规范中的相关要求。

(8)渗沟出口按相应的设计方法处理,但必须保证出口流水顺畅,不产生冲刷、积水等危害。

表 4-6　水沟防渗加固前的验收指标及方法

项次	检查项目	规定值或允许偏差/cm		检查方法和频率
		土质	石质	
1	沟底高程	±2	±3	水准仪:每 10 m 测 1 点
2	沟的中心线	2	3	经纬仪、全站仪:直线处每 10 m 测 1 点,弯道处每 2 m 测 1 点
3	沟底宽度	+3	+5	尺量:每 10 m 测 1 点
4	沟顶宽度	+4	+5	尺量:每 10 m 测 1 点
5	沟顶高程	+2	+5	水准仪:直线处每 20 m 测 1 点,弯道处每 4 m 测 1 点
6	沟底及内边坡平整度(用 2 m 尺量)	±2	凸不大于 3 凹不大于 10	尺量:20 m 拉线,每 200 m 检查 2 处
7	沟槽清理	无树根、淤泥、腐殖土、污物、无孔洞等		现场检查

2. 质量检测

(1)施工过程中,每一道工序都应进行检查验收,验收合格后方可进行下一道工序的施工。

(2)施工结束后,应检查每道工序的验收资料是否齐全,并检查渗沟出口流水是否顺畅,是否产生冲刷、积水等危害。

(3)上述两项检查合格后,方可准予验收,否则应予以返工或补救。

同学们,地下排水设施的构造与施工方法大家是否都掌握了呢？快来扫码跟着老师的微课一起复习一下吧!

地下排水设施简介

质量控制与检测评定

一、排水工程的质量要求

排水工程应严格按设计及施工规范的要求施工，依照实际地形，选择合适的位置，将地面水和地下水排至路基以外。

(一)管节预制

1. 基本要求

(1)所用的水泥、砂、石、水、外加剂和掺和料的质量和规格应符合有关规范的要求，按规定的配合比施工。

(2)混凝土应符合耐久性(抗冻、抗渗、抗侵蚀)等设计要求。

(3)不得出现露筋和空洞现象。

2. 实测项目及质量允许偏差

管节预制的实测项目及质量允许偏差如表4-7所示。

表4-7 管节预制实测项目及质量允许偏差

项次	检查项目	规定值或允许偏差	检查方法和频率
1△	混凝土强度/MPa	在合格标准内	按规范中方法检查
2	内径/mm	不小于设计值	尺量：抽查10%的管节，每管节测2个断面，且不少于5个断面
3	壁厚/mm	−3	尺量：抽查10%的管节，每管节测2个断面，且不少于5个断面
4	顺直度	矢度不大于0.2%的管节长	抽查10%的管节，沿管节拉线量，取最大矢高
5	长度/mm	+5，0	尺量：抽查10%的管节，每管节测1点，且不少于5点

(二)管道基础及管节安装

1. 基本要求

(1)管材必须逐节检查，不得有裂缝、破损。

(2)基础混凝土强度达到5 MPa以上时，方可进行管节铺设。

(3)管节铺设应平顺、稳固，管底坡度不得出现反坡，管节接头处流水面高差不得大于5 mm。管内不得有泥土、砖石、砂浆等杂物。

(4)管道内的管口缝，当管径大于750 mm时，应在管内做整圈勾缝。

(5)管口内缝砂浆平整密实，不得有裂缝、空鼓现象。

(6)抹带前，管口必须洗刷干净，管口表面应平整密实，无裂缝现象。抹带后应及时覆盖养生。

(7)设计中要求防渗漏的排水管须做渗漏试验,渗漏量应符合要求。

2. 实测项目及质量允许偏差

管道基础及管节安装工程的实测项目及质量允许偏差如表4-8所示。

表4-8 管道基础及管节安装工程的实测项目及质量允许偏差

<table>
<tr><th>项次</th><th colspan="2">检查项目</th><th>规定值或允许偏差</th><th>检查方法和频率</th></tr>
<tr><td>1△</td><td colspan="2">混凝土抗压强度或砂浆强度/MPa</td><td>在合格标准内</td><td>按规范中方法检查</td></tr>
<tr><td>2</td><td colspan="2">管轴线偏位/mm</td><td>15</td><td>全站仪或尺量:每两井间测3处</td></tr>
<tr><td>3</td><td colspan="2">流水面高程/mm</td><td>±10</td><td>水准仪、尺量:每两井间进出水口各1处,中间1~2处</td></tr>
<tr><td>4</td><td colspan="2">基础厚度/mm</td><td>不小于设计值</td><td>尺量:每两井间测3处</td></tr>
<tr><td rowspan="2">5</td><td rowspan="2">管座</td><td>肩宽/mm</td><td>+10,-5</td><td rowspan="2">尺量:每两井间测2处</td></tr>
<tr><td>肩高/mm</td><td>±10</td></tr>
<tr><td rowspan="2">6</td><td rowspan="2">抹带</td><td>宽度/mm</td><td>不小于设计值</td><td rowspan="2">尺量:按10%抽查</td></tr>
<tr><td>厚度/mm</td><td>不小于设计值</td></tr>
</table>

(三)检查(雨水)井砌筑

1. 基本要求

(1)井基混凝土强度达到5 MPa以上时,方可砌筑井体。

(2)砌筑砂浆配合比准确,井壁砂浆饱满,灰缝平整。圆形检查井内壁应圆顺,抹面密实光洁,踏步安装牢固。

(3)井框、井盖安装必须平稳,井口周围不得有积水。

2. 实测项目及质量允许偏差

(雨水)井砌筑工程的实测项目及质量允许偏差如表4-9所示。

表4-9 (雨水)井砌筑工程的实测项目及质量允许偏差

<table>
<tr><th>项次</th><th>检查项目</th><th colspan="2">规定值或允许偏差</th><th>检查方法和频率</th></tr>
<tr><td>1△</td><td>砂浆强度/MPa</td><td colspan="2">在合格标准内</td><td>按规范中方法检查</td></tr>
<tr><td>2</td><td>中心点位/mm</td><td colspan="2">50</td><td>全站仪:逐井检查</td></tr>
<tr><td>3</td><td>圆井直径或方井长、宽/mm</td><td colspan="2">±20</td><td>尺量:逐井检查,每井测2点</td></tr>
<tr><td>4</td><td>壁厚/mm</td><td colspan="2">-10,0</td><td>尺量:逐井检查,每井测2点</td></tr>
<tr><td>5</td><td>井底高程/mm</td><td colspan="2">±20</td><td>水准仪:逐井检查</td></tr>
<tr><td rowspan="2">5</td><td rowspan="2">井盖与相邻路面高差/mm</td><td>雨水井</td><td>0,-4</td><td rowspan="2">水准仪、水平尺:逐井检查</td></tr>
<tr><td>检查井</td><td>+4,0</td></tr>
</table>

(四)土沟

1. 基本要求

(1)土沟边坡必须平整、坚实、稳定,严禁贴坡。

(2)沟底应平顺整齐,不得有松散土和其他杂物,排水畅通。

2. 实测项目及质量允许偏差

土沟工程的实测项目及质量允许偏差如表 4-10 所示。

表 4-10　土沟工程的实测项目及质量允许偏差

项次	检查项目	规定值或允许偏差	检查方法和频率
1	沟底高程/mm	+0,-30	水准仪:每 200 m 测 4 点,且不少于 5 点
2	断面尺寸/mm	不小于设计值	尺量:每 200 m 测 2 点,且不少于 5 点
3	边坡坡度	不陡于设计值	尺量:每 200 m 测 2 点,且不少于 5 点
4	边棱直顺度/mm	50	尺量:20 m 拉线,每 200 m 测 2 点,且不少于 5 点

(五)浆砌排水沟

1. 基本要求

(1)砌体砂浆配合比准确,砌缝内砂浆均匀饱满,勾缝密实。

(2)浆砌片(块)石、混凝土预制块的质量和规格应符合设计要求。

(3)基础中缩缝应与墙身缩缝对齐。

(4)砌体抹面应平整、压光、直顺,不得有裂缝、空鼓现象。

2. 实测项目及质量允许偏差

浆砌水沟工程的实测项目及质量允许偏差如表 4-11 所示。

表 4-11　浆砌水沟工程实测项目及质量允许偏差

项次	检查项目	规定值或允许偏差	检查方法和频率
1△	砂浆强度/MPa	在合格标准内	按规范中方法检查
2	轴线偏位/mm	50	全站仪或尺量:每 200 m 测 5 点
3	沟底高程/mm	±15	水准仪:每 200 m 测 5 点
4	墙面直顺度/mm	30	20 m 拉线:每 200 m 测 2 点
5	坡度	满足设计要求	坡度尺:每 200 m 测 2 点
6	断面尺寸/mm	±30	尺量:每 200 m 测 2 个断面,且不少于 5 个断面
7	铺砌厚度/mm	不小于设计值	尺量:每 200 m 测 2 点
8	基础垫层宽度、厚度/mm	不小于设计值	尺量:每 200 m 测 2 点

(六)盲沟

1. 基本要求

(1)盲沟的设置及材料的质量和规格应符合设计要求和相关施工规范规定。

(2)反滤层应用筛选过的中砂、粗砂、砾石等渗水性材料分层填筑。

(3)排水层应采用石质坚硬的较大粒料填筑,以保证排水孔隙度。

2. 实测项目及质量允许偏差

盲沟工程的实测项目及质量允许偏差如表 4-12 所示。

表 4-12　盲沟工程的实测项目及质量允许偏差

项次	检查项目	规定值或允许偏差	检查方法和频率
1	沟底高程/mm	±15	水准仪:每 20 m 测 1 点
2	断面尺寸/mm	不小于设计值	尺量:每 20 m 测 1 点

项目三　路基排水综合设计

一、综合设计的意义

上述各类排水结构物,均是针对某一水源,为满足某一方面的要求而设置的。由于自然条件、路线布置及其他人为因素的不同,水源可能同时来自几个不同的方向,它们对路基危害程度不尽相同。因此,单一互不联系的排水结构物,是不能完成全路基排水任务的。为了使各结构物都得以合理使用,需要进行路基排水综合设计,使地面排水与地下排水设备相互协调;路基排水设备与桥涵等泄水结构物合理布置;排水工程与防护加固工程、农田水利及相关建设项目相互结合。因此,路基排水设计必须包括两部分内容,即首先是进行排水系统的总体规划,或者称排水系统设计,在此基础上进行各单项结构物的设计。

实践证明,排水系统综合设计的好坏,对路基的稳定性影响很大,尤其是在多雨山区、黄土高原地区、寒冷潮湿平原区、水网密布、地基湿软,与水有关的地质不良路段。建造高等级公路更应重视路基排水的综合设计。

二、综合设计的基本要求

排水综合设计,一般结合路线的平面、纵断面设计和沿线地形、地质、水文条件进行。对一般公路,常在路线平面图、地形图上予以反映。对高等级公路,排水不良、易受水流冲刷的特殊地区,如滑坡路段、隧道洞口、干线交叉道口、连续回头曲线等排水复杂路段,应作专项公路排水综合设计。设计中应考虑以下各点:

(1)流向路基的地面水和地下水,须在路基外适当位置设置截水沟或渗沟拦截,并引离路基范围之外指定地点。路基范围内的水源,分别采取边沟、暗沟、渗沟或渗井汇集或降低水位,通过排水沟排到指定地点,必要时设置跌水或急流槽、倒虹吸、桥涵。

(2)对明显的天然沟槽,一般宜“一沟一涵”,不要勉强改、并;对沟槽不明显的漫流,应在上游设置束流设施加以调节,尽量汇成沟槽,导流排除。

(3)为了提高截流效果,节省工程,地面沟渠应大体沿等高线布置,并尽可能垂直于流水方向直线布置,转弯处圆曲线相接。

(4)各种排水结构物均应设置于稳固的地基上,不得渗流、溢水或滞留,冲刷严重时应予以加固。

(5)水流应循最短通路迅速排至路基范围之外。

图4-27所示为某路段路基综合排水设计平面布置图。平面图上一般须标明下列主要内容:

(1)桥涵位置、中心里程、水流方向、进出口沟底标高及其附属工程等。

(2)地形等高线、主要沟渠,必要的路堤坡脚和路堑坡顶线。

(3)沿线取土坑、弃土堆的位置。

(4)路线交叉设施、防护与加固工程、不良地质边界、农田排灌渠道等。

(5)各种路基排水设备的类型、位置、排水方向与纵坡、长度、出水口与分界点的位置等,根据工程设计的需要,还应附有路线及主要排水设备的纵、横断面图和结构设计图。

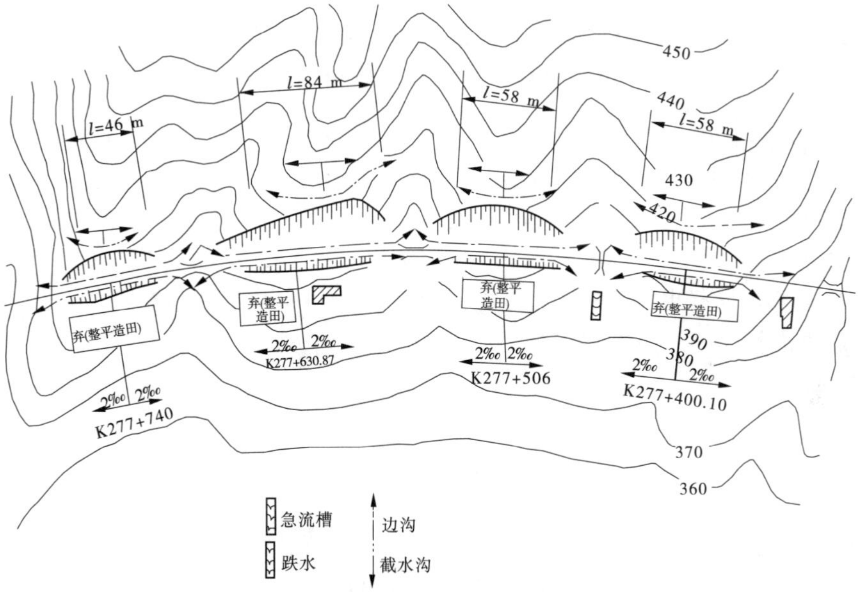

图4-27　路基综合排水设计平面布置图

习题演练

学习模块四　课后习题

学习模块五 路基防护与加固工程施工

学习目标

【知识目标】

完成本学习模块的学习,使学生能够熟练掌握路基防护与加固工程的类型、结构、设计原理和工程量计算的方法;掌握路基防护与加固工程施工的工艺流程及施工方法;掌握路基防护与加固工程质量检测的原理及质量评定的方法。

【能力目标】

学生能够正确地使用图纸;理解施工图纸的意义,能够合理地完成工程量计算。能够按照图纸进行路基防护与加固工程施工并完成质量检测工作。

模块设计

【实施时间】

(1)开工前;

(2)路基施工过程中。

【实施地点】

施工现场。

【实施人员】

材料员、试验员、测量员、施工技术人员、质检员、资料员、管理人员、设计代表、监理人员等。

【实施内容】

(1)会看路基防护与加固工程的设计图纸,能够完成工程量计算;

(2)路基防护与加固工程施工;

(3)路基防护与加固工程竣工验收。

【职业素养】

领会党的二十大会议精神,把会议的精髓践行到路基防护与加固工程的设计方案与施工方法之中,训练学生收集和处理信息、获取新知识的能力、综合运用所学知识分析和解决问题的能力,形成良好的思维习惯、工作方法和科学态度,在未来的工作岗位上有能力进一步学习新技术,解决新问题,并且要提高环保意识,保护生态文明。

由岩土填挖而成的路基,改变了原地层的天然平衡状态,路基建成之后,暴露在太阳的照射下,加上风化、降水、冰冻、风沙等自然因素的侵蚀并直接承受填土作用,在各种错综复杂的自然因素及行车荷载的长期作用下,路基边坡的轮廓将发生变形,岩土的物理性质也会发生很大的变化,使路基的强度和稳定性受到影响。为保证路基的稳定和防治路基病害,所以除做好路基排水外,还必须根据当地水文、地质及材料等情况,采取有效的措施,对各类土、石边坡及软弱地基予以必要的防护与加固。路基防护设施主要是以路基稳定为前提,防止冲刷和风化,起隔离作用。

一、路基防护与加固的目的

路基防护与加固的目的在于防止自然因素所引起的路基破坏和过量变形;同时稳定路基、美化路容,提高公路的使用品质。防护与加固工程重点在于路基边坡防护及湿软地基的加固。因此,应同路基稳定性及路基排水紧密相结合,以保证路基的强度与稳定性。

二、防护与加固工程的分类

路基防护与加固工程设施,按其作用不同,可分为边坡坡面防护、冲刷防护、支挡建筑物及湿软地基加固等四大类。

(一)坡面防护

坡面防护主要用以防护易受自然因素影响而破坏的土质与岩石边坡。常用类型有植物防护、砌石防护和坡面处治。植物防护又称为“生命”防护,以土质边坡为主。砌石防护、坡面处治又称为“无机”防护,以石质路堑边坡为主。

(二)冲刷防护

冲刷防护用于防护水流对路基的冲刷与淘刷,可分为直接防护和间接防护两类。直接防护类型有植物防护、砌石防护与加固两种。间接防护主要指设置导流结构物,如丁坝、顺坝、防洪堤、拦水坝等,必要时进行疏浚河床、改变河道,以改变流水方向,避免或减缓水流对路基的直接破坏作用。

(三)支挡建筑物

支挡建筑物用以防止路基变形或支挡路基本体或山体的位移,以保证其稳定性,常用的类型有路基边坡支撑(挡土墙、土垛、石垛及其他具有承重作用的构造物)和堤岸支挡(沿河驳岸、浸水挡土墙)。驳岸与浸水挡土墙主要区别在于:前者主要起防水作用;后者既防水,又兼起支挡路基的土侧压力。

(四)湿软地基加固

用各种有效方法处治含水量高、孔隙比大、承载力低的湿软地基,以防路基沉陷、滑移或发生其他病害。

路基防护与加固工程中,一般把防止风化和冲刷,主要起隔离、封闭作用的措施称为防护工程。防护工程不能承受外力作用,所以要求路基本身必须是稳定的。把防止路基或山体因重力作用而坍滑,地基承载力不足而沉陷,主要起支承、加固作用的结构物称为加固工程。它们当中有些措施往往兼有防护与加固作用。

项目一 一般路基坡面防护

土坡表面最容易遭受降水的冲刷、冰冻的损毁和风沙的吹蚀。路基边坡坡面防护,主要通过对坡面封闭隔绝或隔离,避免或减缓与大气直接接触,阻止岩土进一步风化,防止或减缓地面水流对边坡的冲刷和侵蚀,从而达到防护边坡之目的。

坡面防护主要是保护路基边坡表面,免受雨水冲刷,减缓温差及湿度变化影响,防止和延缓软弱岩土表面的风化、碎裂、剥蚀演变过程,从而保护路基边坡的整体稳定性,在一定程度上还可兼顾路容美化,协调自然环境。常用的坡面防护设施有植物防护和砌石防护。

一、植物防护

在适宜植物生长的地区,利用路基边坡培育植物,可以抵御自然降水和坡面径流的冲刷;植物防护主要适用于较缓的土质边坡,依靠成活植物的发达根系,深入土层,使表土固结,防止土壤水土流失。植物根、茎、叶可以调节表土的湿度,阻滞地表径流,防止或减缓冲刷,防洪保堤。沙漠或积雪地区路基两侧植树,可成为防砂栅和防雪栅。不同的植被,不仅可以调节边坡土的湿度,起到固结和稳定边坡的作用,还可起到交通诱导、安全、防眩、吸尘、隔声作用,同时美化路容,协调环境。因此,被视为“生命”防护的植物防护,在一定程度上优于无机物防护。植物防护,它对于坡高不大,边坡比较平缓的土质坡面,是一种简易有效的防护设施,其方法有种草、铺草皮和植树。

(一)种草

种草适用于边坡稳定、坡面冲刷轻微的适合草类生长的土质较好的路堤或路堑边坡。一般要求边坡坡度不陡于1:1,边坡地面水径流速度不超过0.6 m/s。采用种草防护时,对草籽的选择应注意当地的土壤和气候条件,可以种植一些茂盛、生长力强、多年生长的草种,并尽量用几种草籽混种,使之生成一个良好的覆盖层。播种的坡面应平整、密实、湿润。在翻松的表土坡面,必要时铺不小于10 cm厚的种植土层。如果气候条件允许,也可采用直接种植容易生长、根系发达、叶茎低矮或有匍小茎的多年生草种或灌木丛,来固结表土,防止水土流失。

种草时将草籽加土拌和,均匀撒播草籽,入土深度不少于5 cm,种完后拍实松土,洒水湿润,并注意管理。播种方法有撒播法、喷播法和行播法等。

种草应在温度、湿度较大的季节播种,播种后,应适时进行洒水施肥、清除杂草等养护管理,直到植物覆盖坡面。

(二)铺草皮

铺草皮适用于各种土质边坡,特别是当坡面冲刷比较严重,边坡较陡,土质不适宜种草,径流速度大于0.6 m/s,附近草皮来源较易时采用铺草皮防护比较适宜。草皮品种与种草相仿。草皮规格以不过于损坏根系,便于成活及运输而定,一般为20 cm×40 cm,厚6~10 cm。铺草皮前应将坡面整平,必要时加铺6~10 cm种植土层。草皮铺砌形式有平铺(平行于坡面)、水平叠铺、垂直叠铺(垂直坡面)、斜交叠铺(与坡面成一半坡角的倾斜叠置)及网格式(采用片石铺砌成方格或拱式边框,方格式框内铺草皮)等,如图 5-1 所示。铺植时可根据具体条件(坡度与流速等)选用。

铺草皮需预先备料,草皮可就近培育,切成整齐块状,然后移铺在坡面上。铺时应自下而上,并用竹木小桩将草皮钉在坡面上, 每块草皮钉 2~4 根竹木梢桩,使草皮与坡面固结稳定。草皮根部土应随草切割,坡面要预先整平, 对于土质不合适的边坡,可在边坡上铺筑一层适宜种植的土,然后进行栽种或种植。草皮应随挖随铺,注意相互贴紧。

铺草皮在施工时,应尽可能在春秋季或雨季进行,不宜在冰冻时期或解冰时期施工。

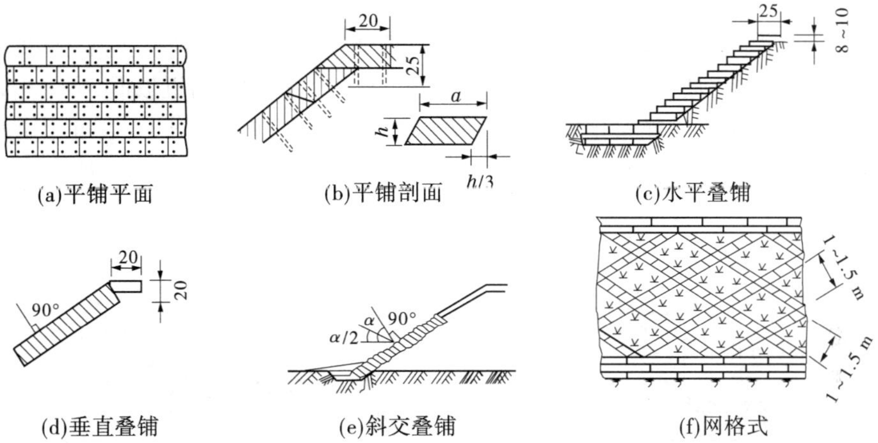

图 5-1　草皮防护示意图　(单位:cm)

(三)植树

植树适用于各种土质边坡和风化极严重的岩石边坡,边坡坡度不陡于 1∶1.5。在漫水河滩或海滩上,为了降低水流速度,减少水流对河滩上路堤的冲刷,可以在滩上植树,这样还能起到促使泥沙淤积、加固边坡、防止和减缓水流冲刷路堤。在风沙和积雪地面,林带可以防汛、防砂和防雪,保护路基不受侵蚀,调节气候、美化路容,改善高等级公路的美学效果,增加木材收益。在坡面上植树与铺草皮相结合,可使坡面形成一个良好的覆盖层。如图 5-2 所示。

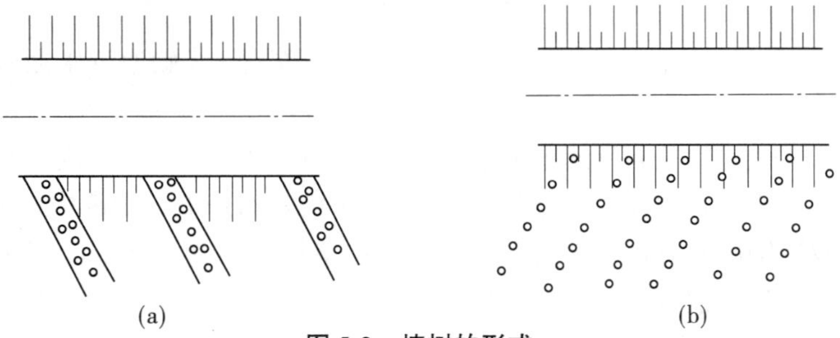

图 5-2　植树的形式

植树品种宜选用在当地土壤与气候条件下能迅速生长、根系发达、枝叶茂盛的低矮灌木为主。沿河路堤植树,则以喜水、根深、杆粗的树种,并多排成行栽种,以起到导流、拦流、挑水、促使泥沙淤积,加固堤岸作用。植树的平面布置,应根据植树品种、作用,结合当地经验而定。城市或风景区的植物防护,应与有关部门协调配合。

用于冲刷防护时宜选用生长很快的杨柳类,或不怕水淹的灌木类。植种后在树木未成长前,应防止流速大于 3 m/s 的水流侵害。必要时应在树前方设置障碍物,加以保护;植树防护最好与种草结合使用,使坡面形成一个良好的覆盖层,才能更好地起到防护作用。

二、砌石防护

对于易发生严重剥落或溜方的路基边坡,为防止地面径流或河水冲刷,公路填方边坡、沿河路堤浸水部位坡面、土质路堑边坡下部的局部,以及桥涵附近坡面,可采用砌石防护。砌石防护可用于土质或风化岩质路堑或土质路堤边坡的坡面防护,也可用于浸水路堤及排水沟渠,作为冲刷防护。砌石防护可分为干砌和浆砌两种,如图 5-3 所示。

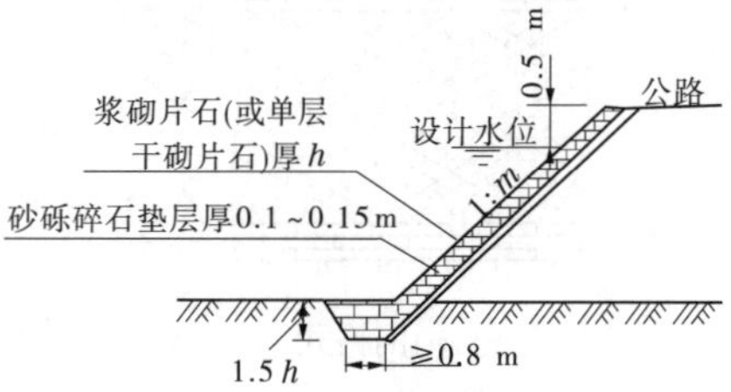

(a)单层砌石护坡

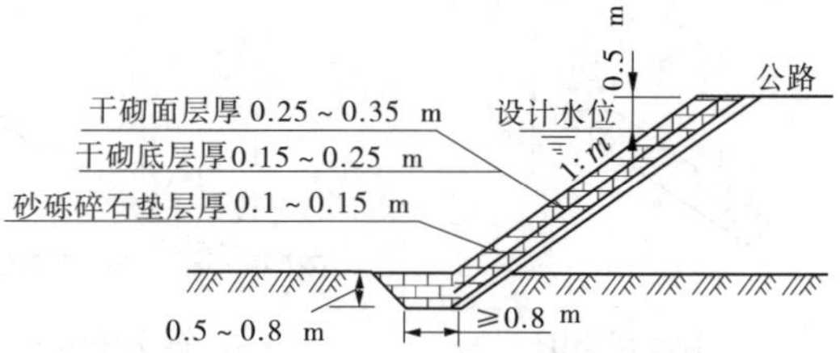

(b)双层砌石护坡

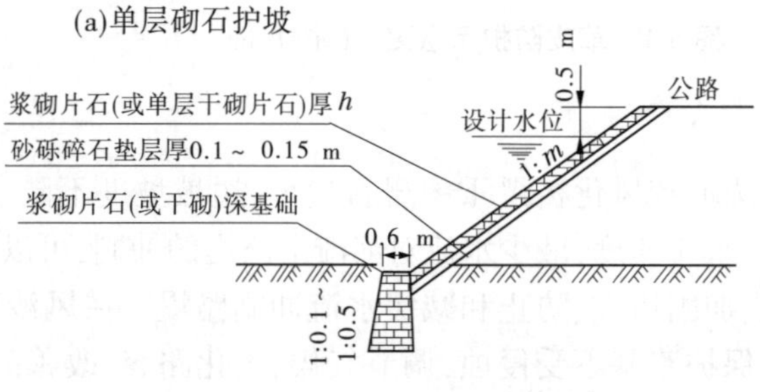

(c)深基础石砌护坡

注:m 值应缓于或等于 1:1.5;h 值干砌为 0.25~0.35 m,浆砌为 0.25~0.4 m。

图 5-3 石砌护坡

干砌靠石料之间的摩阻力和嵌挤力而不使用水泥砂浆;浆砌通过水泥砂浆将石料黏结在一起。

易遭受雨、雪、水流冲刷,流速不大于 2~4 m/s,易发生泥流、溜坍或严重剥落的路基边坡,以及受水冲刷较轻的河岸和路基,均可采用干砌片石护坡。干砌片石护坡一般可分为单层铺砌、双层铺砌和编格内铺石等几种形式。单层厚度为 0. 25~0. 35 m。采用干砌防护时,为防止水流将铺石下面边坡上的土颗粒带出冲走,施工时,应在铺砌层的底面设 0. 1~0. 2 m 的碎石、砾石或砂砾混合物垫层,以增加整个铺石防护的弹性,使其不易破坏。同时干砌片石最好用砂浆勾缝,防止水分浸入过多,以提高其整体强度。

对于水流流速较大(4~5 m/s),波浪作用强,有漂浮物等冲击的沿河路堤或采用干砌片石不适宜的其他路基坡面防护,宜采用浆砌片石护坡。浆砌片石护坡宜用0.3~0.5 m以上的块(片)石砌筑,其厚度一般为0.2~0.5 m。用于冲刷防护时,最小厚度一般不小于0.35 m,护坡底面应设0.10~0.20 m厚的碎石或砂砾垫层。路堤边坡上的浆砌片石护坡,应在路堤压实或夯实后施工,以免因路堤沉落而引起护坡的破坏。

无论是干砌片石或浆砌片石,均应在片石下面设置0.1~0.15 m厚的碎(砾)石或砂砾混合物垫层,以起到整平作用,并可防止水流将干砌片石层下面的边坡细土粒带走,能使结构层具有一定的弹性,增加对波浪、流冰及漂浮物的抵抗力。

石砌护坡坡脚应修筑墁石基础。在无河水冲刷时,基础埋置深度一般为护坡厚度的1.5倍。沿河受水流冲刷时,基础应埋置在冲刷线以下0.5~1.0 m处,或采用石砌深基础。

基础要求坚固,底面宜采用1∶5向内倾斜的坡度,如遇坚石可挖成台阶式,在近河地段基础则应埋置于冲刷线以下0.5~1.0 m。砌石由下而上,错缝嵌紧,表面平整,周界用砂浆密封,以防渗水。对浆砌片石护坡,每隔10~15 m设缝宽2 cm的伸缩缝,缝内填塞沥青麻筋或沥青木板等材料;护坡的中、下部设10 cm×10 cm的矩形或直径为10 cm的圆形泄水孔。其间距为2~3 m,孔后0.5 m范围内应设置反滤层。

在缺乏石料的地区,可采用混凝土预制块防护路基,它比浆砌片石护坡能较强地抵抗较大的水流流速和波浪的冲击,但造价较高,如图5-4所示。

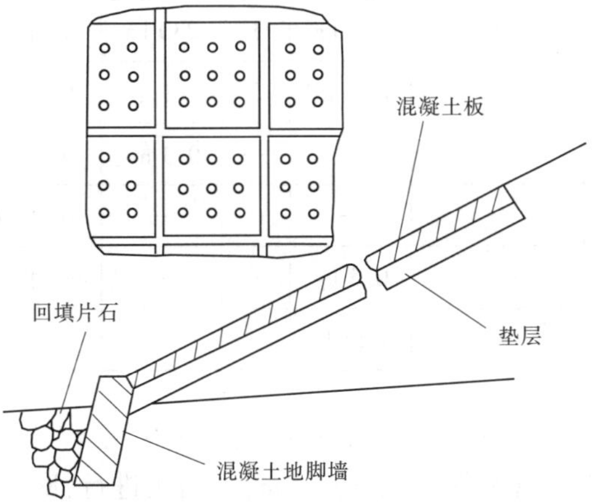

图5-4 混凝土板护坡断面示意图

三、坡面处治

对于不适宜于草木生长的易于风化的较陡软质岩石、破碎岩石路堑边坡,可采用碎(砾)石、砂、水泥、石灰、工业废渣等无机物或沥青类有机材料,将坡面岩石裂隙、缝穴、风化层及坡面周围予以堵塞或封闭,以防止风化进一步加剧、地表径流水下渗。因此,坡面处治又称封闭防护。常用的方法有抹面、锤面、勾(灌)缝、灌浆与喷浆及护面墙等。

(一)抹面、锤面与勾灌缝

抹面适用于易风化而表面平整、尚未严重风化剥落的岩石边坡,如页岩、泥岩、泥灰岩、千枚岩等软质岩层。边坡坡度不受限制,但坡面应较干燥。常用的抹面材料及其配合比与用量可参考表5-1。

在不适宜植物防护的情况下,可采用砂石、水泥或石灰等材料对风化的软质岩石进行抹面防护,一般采用三合土(石灰、炉渣或黏土)或四合土(石灰、炉渣、黏土和砂)等复合材料较为经济。对于整体性较好、表面平整和施工面石质新鲜的边坡,可采用水泥喷枪,将水泥粉末与少量雾化水珠混合,借高压喷涂到岩层表面上,形成一层水泥薄壳罩在岩石面上。对于易风化而坡面不平的岩石边坡可采用喷浆防护,喷浆为水泥、石灰、砂和水的混合料。

表5-1　常用的抹面材料及其配合比与用量

材料名称	石灰、炉渣混合浆(两层共厚3~4 cm)			石灰、炉渣三合土(厚6~7 cm)		四合土(厚8~10 cm)		水泥、石灰、砂浆(厚3 cm)	
	体积比		每平方米用量	质量比	每平方米用量	质量比	每平方米用量	体积比	每平方米用量
	表层(1.5~2.0 cm)	底层(1.5~2.0 cm)							
水泥	—	—	—	—	—	—	—	1	3.5 kg
石灰	1	1	7.5 kg	1	230 kg	1	12 kg	2	3.0 kg
炉渣	2~2.5	3~4	0.03 m^3	5	1.1 m^3	9	118 kg	—	—
黏土	—	—	—	—	0.3 m^3	3	36 kg	—	—
砂	—	—	—	—	—	6	72 kg	9	0.03 m^3
纸(竹)筋	—	—	0.5 kg	—	—	—	—	—	—
卤水	—	—	0.14 kg	—	—	—	—	—	—

抹面作业前,应对被处治的边坡加以清理,去掉风化层、浮土、松动石块并填坑补洞,洒水湿润,以利牢固耐久。抹面厚度为3~7 cm,分两次进行,底层抹全厚的2/3,面层抹全厚的1/3。抹面可以分片或满布。面积较大时,每隔5~10 m设缝宽2 cm的伸缩缝一道,用沥青麻筋或油毛毡填塞紧密。必要时坡顶设天沟,并用相同材料对沟壁抹面。在抹面护坡的周边与未防护坡面衔接处应严格封闭,其措施为弯槽嵌入岩石内,其深度不小于10 cm,并和相衔接的坡平顺;坡脚宜设1~2 m高的浆砌片石护坡。为防止灰体表面开裂,增强抗冲蚀能力,可在表面涂沥青保护层,其沥青软化点宜稍高于当地最高气温,用量为3 kg/m^2 左右。

锤面适用于易受冲刷的土质边坡或易风化剥落的岩石边坡,边坡坡度不大于1:0.5。

锤面厚度10~15 cm,一般采用等厚截面,当边坡较高时,采用上薄下厚截面。锤面护坡与未防护坡面衔接处应封闭,其措施与抹面相同。坡脚设1~2 m高的浆砌片石护坡。锤面材料常用石灰土、二灰土等。

锤面施工前应清除坡面浮石松土,填补坑凹,有裂缝时应勾缝。在土质边坡上,为使护面贴牢,可挖小台阶或锯齿。坡面应先洒石灰水润湿,锤面时夯拍要均匀,提浆要及时,表面要光滑,提浆后 2~3 h 进行洒水养护 3~5 d。寒冷地区不宜在冬季施工。养护时如发现开裂和脱落应及时修补。在较大面积锤面时,应设置伸缩缝,其间距不宜超过 10 m。

勾缝适用于岩石质地坚硬,不易风化,节理缝多而细或岩层间夹有很薄的软层,为防止水分浸入裂隙导致岩石抗风化能力减弱,造成病害,可用水泥、砂浆勾缝。

勾缝可用按重量比为 1∶2~1∶3的水泥砂浆,或按体积比为 1∶0.5∶3或 1∶2∶9的水泥石灰砂浆。勾缝前应先用水冲洗,并清除裂缝内的泥土、杂草。勾缝时要求砂浆应嵌入缝中,与岩体牢固结合。

灌缝适用于较坚硬、裂缝较大较深的岩石路堑边坡;灌缝可用体积比 1∶4或 1∶5的水泥砂浆。裂缝很宽时,可用体积比 1∶3∶6或 1∶4∶6的混凝土灌注。灌缝前也应先用水冲洗,并清除裂缝内的泥土、杂草。灌缝时要求插捣密实,灌满缝口并抹平。

(二)灌浆与喷浆

灌浆适用于质地坚硬、局部存在较大、较深的缝隙或洞穴,并有进一步扩展而影响边坡稳定性的岩石路堑边坡。其目的是借助灰浆的黏结力把裂开的岩石黏在一起,保证边坡稳定。水泥砂浆按重量比为 1∶4或 1∶5,必要时可用压浆机灌注。裂缝或洞穴较宽则可用混凝土灌注。

喷浆适用于易风化但尚未严重风化的新鲜平整的岩石边坡坡面。采用素喷水泥砂浆和混凝土的施工工艺,也可采用加设防护网及锚杆的锚喷工艺。通过喷涂一层厚度 5~10 cm 的砂浆,岩石坡面将被封闭,形成一个保护层,达到阻止面层风化,防止边坡剥落与碎落。砂浆可用水泥浆或水泥砂浆,甚至水泥石灰砂浆。其重量配合比为水泥∶石灰∶河沙∶水=1∶1∶6∶3。喷浆前应将坡面整平,去除已经风化的表层,洒水湿润,一次喷成。为了增加喷浆与坡面的黏结,防止脱落或剥落,可采用锚喷混凝土防护。先在清挖出的密实、稳定的新鲜坡面上,钻孔、安装锚杆、灌浆;然后挂上纤维网柱或钢丝网柱;最后用高压泵喷射厚度 4~6 mm 的 C20 混凝土。

喷浆及喷射混凝土施工中应注意:

(1)锚喷防护的施工。锚喷工艺利用了锚杆的深层拉力作用,钢筋网的多层防护作用以及细粒式混凝土的封闭及刚性整体作用,从而确保了风化岩石边坡的强度及稳定性,起到了坚固、耐用、美观的作用。

(2)锚喷防护施工前必须对施工现场及所要防护的边坡进行详细的调查,调查的内容主要有以下几方面:①开挖面的坡度及平整状况。②风化岩体上表面土层厚度及密实程度。③岩面的风化程度及发育状况。④岩体表面的孔隙、沟巢及土条带的数量、宽度、深度。

(3)岩面处理。在施工前要对风化岩的岩面进行处理,清除岩体表面植被、浮土、危石,尽量使岩体表面保持一个单一坡度;对岩体表面暴露得较大的坑洞要进行砌石堵塞;对土条带要加以清除,并进行简单的砌石防护,同时在施工前要确定泄水孔的位置。

(4)截水沟及急流槽的设置。根据施工现场实际情况要在边坡的上方设置截水沟及急流槽以避免水流对风化岩表面土层的冲刷。

(5)凿眼及锚杆的注入。锚杆的长度要根据风化岩的物理性质及表面施工层的拉力通过试验确定,一般长度在1.5~2.5 m,通常采用大于ϕ22的螺纹钢。

(6)防护网的挂设。防护网可采用单网和双网两种形式,单网结构一般采用ϕ8钢筋网,网孔尺寸为5 cm×5 cm。双网结构一般内网采用ϕ6铁丝网,网孔尺寸为10 cm×10 cm,外网一般采用ϕ8钢筋网,网孔尺寸为30 cm×30 cm。挂设防护网时要注意防护网与锚杆坚固连接及防护网的整体性,并根据风化岩面的风化程度对防护网的间距加以适当的调整。

(7)混凝土的喷射。喷射混凝土前要对所有机械设备、人员、进场材料进行全面细致的检查,建立相应的施工与质量保证体系,以确保锚喷施工的顺利进行。施工过程中要保证机械设备的正常运转,保证进料管与进水管的畅通,保证喷头与岩面的距离及喷射的角度(一般喷射距离为2~4 m,喷射角度为60°~70°),保证喷射的厚度及均匀性,同时在喷射混凝土时要对混凝土的质量进行随时检查以充分保证混凝土的强度及流易性要求。

(8)养护维修。在混凝土施工完成之后,马上要进行养护,采用覆盖草袋,喷水养护的方式为7~14 d,以满足混凝土的强度要求。对露筋及混凝土较薄的部位要进行补喷。

(三)护面墙

为覆盖各种软质岩层和较破碎岩石的挖方边坡免受大气因素影响而修建的墙,称为护面墙。护面墙是一种浆砌片石的覆盖物。多用在易风化的云母片岩、绿泥片岩、泥质页岩、千枚岩及其他风化严重的软质岩层和较破碎的岩石地段,以防止其继续风化。护面墙沿着边坡坡面修建,仅能承受自重,不承受其他载重,也不承受墙后土侧压力,故要求被防护的边坡自身必须稳定,且边坡不宜陡于1:0.5。

护面墙适用于严重风化破碎,容易产生碎落坍方的岩石路堑边坡或易受冲刷、膨胀性较大的不良土质路堑边坡。其目的是使边坡免受自然因素影响,防止雨水下渗,达到保护边坡的目的。表5-2所示为护面墙常用尺寸表。墙基要求稳固,冰冻地基墙基应埋置在冰冻线以下0.25m;若为软基,可设拱形结构物跨过。

表5-2 护面墙的厚度参考

护面墙高度 H/m	路堑边坡	护面墙厚度/m	
		顶宽 b	底宽 d
≤2	1:0.5	0.40	0.40
2<H<6	>1:0.5	0.40	0.40+H/10
6<H≤10	1:0.5~1:0.75	0.40	0.40+H/20
10<H≤16	1:0.75~1:1	0.60	0.60+H/20

墙体纵向每隔10~15 m设缝宽2 cm的伸缩缝一道,缝内用沥青麻筋填塞。墙身上

下左右每隔 2~3 m 设 6 cm×6 cm 或 10 cm×10 cm 方形或直径为 10 cm 圆形泄水孔，泄水孔的后面应用碎石和砂砾做反滤层。墙的厚度视墙高而定。为增加墙体稳定性，墙背每 3~6 m 高设一宽度为 0.5~1.0 m 错台。根据边坡基岩或土质的好坏，每 6~10 m 高为一级，设宽度不小于 1.0 m 的平台。在缺乏石料地区，墙身可采用片石铺砌成方格或拱式边框，方格或框内用石灰炉渣、三合土或四合土等混合料抹面。图 5-5 所示为护面墙示意图。

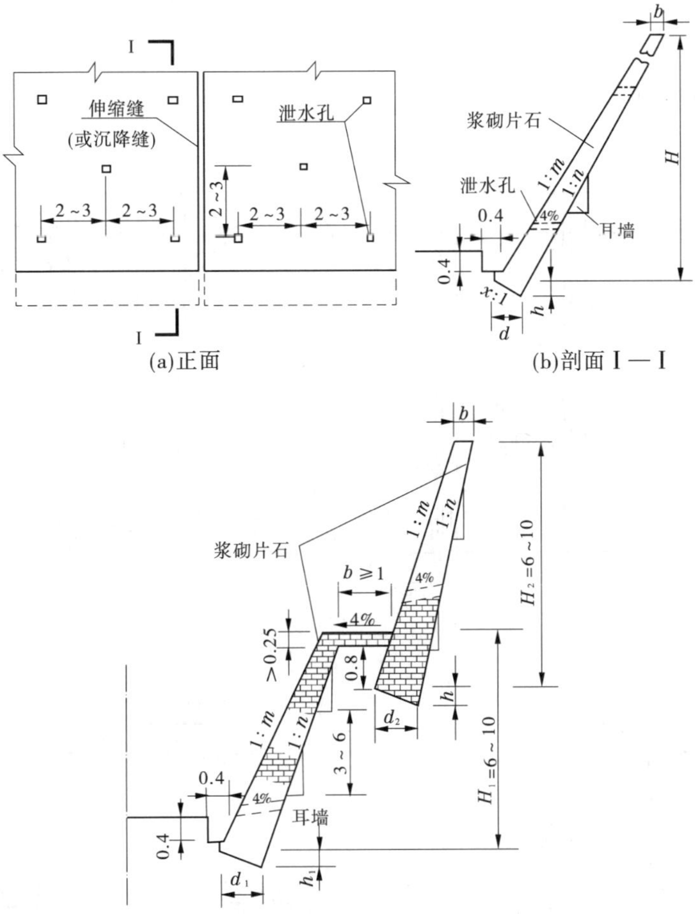

(c)两级护面墙

图 5-5　护面墙示意　(单位：m)

拱形骨架植草护坡施工

拱形骨架植草护坡多用于稳定的土质挖方路基边坡的防护，土质边坡一般采用液压喷播植草进行绿化施工；对风化严重的石质边坡，可在骨架中间透空部分填土后再进行种草、种树等植物防护工作。根据拱形骨架所采用的材料不同，又可分为浆砌片石拱形骨架植草护坡、现浇混凝土拱形骨架植草护坡、预制混凝土块拱形骨架植草护坡等类型。

一、拱形骨架植草护坡的构造与布置

护坡坡度与路基边坡坡度一致,一般在 1∶1左右,每一台护坡垂直高度为 8~10 m,沿坡长每隔 10~15 m 设置一条伸缩缝(沉降缝),缝宽 2 cm 左右,一般设置在拱肋的拱顶处,伸缩缝(沉降缝)上下对齐。拱形护坡的拱肋通常设计成 L 形断面,通过肋条上的拦水埝拦截汇集坡面径流,以减少雨水对坡面的冲刷。

浆砌片石拱形护坡的结构如图 5-6 所示;在石料比较缺乏的地区,可用低等级混凝土(如 C20 混凝土)预制块砌筑拱形骨架,其结构如图 5-7 所示;也可采用现浇(钢筋)混凝土形成骨架,如图 5-8 所示。

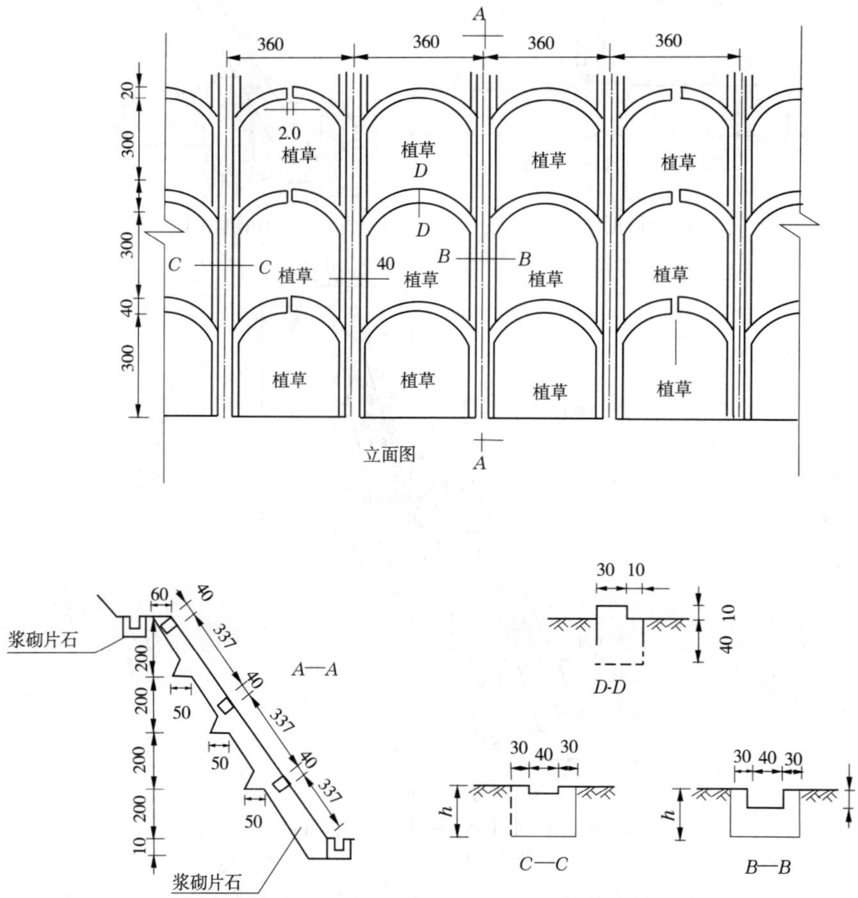

图 5-6　浆砌片石拱形护坡设计图　(单位:cm)

在路堤坡面的防护中,为了克服拦水带设置在路面容易形成积水的问题,取消拦水带,采用在最高一道护坡肋之上的空格用砂浆或浆砌封面。

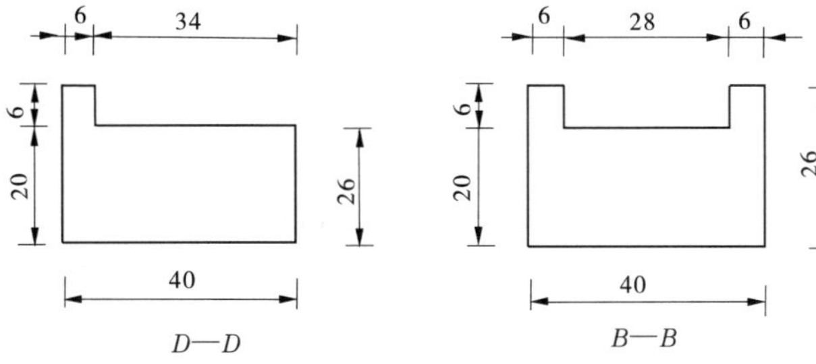

图 5-7　拱形混凝土防护　(单位：cm)

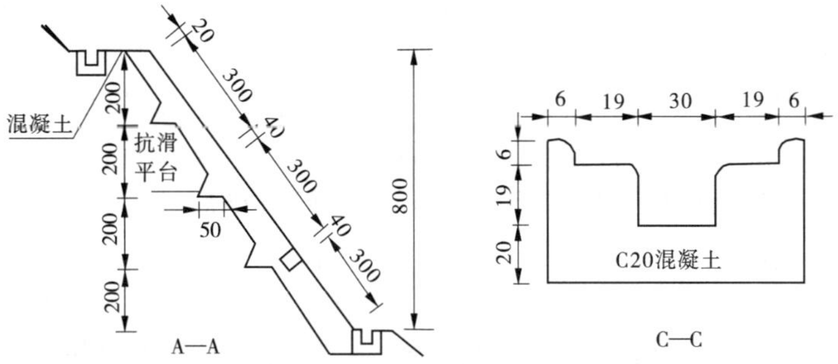

图 5-8　现浇钢筋混凝土拱形护坡　(单位：cm)

二、拱形骨架植草护坡的施工工艺

(一)浆砌片石拱形骨架植草护坡的施工工艺

浆砌片石拱形骨架植草护坡可按下列工序及步骤进行施工：施工前准备→刷坡→全站仪定位放样、拱形模放样→人工开挖竖肋和拱肋沟槽→验槽→铺砌竖肋沟底→铺砌竖肋沟帮→支拱形铁皮模→砌筑拱肋→竖肋和拱肋抹面→骨架中间回填客土→植草绿化。

(二)混凝土预制块拱形骨架植草护坡的施工工艺

混凝土预制块拱形骨架植草护坡的施工工序及步骤同浆砌片石拱形骨架植草护坡。

(三)现浇(钢筋)混凝土拱形骨架植草护坡的施工工艺

现浇(钢筋)混凝土拱形骨架植草护坡的施工工序及步骤与拦水埝设置的方法不同，有如下两种情况。

1. 拦水捻一次成型

边坡开挖→刷坡→测量定位放样→碎落台截水沟开挖形成临时截水沟→肋条沟槽开挖→(打锚孔→注浆→插锚杆)→支边模→焊接、安放钢筋笼 →浇筑混凝土竖肋和拱肋→碎落台及其截水沟加固→抿做拦水埝→养护。

2. 拦水捻二次成型

边坡开挖→刷坡→测量定位放样→碎落台截水沟开挖→肋条沟槽开挖→(打锚孔→注浆→插锚杆)→支边模→焊接、安放钢筋笼 →浇筑混凝土竖肋和拱肋→养护→肋条混凝土凿毛→冲洗湿润→支拦水埝边模及内模→浇筑拦水埝→拦水埝养生→碎落台及其截水沟加固。

三、拱形骨架植草护坡的施工方法

(一)坡面平整

大多数路堑开挖施工以机械为主,人工为辅。施工时,从上往下采用爆破或挖掘机开挖路堑,边开挖边刷坡,开挖一台防护一台,每一台边坡经检查合格后(边坡坡比、顺直度达到设计要求),即可进行坡面防护。路堤边坡一般应等路堤填筑到顶(或沉降稳定)以后,进行刷坡,刷坡到位后,即可进行坡面防护。

(二)拱形骨架施工

1. 浆砌片石拱形骨架施工

(1)浆砌片石拱形护坡是在修整好的坡面上先采用全站仪或卷尺测量确定竖肋(坡面急流槽的断面尺寸比一般竖肋较大,按图纸布置急流槽位置和尺寸,施工时与一般竖肋的施工方法和顺序相同。所以,后面的叙述中不作区分,统一称“竖肋”)位置,定出竖肋上、下两个点的位置和标高,插杆挂线,然后用卷尺确定拱肋的位置;采用人工从上往下开挖沟槽,竖肋沟槽和拱肋沟槽开挖平行作业;沟槽检验合格后,即开始从下往上用 M5 或 M7.5 的水泥砂浆铺砌浆砌片石,竖肋和拱肋同时铺砌。拱肋铺砌采用成形铁皮模控制拱肋形状。

(2)铺砌竖肋时,先在沟槽全宽范围铺砌沟底,然后在沟底上砌筑沟帮;在砌竖肋的同时铺砌拱肋。拱肋施工时,需要先支好成形拱模,控制拱肋线形,然后砌筑拱肋片石。

(3)如果需要利用拱肋顶面导水,在拱肋的下侧应用预制块砌筑拦水埝,或在拱肋抹面的同时,在拱肋的下游侧立模(或同时立上下侧的内外模),用与抹面相同的砂浆抿成拦水埝。

(4)拱形护坡大约每三孔设置一条沉降缝,沉降缝置于拱肋顶部,上下对整齐。实践表明,在有滑坡体的边坡上,沉降缝效果明显,即可防止护坡发生不均匀沉降时整体拉裂。

(5)待一台坡面的竖肋和拱肋铺砌完工后,从上往下用 M10 砂浆统一抹面;抹面时,竖肋同一断面先抹沟帮再抹沟底。

(6)拱肋与竖肋的交接施工时,为了使拱肋汇集的雨水能顺利地导往竖肋,有如下几种方法:

①拱肋较竖肋在坡面垂直方向高 3 cm 左右,在拱肋与竖肋相交的地方,用砂浆在竖肋顶上抹一导水肋,这样可以将拱肋以上汇集的坡面水顺导至竖肋沟槽中。

②如果竖肋与拱肋交接处在同一个平面上,应该在竖肋的拦水埝上沿拱肋上侧切线方向开一条小沟槽,也能有效导水,小沟槽的断面尺寸为 5 cm×5 cm 左右,并用水泥砂浆抹沟底、沟壁。

③如果拱肋带有拦水埝,应该在竖肋的拦水埝上沿拱肋拦水埝的上侧切线方向开一条小沟槽,或把竖肋对应拱肋部分的拦水埝断开,小沟槽的断面尺寸为 5 cm×5 cm 左右,并用水泥砂浆抹平。

2. 混凝土预制块拱形骨架施工

在石料缺乏的地段,有时可采用如图 5-7 所示的混凝土预制块代替浆砌片石。其施工方法是采用预制的拱肋和竖肋,在开挖验收合格的拱肋和竖肋槽中采用坐浆法砌筑拱肋和竖肋。

这种护坡的坡面雨水拦截及汇水工作由拱肋及竖肋上的拦水埝完成。拦水埝是在预制混凝土块时一次成形浇筑好的。为了能将坡面汇水有效地顺导进入竖肋(或急流槽)沟槽内,应该在拱肋与竖肋交接处上方,用一块不带拦水埝的预制块铺砌,或采用"(二)拱形骨架施工 1.(6)"中的施工方法施工。

3. 现浇混凝土拱形骨架施工

当采用现浇混凝土或锚索钢筋混凝土(为了加固浅层滑坡体)作拱形骨架时,其沟槽开挖方法与"(二)拱形骨架施工 1.(1)"方法相同。

混凝土浇筑方法及锚孔、锚索施工可参照有关技术规范。

现浇混凝土拱形骨架植草护坡的拦水及汇水工作仍然由拱肋及竖肋上的拦水埝完成,为保证所拦截的坡面水能顺利地进入竖肋(或急流槽)沟槽内,在浇筑竖肋时,应该将竖肋与拱肋交接处的拦水埝断开(竖肋与拱肋交接处不设拦水埝),方便拱肋汇集的雨水能进入竖肋中。

现浇混凝土拱形骨架拦水埝的施工有两种方法。

1) 一次成型

在浇筑肋条(竖肋和拱肋)混凝土时使用比肋条稍高的模板(制作拱肋成型模板时,将软铁皮或镀锌铁皮的裁切宽度放大,比拱肋高度高 6 cm 左右),用灰刀抹筑一道 6 cm×6 cm 左右的拦水埝,如果混凝土塌落度较大,可在拦水埝内侧搁置一块小模板,然后同肋条一起养护。

2) 二次成型

先浇筑肋条,并在拦水埝位置预插短钢筋、铁丝或铁钉,等整个坡面的肋条都施工完以后,补浇拦水埝。浇筑拦水埝之前,应该将肋条凿毛,并用水冲洗干净,保持湿润,如果做不到这一点,新老混凝土联结不好,拦水埝极易脱落损坏。然后立模板,浇筑混凝土并养护。

(三) 成型拱模

成型拱模可根据拱肋设计线形,施工单位用软铁皮(铝皮、复合板、树脂板等)加工制作成型。加工制作时,先裁切出与拱肋弧长相当的铁皮(铝皮、复合板、树脂板等),然后用 4 条纵向筋(钢筋或木条),5~6 条横向筋(钢筋或木条)将铁皮(铝皮、复合板、树脂板等)固定焊接成设计拱形。

(四) 回填客土

拱形骨架形成后,将中空部分填满种植土,填土时应注意不要超过拱肋的高度。

(五) 植草绿化

拱形骨架形成后,应及时植草绿化。

四、拱形骨架护坡施工的质量控制与检查

(一) 浆砌片石拱形护坡施工的质量控制与检查

1. 材料要求

石料及圬工要求参照《公路工程质量检验评定标准 第一册 土建工程》(JTG F80/1—

2017)规范中的有关规定。

2. 质量控制

(1)坡体不稳定,不得进行坡面防护施工。

(2)拱肋、竖肋沟槽开挖验收合格后,才能进行拱肋、竖肋的施工。

(3)随时检查砂石材料和水泥质量,检查砂浆配比的称量。

(4)拦水埝最好与肋条一同施工。

(5)砌石应错缝砌筑,砌体砂浆饱满度采用工艺控制。

3. 质量检查

浆砌石拱形护坡施工质量检查项目与检查方法如表 5-3 所示。

表 5-3 浆砌石拱形护坡施工质量检查项目与检查方法

项次	检查项目	规定值或允许偏差	检查方法
1	拱肋位置/mm	±20	每 20 m 检查一断面,用卷尺检测
2	竖肋位置/mm	±20	每 20 m 检查一断面,用卷尺检测
3	沟槽纵坡	符合设计	每 20 m 检查一断面,用全站仪检测
4	砂浆强度/MPa	在合格标准内	按《公路工程质量检验评定标准 第一册 土建工程》(JTG F 80/1—2017)中附录 F 的方法
5	拱形骨架尺寸/mm	±10	用尺量每 50 m 量 3 点,不足 50 m 至少 3 点
6	坡度	不陡于图纸规定	每 50 m 用坡度尺抽量 3 处
7	竖肋拱肋直顺度/mm	±50	用 2 m 直尺检查,每 50 m 抽量 3 处
8	骨架表面及坡面平整度/mm	±30	用 2 m 直尺检查,每 50 m 抽量 3 处
9	嵌入度/mm	±50	用尺量外露部分,每 50 m 量 3 处
10	防冲刷能力	拱肋能拦截汇集坡面径流,并将汇水导入竖肋中	现场检查
11	客土质量	土质、厚度按设计要求检查,坡面平顺度大体与边坡坡度一致,通过现场检查	现场检查

(二)混凝土预制块及现浇钢筋混凝土拱形护坡的质量控制与检查

1. 材料要求

水泥采用 32.5 级普通硅酸盐水泥。砂、石材料的品质要求、混凝土的强度要求见《公路工程质量检验评定标准 第一册 土建工程》(JTG F80/1—2017)。

钢筋网：质量要求见如下规定。

预制和堆放构件场地应平整坚实，注意排水通畅，防止地基沉陷变形。如采用土模预制，应有压实指标要求，其表面应作专门处理，并防止水对土模浸湿沉陷，引起构架变形开裂。

锚杆：质量要求同钢筋网质量要求的有关规定。

2. 质量控制

(1)坡体不稳定，不得进行坡面防护施工。

(2)拱肋、竖肋沟槽开挖验收合格后，才能进行拱肋、竖肋的施工。

(3)随时检查砂石材料和水泥质量，检查混凝土配比称量。

(4)拦水埝最好与肋条一同施工。

3. 质量检查

混凝土拱形护坡检查项目和方法如表 5-4 所示。

表 5-4　混凝土拱形护坡检查项目和方法

序号	检查项目	质量指标		检查方法
1	砂浆或混凝土强度/MPa	符合设计要求		按《公路工程质量检验评定标准 第一册 土建工程》(JTG F80/1—2017)中附录 D 和 F 的方法
2	平面位置/mm	肋条位置	30	每 50 m 用经纬仪测量 3 点
3	断面尺寸/mm	不小于设计值		每 50 m 用尺量 2 个断面
4	边坡坡比/%	±1		每 50 m 用坡度仪测 1 点
5	拱形骨架平整度/mm	混凝土	10	每 50 m 用 2 m 直尺量 3 处
6	拦水埝	符合设计尺寸要求，控制施工工艺		现场检查
7	沉降缝	上下贯通、整齐竖直，设置在拱肋顶处		现场检查
8	混凝土表面质量	蜂窝麻面不得超过该面积的 0.5%，深度不超过 10 mm		现场检查、尺量
9	锚杆质量	控制压浆施工工艺，锚固砂浆应灌入锚孔底部		现场检查，抽检 1%
10	外观鉴定	混凝土表面应平整、密实，施工缝整齐，外形轮廓清晰，线条直顺，无蜂窝、麻面		现场检查

同学们，一般路基坡面防护的方法与要求大家是否都掌握了呢？快来扫码跟着老师的微课一起复习一下吧！

一般路基坡面防护

项目二　沿河路基冲刷防护

沿河路基，直接承受水流的冲刷。为了保证路基坚固、稳定，必须采取措施予以防护。防止冲刷的措施有两种：一种是加固岸坡的直接防护；另一种是改变水流性质的间接防护。

一、直接防护

直接防护是在稳定的边坡上直接加固的一种措施，其特点是不干扰或很少干扰原来的水流性质。除坡面防护和砌石护坡外，抛石、石笼、驳岸、柔性混凝土块板及浸水挡土墙均属直接防护。当水流流速为3.0~5.0 m/s时，宜采用抛石防护；水流流速大于5.0 m/s，或过多压缩河床，造成上游壅水时，则改用石笼防护或设置驳岸、浸水挡土墙等支挡结构物。

（一）抛石防护

抛石防护主要用于防护受水流冲刷和淘刷的路基边坡和坡脚，以及挡土墙、护坡的基础等。抛石防护最适于沿河床路基的防护，且不受气候条件限制，对于季节性浸水和长期浸水的边坡均适用。在水流或波浪强烈和缺乏石料的地区，可用水泥混凝土预制的人工块体。一般在枯水季节施工，附近盛产大块砾石、卵石及废石方较多的路段，应优先考虑采取此种防护措施。

常用的抛石类型有两种，即适用于新筑路堤的抛石垛和旧路堤的抛石垛，如图5-9所示。类似于陡坡路堤在坡脚处设置石垛，其中：图5-9(a)适用于新建公路；图5-9(b)适用于旧路路堤抛石垛。抛石边坡和石料粒径的选择见表5-5、表5-6。流速大、水很深、波浪高的路段，抛石应采用较大粒径(应大于0.3 m，并小于设计抛石厚度的1/2)的石块。抛石厚度一般为粒径的3~4倍，或为最大粒径的2倍。抛石垛的边坡坡度不应陡于抛石浸水后的天然休止角，边坡率m_2一般为1.25~3.0，m_1为1.5~2.0。石料要求质地坚硬、耐冻且不易风化崩解。为了在洪水下降后，路堤迅速干燥，减少冲刷，应在抛石背后设置反

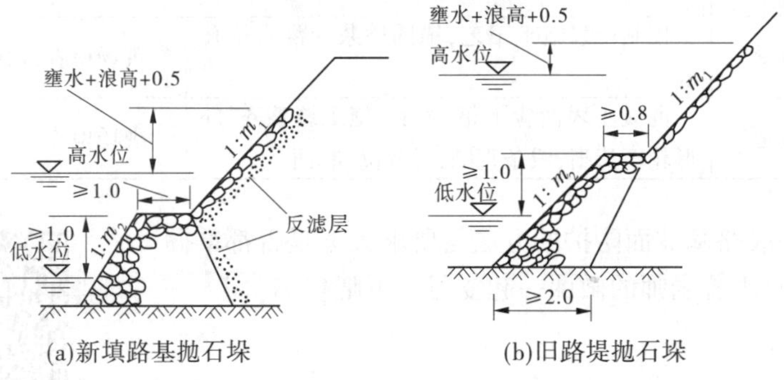

图5-9　抛石防护　（单位：m）

滤层。抛石时,宜用不小于计算尺寸且大小不同的石块掺杂抛投,使抛石保持一定的充实度。如采用嵌固的抛石防护类型,宜采用打桩嵌固方法效果较好。

表 5-5　抛石边坡坡度参考值

水文条件	采用边坡
水浅,流速较小	1:1.25~1:2
水深 2~6 m,流速较大,波浪汹涌	1:2~1:3
水深大于 6 m,在急流中施工	缓于 1:2

表 5-6　抛石粒径与水深、流速关系

抛石粒径/cm	水深/m				
	0.4	1.0	2.0	3.0	5.0
	容许流速/(m/s)				
15	2.7	3.00	3.40	3.70	4.00
20	3.15	3.45	3.90	4.20	4.50
30	3.5	3.95	4.25	4.45	5.00
40	—	4.30	4.45	4.80	5.05
50	—	—	4.85	5.00	5.40

(二)石笼防护

石笼防护主要用于缺乏大石块的地区,防护沿河路堤坡脚的河岸免受急流和大风浪的破坏,同时也是加固河床、防止冲刷的常用措施。在含有大量泥沙的急流及基底土壤良好的条件下,特别适宜石笼防护,因为石笼中石块间的空隙将很快被泥沙淤满而形成整体。石笼防护可在一年中任何时期施工,也可在任何气候条件及水流情况下采用。

石笼防护是用铁丝编织成框架,内填石料,设置在坡脚处,它的外形一般为箱形、圆柱形、扁形、柱形等几种,图 5-10 所示为石笼形式示意图。笼内填石粒径不小于 4 cm,一般为 5~20 cm,外层石料要求有棱角,内层用较小石块填充。铺砌时,根据不同的目的,铺成与坡角线垂直或垒码平铺呈梯形。单个石笼的大小,以不被相应速度的水流冲动为宜,铺设时须用碎(砾)石垫层铺平,底层各角,可用铁棒固定于基底。

用于防止冲刷淘底的石笼,一般在河底将石笼平铺并与坡脚线垂直,同时固定坡脚处的尾端,靠河床中心一端不必固定,淘底时便于沉落。当石笼用以防止堤岸边坡受冲刷时,则垒码平铺呈梯形,如图 5-11 所示。石笼的尺寸、装石粒径及有关数据见表 5-7。

石笼的优点是有较好的强度和柔性,不需要较大的石料;其缺点是石笼网日久易锈蚀损坏,使石笼解体。因此,宜采用镀锌铁丝编笼。镀锌铁丝石笼的使用期为 8~12 年。

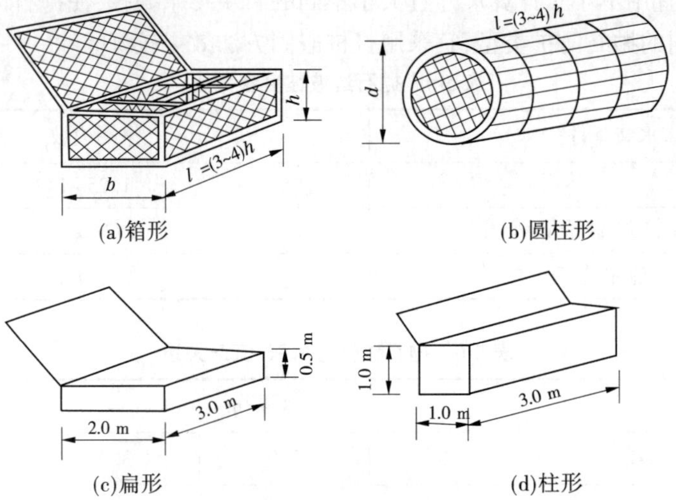

图 5-10　石笼的形式

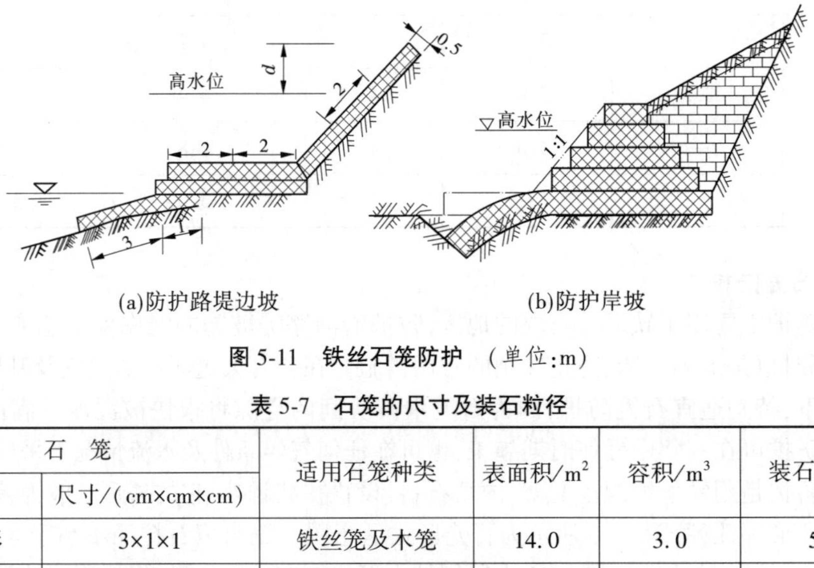

图 5-11　铁丝石笼防护　(单位:m)

表 5-7　石笼的尺寸及装石粒径

石　笼		适用石笼种类	表面积/m^2	容积/m^3	装石粒径/cm
形式	尺寸/(cm×cm×cm)				
箱　形	3×1×1	铁丝笼及木笼	14.0	3.0	5~20
箱　形	3×2×1	铁丝笼及木笼	22.0	6.0	5~20
扁　形	4×2×0.5	铁丝笼	22.0	4.0	5~20
扁　形	2×1×0.25	铁丝笼	5.5	0.5	5~20
扁　形	3×2×2.5	铁丝笼	17.0	3.0	5~20
扁　形	4×3×0.5	铁丝笼	31.0	6.0	5~20
扁　形	3×1×0.5	铁丝笼	10.0	1.5	5~20
圆柱形	φ0.5×1.5	铁丝笼及木笼	2.4	0.3	5~15
圆柱形	φ0.6×2.0	铁丝笼及木笼	3.8	0.30	5~15
圆柱形	φ0.7×2.0	铁丝笼及木笼	4.4	0.77	5~15

铁丝石笼以$\phi 6 \sim \phi 8$ mm 的钢筋做骨架,2.5~4.0 mm 铁丝编网。其网孔一般为 6 cm×8 cm、8 cm×10 cm 及 12 cm×15 cm 的六角形。长度较大的石笼,应在内部设横墙或铁丝拉线。石笼下面的基础,最好用碎石或砾石铺垫整平,厚度一般为 0.2~0.4 m,底层石笼宜用$\phi 16 \sim \phi 19$ mm 的铁钎固定在基底上,使之不随水流移动。安置石笼应做到位置正确,搭叠衔接稳固、紧密,保证其整体作用。编制石笼时,要注意保持各部分尺寸正确,以利于石笼与石笼之间的紧密连接,用机器将铁丝弯成网孔元件,在工地上再编结成网或笼,既可提高效率,又能保证质量。

二、间接防护

采用导流或阻流的方法,改变水流性质,消除或减缓水流对路基边坡的直接冲刷和淘刷,或者迫使主流流向偏离被防护的路段,改变河槽中冲刷和淤积的部位,以及必要的改河工程,均属于间接防护。间接防护,就是采用导流与调治构造物,改变水流方向,达到路基防护的目的。调治构造物是指以改变水流方向为主的水工建筑物。在路基工程防护中采用调治构造物,使水流轴线方向偏离路基岸边,或降低防护处水的流速,促使泥沙淤积,从而起到保护路基安全的作用。调治构造物的类型及其作用大致如表 5-8 所示。

表 5-8　调治构造物的类型及作用

类型	作　用	说　明
丁坝	将水流挑离路基或河岸,束河归槽,改善流态,保护河岸	坝根与河岸(或边滩)相接,坝头伸向河槽,与水流成一定角度的横向建筑物
顺坝	导流、束水,调整航道曲度,改善流态	坝根与河岸(或边滩)相接,坝身与导治线基本重合或平行的纵向导流建筑物
格坝	使水流反射入主要河床,防止高水位时水流溢入顺坝与河岸间而冲刷其间的河床及坝内坡脚与河岸,并促进其间的淤积,可以造田	建于顺坝与河岸之间,其一端与河岸相连,另一端与顺坝坝身相连的横向建筑物
拦河坝	将直接冲刷路基的水流引向旁处,把河道裁弯取直,以便改善路线线型,缩短路线长度,或减少其他路基构造物的数量	建于小河两岸之间,坝根与两河岸相接,与水流成一定角度的横向建筑物

一般地,在河床宽敞,冲刷和淤积基本相等,防护路段较长,流速较低的河段采用间接防护较直接防护经济。常用的导流结构物一般有丁坝、顺坝、格坝以及必要的改河工程。图 5-12 所示为导流结构物综合布置图例。

丁坝指坝体轴线与导线(河岸)正交或呈较大角度的斜交的导流构造,其作用是将水流挑离河岸,丁坝形式较多,按长短分,有长丁坝、短丁坝。短丁坝只干扰其附近局部水流,使水流流向河心;长丁坝则使水流冲向对岸。丁坝可由乱石堆砌而成。其横断面为梯形,坝身顶宽 2~3 m,坝头顶宽约 3~4 m,上游边坡 1:1~1:1.5,下游边坡 1:1.5~1:2。丁坝要求设置多个形成坝群。

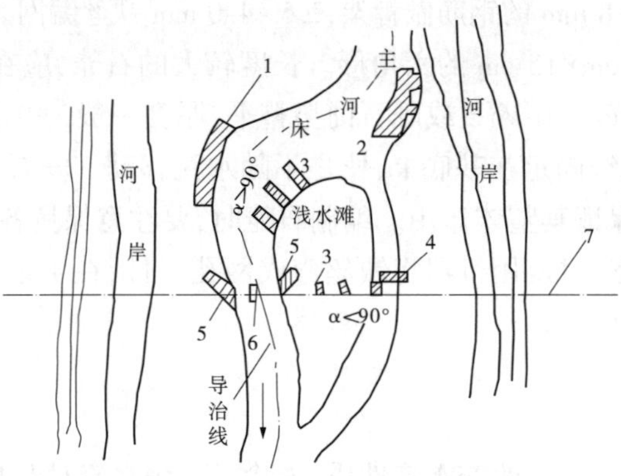

1—顺水坝;2—格坝;3—丁坝;4—拦水坝;5—导流坝;6—桥墩;7—路中线。

图 5-12　导流结构物综合布置图例

顺水坝指坝轴线基本沿导流线边缘布置,使水流较顺缓地改变流向,起疏导水流作用。顺水坝坝长与被防护段长度基本相等,构造与丁坝大体相同。

当顺水坝较长,距离河岸间距较大时,为防止水流冲走沉积泥沙,使坝体与河岸相连,在顺水坝与河岸之间设置一道或几道横格,形成格坝。格坝一端与顺坝相连,另一端嵌入河岸,相当于构成勾头丁坝,如图 5-13 所示。

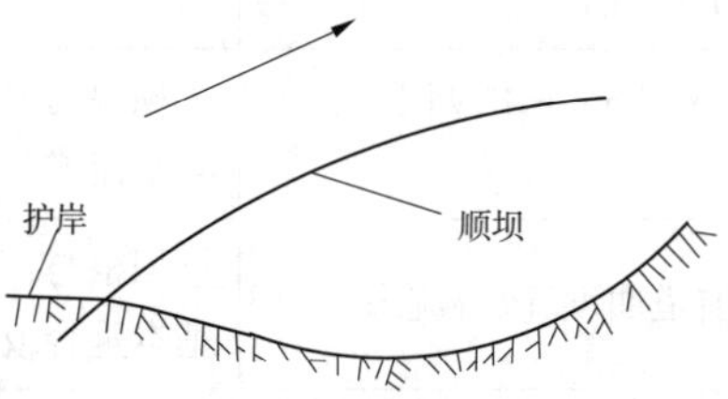

(a)非封闭顺坝

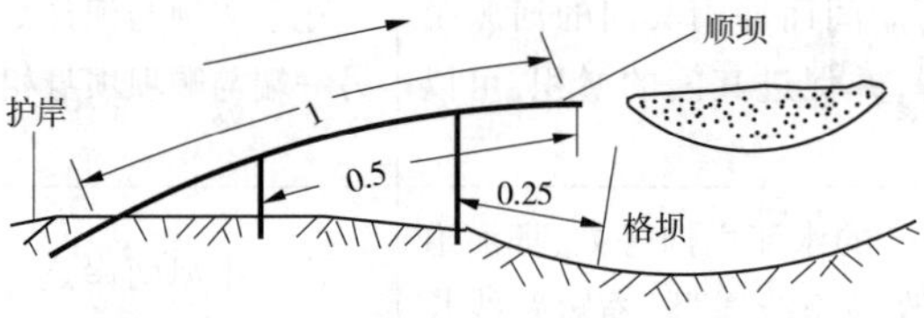

(b)格坝

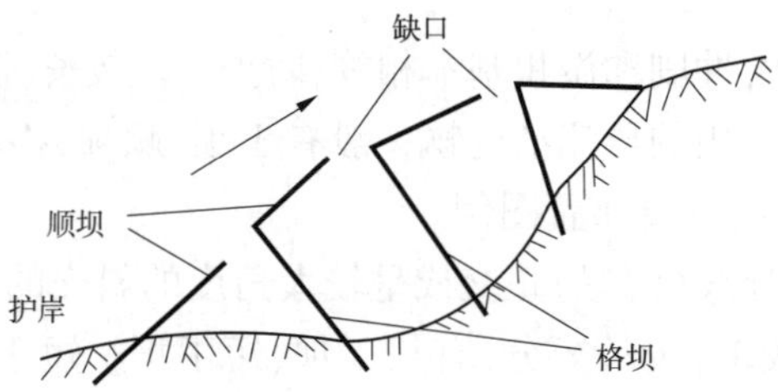

(c)开口式格坝

图 5-13　顺坝与格坝的布置图例

改河移道可以将直接冲刷及淘刷路基的水流引离路基。挖滩改河，清除孤石，有利布置路线，减少桥涵。但改河移道涉及水流改向，影响大且投资高，故改河通常在较短的河道上进行，并力求顺河势，使新河槽符合自然河流特征，不致使水重归故道。这些措施，需经多方论证，慎重考虑，确有必要时方可按设计实施。

目前，防护工程的设计与施工完全符合国家提出的“绿水青山就是金山银山”的思路，以“不破坏就是最大的保护”为设计理念。

同学们，沿河路基冲刷防护的方法与要求大家是否都掌握了呢？快来扫码跟着老师的微课一起复习一下吧！

沿河路基冲刷防护

项目三　挡土墙工程施工

路基建成之后，暴露在太阳的照射下，加上风化、降水、冰冻、风沙等自然因素的侵蚀，随着时间的推移，路基边坡的轮廓将发生变形，岩土的物理性质也会发生很大的变化，使路基的强度和稳定性受到影响。所以，除做好路基排水外，还必须对路基采取有效的加固措施。路基加固设施主要起防止路基或山体因重力作用坍塌的支撑作用。

公路受自然环境的影响，会发生各种变形、病害甚至破坏。路基支挡工程是防治路基病害，保证路基稳定，改善环境景观和生态平衡的必不可少的工程设施，是路基工程的重要组成部分。支挡构筑物即路基加固工程，其作用是支挡路基体，以保证路基在自重及各种自然因素作用下保持稳定。常用的支挡构筑物主要是挡土墙。

一、挡土墙的用途

挡土墙是一种能够抵抗侧向土压力，用来支撑天然边坡或人工边坡，保持土体稳定的建筑物。挡土墙是路基加固的主要设施，为防止路基填土或山坡土体坍塌而修筑的承受土体侧压力的墙式结构物。路基挡土墙既可用于抵御挖方边坡岩土的滑坍，也可抵御路堤填料下滑，起到稳定边坡的作用。另外，还可以起到防止冲刷、收缩坡脚、节约土石方数量和公路用地的作用。挡土墙必须设置在稳定性好和承载力高的地基上，承受来自土体的侧压力及路基填土传来的车辆荷载的作用。它被广泛用于公路、铁路、水利及其他土建工程。

挡土墙的基本构造及各部分名称如图 5-14 所示。靠回填土或山体的一侧面称为墙背；外露临空的一侧面称为墙面，也称墙胸；墙的顶面部分称为墙顶；墙的底面部分称为基底或墙底；墙面与墙底的交线称为墙趾；墙背与墙底的交线称为墙踵；墙背与铅垂线的夹角称为墙背倾角 $\alpha(^{\circ})$。

路基支挡工程是一种能够抵抗侧向土压力、防止边坡或路基主体崩塌而设置在路旁的结构物。在公路工程中，挡土墙广泛地用于支撑路堤填土或路堑边坡，以及桥台、隧道洞口和河流堤岸等处。挡土墙因施工方便，可就地取材，适应性强，公路上得到广泛的使用。挡土墙的用途可归纳如下：

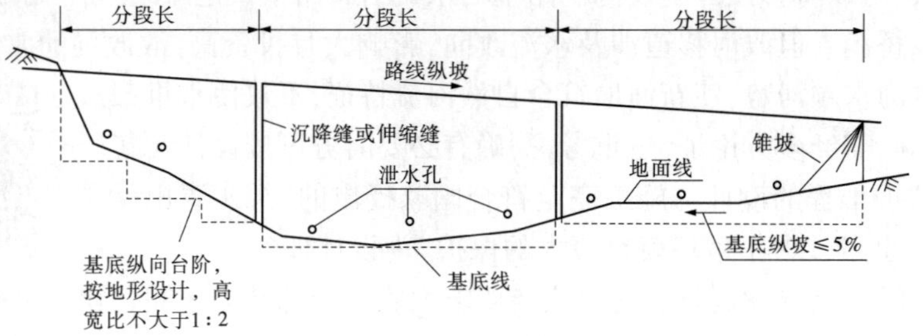

(a)正面

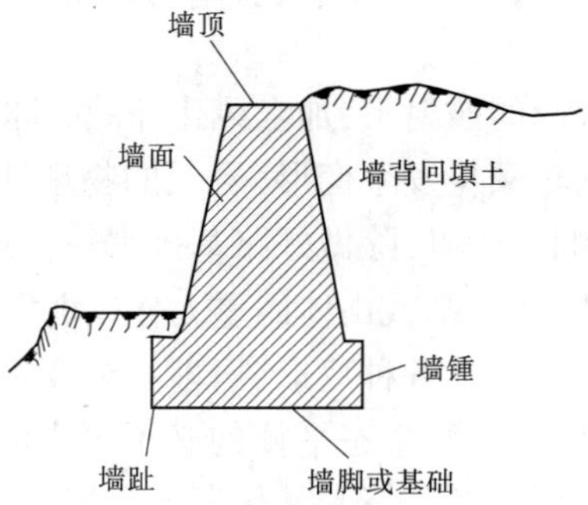

(b)侧面

图 5-14　挡土墙的基本构造及各部分名称

(1)在路堑地段,若开挖后的路堑边坡不能自行稳定,可在坡脚处设置挡土墙,以支撑边坡,降低挖方边坡高度,减少挖方数量,避免山体失稳坍滑(见图 5-15(a))。

(2)在地面横坡较陡,填筑路基难以稳定,或征地、拆迁费用高的填方路段,可在路肩或填方边坡的适当位置设置挡土墙、护脚或护堤,以收缩路堤坡脚,减少填方数量(见图 5-15(b))或在土地珍贵处减少拆迁和占用耕地及农田面积(见图 5-15(c)),保证路堤稳定性。

(3)对于沿河路基,为避免沿河路基挤缩河床,防止沿河、海、湖泊水流冲刷路基边坡,可在沿河一侧路基设置路肩墙或驳岸(见图 5-15(d))。

(4)岩堆地区,在某些挖方路段,原地面有较厚的覆盖层或滑坡,可在路堑边坡上方设置山坡挡土墙,防止山坡覆盖层下滑(见图 5-15(e));滑坡地区在滑坡体前缘抗滑段设置抗滑支挡结构,防止滑坡体向下滑动(图 5-15(f))。

其他还有为了防止隧道洞口塌方设置于隧道洞口的洞口挡土墙和为了便于桥梁与路堤相接而设置于桥头的桥头挡土墙(桥台)等。

在路基设计中,是否需要设置挡土墙,应通过与其他可能的技术方案进行技术、经济比较来确定。

其他还可采用护肩、护脚、砌石等加固陡坡上的路堤边坡等,都是支挡工程在路基中的广泛应用。

永久性的支挡工程,造价相对较高,在决定采用支挡结构之前,应同其他工程方案进

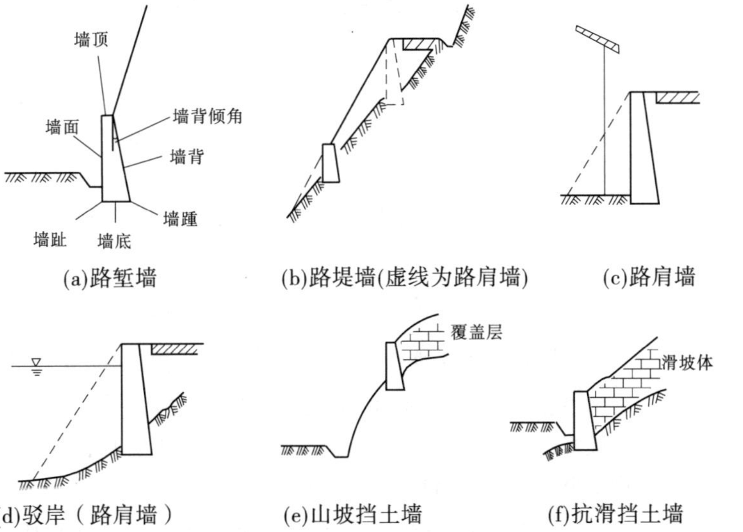

（图中虚线表示不设挡土墙时的路基边坡）

图 5-15　设置挡土墙的位置

行比较后确定，即在决定时应考虑以下几个方面：

（1）与移动路线位置进行比较。

（2）与放缓边坡后所增大的土石方工程数量进行比较。

（3）与拆迁妨碍路基的构造物（房屋、河道、水渠等）相比较。

（4）与设置其他类型的构造物（如桥、导流结构物、护墙等）相比较。

（5）与刷坡清方或其他防治坍塌的措施相比较。

对方案进行全面的技术经济论证，以达到路基安全稳定、造价经济、技术合理的目的。

二、挡土墙的类型

路基支挡工程类型较多，包括各种类型的挡土墙与其他具有承重作用的支撑结构物（护肩、护脚、砌石路基、抗滑桩等）。就挡土墙而言，按照墙的位置、材料、结构形式可划分为以下几种类型：

（1）按照墙体设置的位置，挡土墙可分为路堑墙、路堤墙、路肩墙和山坡墙等类型，如图 5-15 所示。

（2）按照墙体材料，又可分为石砌挡土墙、砖砌挡土墙、混凝土挡土墙、钢筋混凝土挡土墙和加筋土挡土墙、钢板挡土墙等类型。

（3）按照挡土墙的结构形式，挡土墙可分为重力式、衡重式、半重力式、悬臂式、扶壁式、锚杆式、柱板式、垛式等类型，如表 5-9 所示。其中，重力式、衡重式多用石砌。半重力式用混凝土浇筑，视需要也可在受拉区加少量钢筋，以节省圬工。其他类型多用钢筋混凝土就地制作或预制拼装。

表 5-9 各类挡土墙的主要特点和适用条件

挡土墙类型	适用条件
重力式挡土墙	适用于一般地区、浸水地区和地震地区的路肩、路堤和路堑等支挡工程。墙高不宜超过 12 m,干砌挡土墙的高度不宜超过 6 m。高速公路、一级公路不应采用干砌挡土墙
半重力式挡土墙	适用于不宜采用重力式挡土墙的地下水水位较高或较软弱的地基上。墙高不宜超过 8 m
悬臂式挡土墙	宜在石料缺乏、地基承载力较低的填方路段采用。墙高不宜超过 5 m
扶壁式挡土墙	宜在石料缺乏、地基承载力较低的填方路段采用。墙高不宜超过 15 m
锚杆式挡土墙	宜用于墙高较大的岩质路堑地段,可用作抗滑挡土墙。可采用肋柱式或板壁式单级墙或多级墙。每级墙高不宜大于 8 m,多级墙的上、下级墙体之间应设置宽度不小于 2 m 的平台
锚定板挡土墙	宜使用在缺少石料地区的路肩墙或路堤式挡土墙,但不应建筑于滑坡、坍塌、软土及膨胀土地区。可采用肋柱式或板壁式,墙高不宜超过 10 m。肋柱式锚定板挡土墙可采用单级墙或双级墙,每级墙高不宜大于 6 m,上、下级墙体之间应设置宽度不小于 2 m 的平台。上、下两级墙的肋柱宜交错布置
加筋土挡土墙	用于一般地区的路肩式挡土墙、路堤式挡土墙。但不应修建在滑坡、水流冲刷、崩塌等不良地质地段。高速公路、一级公路墙高不宜大于 12 m,二级及二级以下公路不宜大于 20 m。当采用多级墙时,每级墙高不宜大于 10 m,上、下级墙体之间应设置宽度不小于 2 m 的平台
桩板式挡土墙	用于表土及强风化层较薄的均质岩石地基,挡土墙高度可较大,也可用于地震区的路堑或路堤支挡或滑坡等特殊地段的治理

(4)按其所在的地区,挡土墙可以分为一般地区挡土墙、浸水地区挡土墙、地震地区挡土墙、滑坡地区的抗滑挡土墙等。

在公路、铁路建设中,由于石料丰富、就地取材方便、施工方法简单等多方面的原因,石砌重力式挡土墙和衡重式挡土墙应用得最多。结构新颖的加筋土挡土墙由于具有其他挡土墙所不可比拟的优点,近年来在公路、铁路的建设中得到了较为广泛应用。

三、各种挡土墙的特点与使用条件

重力式和衡重式挡土墙的特点是构造简单,断面尺寸较大,墙身较重,墙背侧向土压力主要由墙身自重来平衡。由于墙身重,故对地基承载力要求也较高。半重力式与重力式相似,但因其整体强度较高,故墙身断面和自重相对较小。垛式挡土墙实际上是一种在钢筋混凝土杆件装配的框架内填以土石的重力式挡土墙,但其构造复杂,对构件的设计、制作和安装要求较高。

其他类型的挡土墙如表 5-9 所示,由于构造上的特点,其侧向土压力主要不是由墙身自重来平衡的,墙身材料强度高,断面较小,自重较轻,可统称为轻型挡土墙。它们的受力特点因构造而异。悬臂式挡土墙由立壁、墙踵板和墙趾板构成倒“T”形结构,其侧向土压力作用于立壁所产生的弯矩,由墙踵板上的填料重量作用于墙踵板所产生的反弯矩来平衡。扶壁式挡土墙与悬臂式相似,扶壁(肋板)的作用是把墙面板和墙踵板直接联结起来,起到加劲的作用。带卸荷板的柱板式挡土墙,有一个立柱、底梁和拉杆构成的三角形框架,它使由挡板传递给立柱的侧向土压力,与卸荷板上填料的重量形成平衡力系,从而起到卸荷作用。锚杆式挡土墙是通过锚杆把墙体与墙后的稳定地层联结起来,形成静力平衡体系,以维持墙的平衡。锚定板式挡土墙类似于锚杆式,差别仅在于固定端采用锚定板。桩板式挡土墙由钢筋混凝土桩和挡板构成,主要利用其深埋的桩柱前地层产生的被动土压力来平衡全墙侧向土压力。如采用锚杆将桩柱锚固在墙后的稳定地层中,则其结构与锚杆式相似,如用锚定板锚固,则类似于锚定板式。加筋土挡土墙由填土及在填土中布置的加筋材和墙面板三部分组成,在垂直于墙面方向,按一定间隔和高度水平地布置加筋材料,然后填土压实,通过填土与拉筋间的摩擦和黏附作用,把土的侧压力传给加筋,从而使土体稳定。

各种挡土墙的主要特点和适用范围如表5-9所示。

重力式挡土墙的构造

重力式挡土墙是依靠自身重力来抵抗路基土压力,保持路基稳定的结构物。常用的重力式挡土墙,一般由墙身、基础、排水设施、沉降缝与伸缩缝等几部分构成。

一、墙身构造

(一)墙身断面形式及其特点

根据墙背不同的倾斜方向,墙身的断面形式可分为仰斜式、垂直式、俯斜式、凸形折线式和衡重式几种,如图5-16所示。

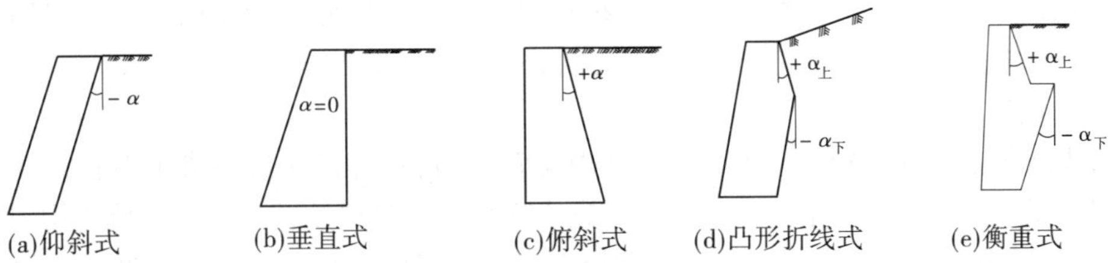

图5-16 重力式挡土墙的断面形式

在其他条件相同时,仰斜墙背所承受的土压力比俯斜墙背小,故其墙身断面亦较俯斜墙背经济。同时,由于仰斜墙背的倾斜方向与开挖面边坡方向一致,故开挖量和回填量均比俯斜墙背小。然而,由于仰斜式挡土墙的基础外移,当墙趾处地面横坡较陡时,会使墙身增高,断面增大。因此,仰斜式挡墙适用于作路堑墙及墙趾处地面平坦的路堤墙或路肩墙。

俯斜墙背所承受的土压力较大。在地面横坡陡峻时,俯斜式挡土墙可用陡直的墙面,以减小墙高。俯斜墙背亦可做成台阶形,以增加墙背与填料间的摩阻力。

垂直墙背的特点介于仰斜墙背和俯斜墙背之间。

若将仰斜式挡土墙的上部墙背改为俯斜,即构成凸形折线式。与仰斜式比较,其上部尺寸有所减少,故断面亦较节省。多用于路堑墙,也可用于路肩墙。

若在凸形折线式的上下墙之间增设一平台,并采用陡直墙面,即为衡重式断面。在其他条件相同时,衡重式的断面面积比俯斜式小,而比仰斜式大,但其基底应力较大,故对地基承载力要求相对较高。

(二)墙身断面尺寸

1. 墙背坡度

俯斜式墙背坡度一般为 1∶0.15~1∶0.4($\alpha=+8°32'\sim+21°48'$)。仰斜式不宜缓于 1∶0.3($\alpha\leqslant16°42'$),以免施工困难。衡重式上墙背为 1∶0.25~1∶0.45($\alpha_{上}=+14°02'\sim+24°14'$),下墙背在 1∶0.25($\alpha_{下}=-14°02'$)左右,上下墙高比一般采用 2∶3。

2. 墙面

墙面一般为平面,墙面坡度除应与墙背的坡度相协调外,还应密切结合墙趾处的地面横坡合理选择。地面横坡较陡时,为减小墙高,宜采用垂直墙面或仰斜 1∶0.05~1∶0.20;地面横坡较缓时,可放得更缓些,但不宜缓于 1∶0.4,以免过分增加墙高。

3. 墙顶

墙顶最小宽度,浆砌挡土墙不宜小于 0.5 m,干砌不宜小于 0.6 m。浆砌路肩墙墙顶一般宜采用粗料石或现浇低强度等级混凝土做成顶帽,顶帽厚约 0.4 m。如不做顶帽或为路堑墙或路堤墙,墙顶应以较大块石砌筑,并用 5 号砂浆勾缝和抹平顶面,砂浆厚约 2 cm,并均应在墙顶外缘线留出 10 cm 的帽檐。干砌挡土墙墙顶 0.5 m 高度内,用 2.5 号砂浆砌筑,以增加墙身稳定性。

4. 护栏

为了增加驾驶员在心理上的安全感,保证交通安全,在地形险峻地段,或过高过长(墙顶高出地面 6 m 以上,且连续长度大于 20 m)的路肩墙或弯道处的路肩墙,需在墙顶设置护栏等防护设施。为保持路肩宽度,护栏内侧边缘距路面边缘的距离,应满足路肩最小宽度的要求。二、三级路不小于 0.75 m,四级路不小于 0.5 m。

(三)墙背填料

砌体砂浆强度达 70%以上时,方可回填墙背填料,并应优先选择渗水性较好的砂砾土填筑。浸水挡土墙背应全部用水稳性和透水性较好的材料填筑。墙背回填要均匀摊铺平整,并设不小于 3%的横坡逐层填筑,逐层夯实。每层压实厚度不宜超过 20 cm,碾压机具和填料性质、厚度及碾压遍数应经过试验确定。

二、基础

在实际工程中,挡土墙的破坏在多数情况下,都是由于地基不良和基础处理不当所引起的。因此,基础设计是挡土墙设计的重要内容,必须充分重视基础的设计与施工。

基础设计,包括选择基础类型和确定基础埋置深度两项主要内容。

(一)基础类型

普通重力式挡土墙一般采用明挖基础,当基底松软或水下挖基困难时,可采用换填基础、桩基础或沉井基础。大多数挡土墙都是直接砌筑在天然地基上的(见图5-17)。当地基承载力不足且墙趾处地形平坦时,为减小基底应力和增加抗倾覆稳定性,常采用扩大基础,如图5-17(a)所示;当地基压应力超过地基承载力过多时,需要加宽的值较大,可采用钢筋混凝土底板基础,如图5-17(b)所示;当挡土墙修筑在陡坡上,而地基又为稳定完整坚实的岩石时,为节省圬工和基础开挖数量,可采用切割台阶基础,如图5-17(c)所示;当局部地基软弱,挖基困难或需跨越沟涧时,可采用拱形基础跨过,如图5-17(d)所示。如果地基为软弱土层,如淤泥、软黏土等,可采用砂砾、碎石、矿渣或石灰土等材料予以换填,以此来扩散地基应力。

扩大基础是将墙趾或墙踵部分加宽成台阶,也可同时将两侧加宽,以增大承压面积,减小基底应力。台阶的宽度视基底应力需要减小的程度和加宽后的合力偏心距大小而定,一般不宜小于0.2 m。台阶高度按加宽部分的抗剪、抗弯和基础材料的扩散角(刚性角)要求确定。高宽比可采用3:2或2:1。

当基底应力超出地基容许承载力过多时,基底需加宽的数值较大,台阶高度亦随之增加。为减小台阶高度,基础可改为钢筋混凝土底板;底板高度根据剪应力和主拉应力的要求确定。

切割台阶基础,每一台阶的宽度需要根据地形和地质条件而定,高、宽比不宜大于2:1。最下一个台阶的底宽应满足偏心距的有关规定,一般不宜小于1.5~2.0 m。其余台阶的宽度不宜小于0.5 m,高度一般约为1.0 m。

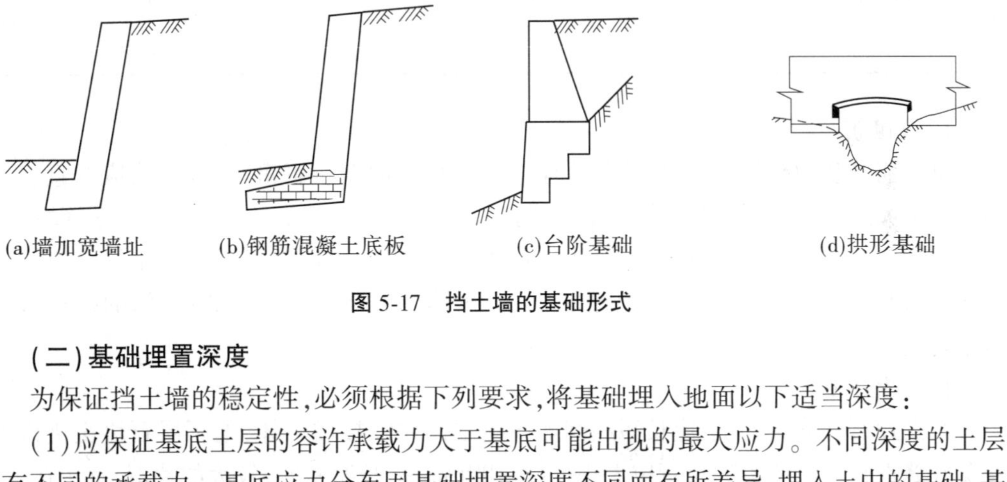

(a)墙加宽墙址　(b)钢筋混凝土底板　(c)台阶基础　(d)拱形基础

图5-17　挡土墙的基础形式

(二)基础埋置深度

为保证挡土墙的稳定性,必须根据下列要求,将基础埋入地面以下适当深度:

(1)应保证基底土层的容许承载力大于基底可能出现的最大应力。不同深度的土层具有不同的承载力。基底应力分布因基础埋置深度不同而有所差异,埋入土中的基础,基底应力分布比置于地面的均匀。所以,将基础置到具有足够承载力的土层上,以避免地基产生剪切破坏,保证基础稳定。

(2)应保证基础不受冲刷。在墙前地基受水冲刷地段,如未采取专门的防冲刷措施,应将基础埋到冲刷线以下,以免基底和墙趾前的土层被水淘蚀。

(3)在季节性冰冻地区,应将基础埋置到冰冻线以下,以防止地基因冻融而破坏。

对于上述要求,公路上的一般规定如下:

(1)冻胀地区,当冻结深度小于或等于1 m时,基底应在冻结线以下不小于0.25 m,

并应符合基础最小埋置深度不小于 1 m 的要求。

(2)当冻结深度超过 1 m 时,基底最小埋置深度不小于 1.25 m,还应将基底至冻结线以下 0.25 m 深度范围的地基土换填为弱冻胀材料。

(3)受水流冲刷时,应按路基设计洪水频率计算冲刷深度,基底应置于局部冲刷线以下不小于 1 m。

(4)路堑式挡土墙基础顶面应低于路堑边沟底面不小于 0.5 m。

(5)在风化层不厚的硬质岩石地基上,基底一般应置于基岩表面风化层以下;在软质岩石地基,基底最小埋置深度不小于 1 m。对碎石、砂类地基基础埋深不宜小于 1 m;对岩石地基,应清除表面风化层,如风化层较厚,基础应嵌岩 0.25~1.0 m,墙趾前应有足够的襟边宽度。

(6)挡土墙宜采用明挖基础。基底建筑在大于 5%纵向斜坡上的挡土墙,基底应设计为台阶式。基础位于横向斜坡地面上时,前趾埋入地面的深度和距地表的水平距离应满足表 5-10 所示的要求。

表 5-10 斜坡地面基础埋置条件

土层类别	最小埋入深度 h/m	距地表水平距离 L/m
较完整的硬质岩石	0.25	0.25~0.50
一般硬质岩石	0.60	0.60~1.50
软质岩石	1.00	1.00~2.00
土质	≥1.00	1.50~2.50

(三)砌筑

砌筑前,应将石料表面泥垢清扫干净并用水保持湿润。砌筑时,外面线应顺直整齐,内面线可大致顺适,砌筑过程中应经常校正线杆。浆砌石底面应卧浆铺砌,立缝填浆补实,不得有空隙和立缝贯通现象。施工缝位置宜设在伸缩缝和沉降缝处,水平缝应一致。分段砌筑时,相邻段的高差不宜超过 1.2 m。砌体外的浆缝需留 1.2 cm 深的缝槽,以便砂浆勾缝。

1. 浆砌片石

浆砌片石宜分层砌筑,应长短相间地与里层砌块咬接成一体,上下层石块交错排列,避免竖缝重合。砌体中的片石应大小搭配,相互错叠,咬紧密实,较大的片石,宜用在下面并配有小石块,作挤浆填缝之用,片石间以砂浆隔开。

2. 浆砌块石

用作镶面的块石,表面四周应修整,块石应平砌,每层石料高度应做到基本齐平。外圈定位和镶面的石块应一丁一顺排列。

3. 料石砌筑

每层镶面料石均应事先按规定灰缝宽及错缝要求配好石料,再用铺浆法顺序砌筑和随砌随填立缝,并应先砌角石。镶面石砌筑完毕后,方可砌填心石,其高度与镶面石齐平。

三、排水设施

挡土墙设计一般是以天然地基容许承载力和自然状态下的墙背土体的土压力为依据的。如排水不良，地基和墙背土体将由于水分增加而改变原来的状态，导致地基承载力降低和土压力增加。同时，土体内水分过多时，将产生静水压力；在冰冻地区，还将产生冻胀压力；对黏性土，水分增加时将产生膨胀压力。显然，当附加的压力过大以致超出设计计算土压力，或地基承载力过分降低以致低于设计基底应力时，挡土墙的稳定性和强度难以保证。挡土墙排水处理是否得当，直接影响到挡土墙的安全及使用效果。因此，挡土墙应设置有效排水设施以疏干墙后填料中的水分对保证挡土墙稳定性和强度具有重要的意义。

挡土墙常用的排水设施可分为地面排水和墙身排水两部分。

地面排水主要是防止地表水渗入墙背土体或地基。主要措施包括在墙后地面设置地面排水沟、引排地面水，夯实地表松土，必要时采取封闭处理；对路堑挡土墙墙趾前的边沟予以铺砌加固等。

墙身排水主要是为了迅速排除墙后土内积水。浆砌挡土墙应根据渗水量在墙身适当的高度处布置一排或数排泄水孔（见图 5-18），泄水孔尺寸可视泄水量大小分别采用 5 cm×10 cm、10 cm×10 cm、15 cm×20 cm 的矩形孔，或直径为 5～10 cm 的圆形孔。泄水孔间距一般为 2～3 m，干旱地区可适当增大，渗水量大时可适当加密。上下排泄水孔交错布置。为保证顺利泄水和避免墙外水流倒灌，泄水孔应向外侧倾斜，最下一排泄水孔出口应高出地面或边沟、排水沟及积水地区的常水位 0.3 m。为防止水分渗入地基，在最下一排的底部需铺设 30 cm 厚的黏土防水层。在墙背泄水孔的进水口附近应设置 0.3 m 厚粗粒料（砂夹碎石）反滤层，以避免阻塞泄水孔。墙背反滤层底设一条 ϕ 100 mm 软式纵向排水管。当墙背透水性差或可能发生冻胀时，应在最低一排泄水孔至墙顶以下 0.5 m 高度范围内铺设砂卵石排水层（见图 5-18）。

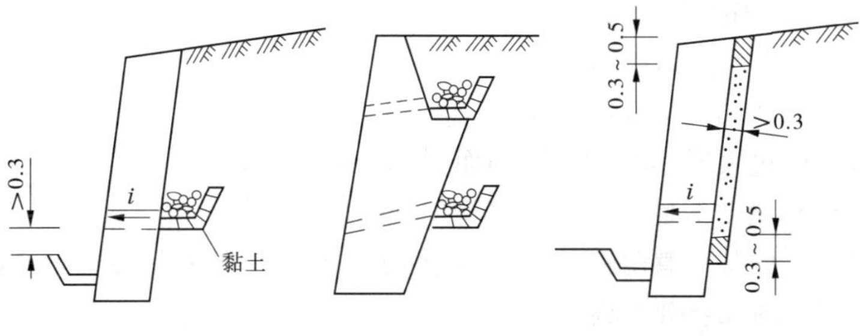

图 5-18　挡墙排水孔及反滤层的构造　（单位：m）

四、沉降缝与伸缩缝

为防止因地基不均匀沉降而引起墙身开裂，需根据地基地质条件和墙高、墙身断面变化情况，设置沉降缝。为防止墙身因圬工砌体砂浆硬化收缩，或温度变化所产生的温度应力引起开裂，需设置伸缩缝。

设计时,通常将沉降缝和伸缩缝合并设置,统称为伸缩缝。沿路线方向每隔 10~15 m 设一道,缝宽一般为 2~3 cm,缝内可用胶泥填塞,但在渗水量大,填料容易流失或冻害严重地区,宜用沥青麻筋或涂以沥青的木板等具有弹性的材料,沿内、外、顶三方填塞,填深不宜小于 15 cm。当墙背为填石且冻害不严重时可不填缝。

干砌挡土墙,缝的两侧应选用平整石料砌筑,使呈垂直通缝。

重力式挡土墙的计算

一、荷载

确定作用于挡土墙上的荷载是挡土墙设计的关键。《公路路基设计规范》(JTG D30—2015)采用以极限状态设计的分项系数法为主的设计方法。当挡土墙的位置、墙高和断面形式确定后,挡土墙的断面尺寸可通过试算的方法确定,其程序为:①根据经验或标准图,初步拟定断面尺寸。②计算侧向土压力。③进行稳定性验算和基底应力与偏心距验算。④当验算结果满足要求时,初拟断面尺寸可作为设计尺寸;当验收结果不能满足要求时,采取适当措施使其满足要求,或重新拟定断面尺寸,重新计算,直至满足要求。

二、挡土墙基础设计及稳定性验算

挡土墙的设计方法有容许应力法和极限状态法两种。容许应力法是把结构材料视为理想的弹性体,在荷载作用下产生的应力和变形不超过规定的容许值。极限状态法是根据结构在荷载作用下的工作特征,在容许应力法基础上发展形成的一种设计方法。这种方法不再采用均质弹性体的假定,而是承认结构在临近破坏时处于弹塑性工作阶段,以结构物在各种荷载组合情况下均不得达到其极限状态为前提,同时具有足够的安全储备。因此,本部分主要介绍挡土墙设计中采用的极限状态法。

(一)重力式挡土墙的破坏形式

(1)由于基础滑动而造成的破坏。

(2)由于绕墙趾转动所引起的倾覆。

(3)因基础产生过大或不均匀的沉陷而引起的墙身倾斜。

(4)因墙身材料强度不足而产生的墙身剪切破坏。

(5)沿通过墙踵的某一滑动圆弧的浅层剪切破坏和沿基底下某一深度(如通过软土下卧层底面)的滑弧的深层剪切破坏。

(二)增加挡土墙稳定性的措施

通过增加抗滑稳定性、增加抗倾覆稳定性和提高地基承载力或减小基底应力等三种方法来增加挡土墙稳定性。

1.增加抗滑稳定性的方法

1)采用倾斜基底

采用向内倾斜的基底,可以增加抗滑力和减小滑动力,从而增加抗滑稳定性,这是增加挡墙抗滑稳定性的常用方法,如图 5-19 所示。

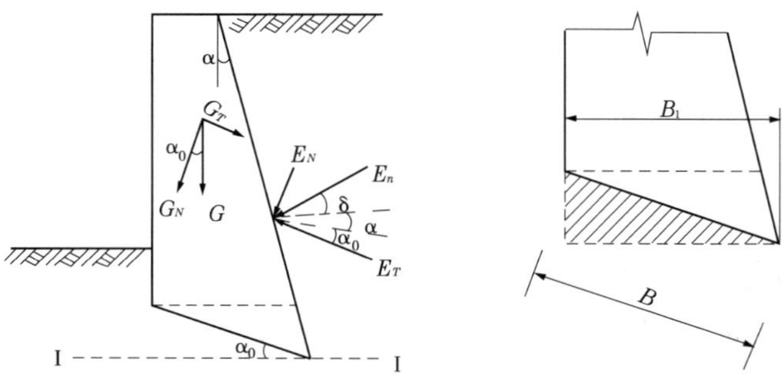

图 5-19 采用向内倾斜的基底增加挡土墙抗滑稳定性

采用倾斜基底时,基底倾角 α_0 越大,对抗滑稳定性越有利,但应考虑挡土墙连同地基土体一起滑动的可能性,因此对地基倾斜度应加以控制。通常,对土质地基,不陡于 1∶5($\alpha_0 \leqslant 11°19'$);对岩石地基,不陡于 1∶3($\alpha_0 \leqslant 16°42'$)。

2)采用凸榫基础

在挡土墙底部设置混凝土凸榫基础的作用在于利用榫前被动土压力,增加其抗滑力,从而增加挡土墙的抗滑稳定性。

为了增加榫前被动阻力,应使榫前土楔不超过墙趾。同时,为防止因设凸榫而增加墙背的主动土压力,应使凸榫后缘与墙踵的连线与水平线的夹角不超过土体内摩阻角 φ。因此,应将整个凸榫置于通过墙趾并与水平线成 $45° - \frac{\varphi}{2}$ 角线和通过墙踵并与水平线成 φ 角线所形成的三角形范围内,如图 5-20 所示。

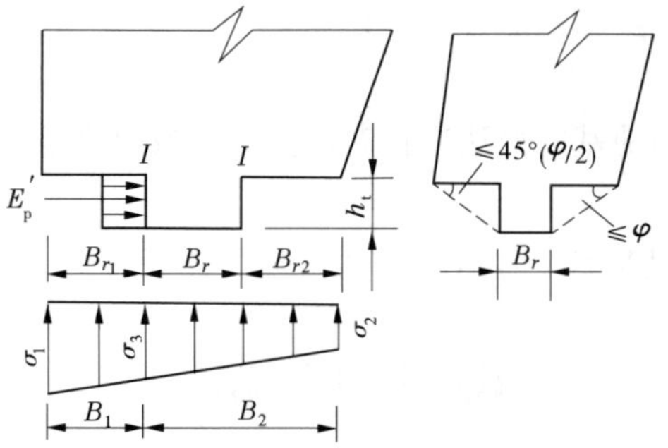

图 5-20 凸榫基础

3)采用人工基础

采用换土的办法,增加墙底与地基之间的摩阻系数,从而加大抗滑力,增加挡土墙的抗滑稳定性。

2. 增加抗倾覆稳定性的方法

根据抗倾覆稳定系数的计算原理,应采取加大稳定力矩和减小倾覆力矩的方法增加抗倾覆稳定性。

1)展宽墙趾

展宽墙趾的作用是增大抗倾覆力矩的力臂,从而增加其抗倾覆稳定性,是增加挡土墙抗倾覆稳定性的常用方法。但是,当墙趾前地面较陡时,墙趾加宽过多,将导致墙高和圬工体积显著增加。

2)改变墙面及墙背坡度

改缓墙面可加大抗倾覆力矩的力臂,如图5-21(a)所示。改陡墙背坡度和改为仰斜墙背可减小土压力,如图5-21(b)所示。但是,若墙趾前地面较陡,改缓面坡将引起基础外移,使墙高增加。

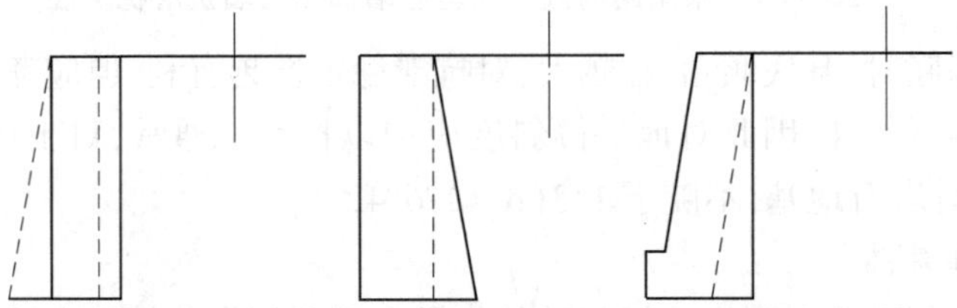

(a)改变墙面　(b)改陡俯斜墙背　(c)改为仰斜墙背

图5-21　改变胸坡及背坡

3)改变墙身断面形式

不同的墙身断面形式具有不同的稳定性,就抗倾覆而言,衡重式优于仰斜式,仰斜式又优于俯斜式。设计时可根据地基和地面横坡情况选择适当的墙身断面形式,以增加挡土墙的抗倾覆稳定性。

3.提高地基承载力或减小基底应力的方法

1)采用人工基础

通过换土或人工加固地基的办法来扩散地基应力或提高地基承载力。

2)采用扩大基础

扩大基础的目的是加大承压面积,以减小基底应力。

公路挡土墙施工

一、施工准备

(一)清理施工场地与放线工作

清理挡土墙范围及挡土墙两端适当延长范围内的场地,铲除有机物和树根草丛,并碾压平整,合理布置堆料和施工场地。

路堑式挡土墙的内侧路基边坡应清刷整齐、干净,并注意边坡的稳定性。在受地面积水及地下水影响的土质不良地段,开工前应在墙趾外围开挖排水沟等排水设施。

开工前精确测定挡土墙处路基中心线及基础主轴线、墙顶轴线、挡土墙起讫点和横断面。每根轴线均应以4个桩点在基线两端延长线上予以固定(每端2点),并分别以素混凝土包封保护。

路基中轴线加密桩点及横断面测量按直线段每 15~20 m 设一桩,曲线每段 5~10 m 设一桩,并应根据地形起伏变化适当增补横断面。

放桩位时,应测定中心及挡土墙的基础地面标高,临时水准点应设置在施工干扰范围以外,施测结果应符合精度要求并与相邻路段水准点相闭合。

(二)技术准备

施工前应熟悉设计文件,会同有关人员进行现场核对。当设计与实际情况有出入时,应通知监理与设计单位协商修改。

根据对设计文件核对后的工程量、工地特点、工期要求和施工条件,结合实际设备能力,作出实施性施工组织设计。实施性施工组织设计的内容包括施工方法和措施、开工及完工日,以及所需要的劳力、机械设备、主要材料数量、临时工程、场地布置及车辆运输等。

(三)材料

每批进场水泥应符合现行国家标准的规定,并应有生产厂家的品种、标号、日期、数量和厂家的品质试验报告或合格证明。运至工地后应及时进行复检。当超过生产期 3 个月或受潮时,须重新取样检验,以便掌握水泥活性,确定是否可用或按实际标号使用。

水泥按不同厂家、标号、品种分批分堆存放,防止日晒、风吹、受潮,不宜和其他化学药品、糖类及有挥发性物质混在一起。室外临时存放的水泥,支承底板应比原地面垫高 20~30 cm,用油毡(苫布)严密覆盖。水泥室内储存库,宜设在较高地点,经常保持通风干燥,墙壁及地板要严密,防潮隔热,水泥堆置不宜过高。水泥堆之间应留有 50~60 cm 的人行通道。

钢筋应按类型、钢号、直径分类挂牌堆放,堆放高度应在地面以上 30 cm 并加遮盖,避免锈蚀和污染。存放时应对钢筋外表的缺陷进行检查,发现有严重锈蚀,麻坑、劈裂、夹砂等,要用明显标记,并加以剔除。

每批钢筋进场,均应作拉力、冷弯、可焊性等试验,如不符合规范规定,则应加倍取样再做试验,如其中仍有一根不合格,这批钢筋可不予验收或根据试验结果降低等级使用。

对经检验合格用于锚杆、拉筋等的钢筋,应分别配套加工制作,并进行除锈处理,刷以防锈漆两遍,存放在通风干燥之处,遮盖严密,禁止日晒雨淋。

二、挡土墙基础

(一)基坑开挖

基础的各部尺寸、形状及埋置深度,均应按照设计要求进行施工。基坑的开挖尺寸,应满足基础施工的要求,基坑底平面一般宜大于基础外缘 0.5~1.0 m。渗水基坑,应考虑基坑排水设施,包括排水沟、集水坑、管网和基础模板等所需大小而定。

基础开挖后,若基底土质与设计情况有出入,应按实际情况及时进行变更设计。在松散软弱土质地段,基坑不宜全段连通开挖,而应采用跳槽开挖。

任何土质基坑,挖至标高后不得长时间暴露或扰动、浸泡,防止削弱其承载能力。当开挖接近基底标高时,宜保留 10~20 cm 厚度,并在基础施工前以人工突击挖除。

基坑开挖不应破坏基底土的结构,如有超挖或扰动,应将原土回填,且必须夯压密实或作换土处理。

挖基弃土堆置地点,不得妨碍其他作业或影响坑壁稳定。

当基底土质为碎石土、砂性土或黏性土时,应整平夯实。

在天然地基土层上挖基,若深度在 5.0 m 以内,施工期较短,基底处于地下水水位以上,土的湿度正常,构造均匀,其开挖坑壁坡度可参照表 5-11 选定。

表 5-11　基坑坑壁坡度

坑壁土类	坡度		
	顶缘无荷载	顶缘有静载	顶缘有动载
砂类土	1:1	1:1.25	1:1.5
碎卵石土	1:0.75	1:1	1:1.25
砂性土	1:0.65	1:0.75	1:1
黏性土、黏土	1:0.33	1:0.5	1:0.75
极软岩	1:0.25	1:0.33	1:0.67
软质岩	1:0	1:0.1	1:0.25
硬质岩	1:0	1:0	1:0

注:1. 卸土的湿度过大,能引起坑壁坍塌,坑壁坡度可采用该湿度下的天然坡度。
2. 通过不同土层时,边坡可分层选定,并酌留平台。
3. 山坡上开挖基坑,如地质不良,应注意防止滑坍。
4. 岩石的饱和抗压极限强度(MPa)<5、5~30、>30 时,分别定为极软、软质、硬质岩。

基坑可采用垂直开挖、放坡开挖、支撑加固或其他加固的开挖方法。有地面水淹没的基坑,可采取修筑围堰、改河、改沟、筑坝等措施,排开地面水后再开挖。

当排水挖基有困难或遇有流沙、涌泥现象,但具有水中挖基设备时,可采用下列水中挖基方法。但遇有特殊水文地质时,也可采用桩基及沉井等基础。

(1)挖掘机水中挖基。适用于各种土质基坑,但开挖时不要破坏基坑边坡的稳定,可采用反铲挖掘和吊机配合抓斗挖掘。

(2)水力吸泥机。适用于砂类土、砾卵石类土。不受水深限制,其出土效率随水压、水量的增加而提高。

(3)空气吸泥机。适用于水深 5.0 m 以上的砂类土或有少量碎卵石的基坑。在黏土层使用时,应与射水配合进行,吸泥时应同时向基坑内注水,基坑内水位应高于天然水位约 1.0 m,防止流砂或涌泥。

(二)地基与基础

挡土墙基础为倾斜基底及墙趾设台阶时,应严格按照基底坡度、基底标高及台阶宽度开挖,保持地基土的天然结构。

挡土墙基础置于风化岩上时,应按基础尺寸凿除表面已风化的表面岩层,在砌筑基础的同时,将基坑填满、封闭。

岩石地基挖基时如遇缺口,可采用局部拱形基础,以石砌拱圈跨过,其上砌筑墙身。但土压力不宜过大,且应对拱圈进行验算。

当基底为软弱土层时,应按有关规范作特殊处理。

当地基岩层有孔洞裂缝时，应视裂缝的张开度，分别用水泥砂浆、小石子混凝土、水泥-水玻璃或其他双液型浆液等灌注饱满。基底岩层有外露软弱夹层时，宜在墙趾前对此层作封面保护。

基坑完成后，按基底纵轴线结合横断面放线复验，确认位置、标高无误并经监理签认后，方可进行基础施工。当基础完成后，应立即回填，以小型压实机械进行分层夯实，并在表面留3%的向外斜坡，防止积水渗入基底。

膨胀土可分强、中、弱三个级别。对中、强膨胀土地基应采取相应的改性措施：

(1)掺加石灰水泥进行改性处理，石灰用量一般为6%~10%。石灰与水泥质量比一般为2:1~3:1。

(2)加强土的粉碎和拌和的均匀性，土块应粉碎在5 cm以下，一般处治深度应不小于30 cm。基底应夯压密实。

(3)应避开雨季作业，做排水设施。

(4)应分段连续施工，及时封闭，做好防水、保湿工作。

三、防、排水设施

挡土墙施工时，应按设计设置排水设施，并应采取措施，疏干墙后填料中的水分，防止墙后积水，避免墙身承受额外的静水压力，减少季节性冰冻地区填料的冻胀压力。

路堑墙墙后的地面，在施工时应先做好排水处理，设置排水沟，引排地面水，夯实地表松土，减少雨水和地面水下渗。墙趾前的边沟应予铺砌加固。

挡土墙墙面应按设计要求的间距设置泄水孔，最下一排泄水孔应高出施工后的实际地面线30 cm，若为路堑墙，出水口应高出边沟水位30 cm。

泄水孔尺寸应视泄水量大小而定，可为5 cm×10 cm、10 cm×10 cm、15 cm×20 cm或直径5~10 cm的圆孔，孔底一般应有向外的排水坡，上下泄水孔应错开布置。

在施工中，墙身如为浆砌石料或现浇混凝土，应按设计要求进行泄水孔的预留或预埋；当为预制面板时，应按面板排列位置，在预制过程中预留孔位。

当墙后填料为黏性土时，水分不易渗透入泄水孔排走，应按设计要求在填料与墙背之间，用渗水材料(砂砾或碎石)填筑墙顶至最下排泄水孔间的连续排水层，上下两端以黏土作封闭层(见图5-22)。

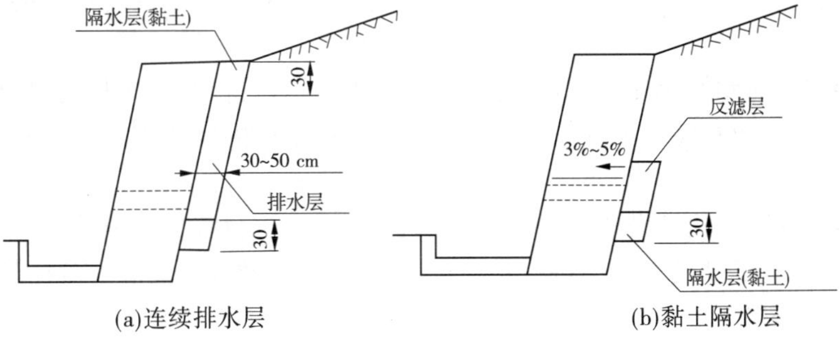

图5-22　防、排水层　(单位：cm)

墙后填料为渗水土时,为防止堵塞,应按设计要求在泄水孔进水端设置砂砾反滤层,并在最下一排泄水孔的下端设置隔水层,进行捣实,防止水分渗入基础,如图5-22所示。

当墙后水量较大时,可在排水层底部加设纵向渗沟,配合排水层把水引出墙外,如遇有泉水、渗水等地段,应设纵、横向暗沟,将水引出。

反滤层的粒径宜在0.5~50 mm,符合一般级配要求,并筛选干净,可用薄隔板按各层厚度隔开,自下而上逐步抽出隔板,以达到设计要求。

防、排水设施应与墙体施工同步进行,同时完成。

四、沉降缝与伸缩缝

挡土墙施工时,应根据设计分段长度,结合墙趾处实际地形、水文、地质变化情况,设置沉降缝和伸缩缝。沉降缝和伸缩缝可合并设置。

各种类型挡土墙的竣工分段长度,均应符合有关规范的相应规定。

沉降缝、伸缩缝的缝宽应整齐一致,上下贯通。当墙身为圬工砌体时,缝的两侧应选用平整石料砌筑,做成垂直通缝。当墙身为现浇混凝土时,应待前一节段侧模拆除后,安装沉降缝、伸缩缝的填塞材料,再浇筑相邻的下一节段。

沉降缝、伸缩缝的缝宽一般为2~3 cm,沿墙的内、外、顶三边缝内填塞胶泥并捣实,自墙顶一直做到基底。但在渗水量大,填料易于流失或冻害严重地区,宜用沥青麻筋、沥青竹绒、涂以沥青的软木板、刨花板或塑料泡沫板、渗滤土工织物等具有弹性的材料填塞,填入深度不宜小于15 cm。

桩板式挡土墙、肋柱式锚杆挡土墙、肋柱式锚定板挡土墙等不专门设置沉降、伸缩缝的挡土墙。施工时,其挡土板间的间隙应参照沉降缝、伸缩缝的办法进行填缝处理。

五、墙背填料

挡土墙施工时,墙后应优先选择渗水性良好的砂类土、碎(砾)石类土进行填筑。严禁使用腐殖土、盐渍土、淤泥、白垩土及硅藻土作填料。填料中不应含有机物、冰块、草皮、树根等杂物及生活垃圾。

填料采集前应做好标准击实试验,提出填料的最佳含水量和最大干密度,以及相应的物理化学指标,据以控制压实质量。碾压前应进行碾压试验,根据碾压机具、填料性质及最佳含水量控制填料的松铺厚度,并分层压实。施工中亦可根据碾压试验的碾压遍数来指导施工。

当墙背采用透水性不良的填料时,除应做到拌和均匀,控制黏土块含量,控制最佳含水量外,还应按要求在墙背设置连续排水层。浸水挡土墙的墙背应全部用水稳性和透水性较好的材料填筑。

挡土墙的墙体应达到设计强度的75%以上时,方可进行墙后填料施工。路肩式挡土墙顶面标高应略低于路肩边缘标高2~3 cm,挡土墙顶面做成与路肩一致的横坡度,以满足路面排水的需要。

墙后必须回填均匀,摊铺平整,填料顶面横坡符合设计要求。墙后1.0 m范围内,不得有大型机械行驶或作业,为防止碰坏墙体,应用小型压实机械碾压,分层厚度不得超过

20 cm。

设有加筋带或拉杆的挡土墙填料要满足平整度的要求，并不得使用羊足碾碾压。

填料压实度应达到相关规范要求。当用灌砂法、水袋法检查压实度时，取土样的底面位置为每一压实层底部；用环刀法试验时，环刀中部处于压实层厚度的 1/2 深度；用核子仪试验时，按说明书要求办理。

六、重力式挡土墙

（一）砌块

砌筑墙体所用石料强度必须符合设计要求，应采用结构密实，石质均匀，不易风化又无裂缝的硬质石料。其标号以 5 cm×5 cm×5 cm 含水饱和试件的极限抗压强度为准。

1 月份平均气温低于-10 ℃的地区，所用的石料、混凝土材料，须通过冻融试验：材料在含水饱和状态下经-15 ℃的冻结和融化循环 25 次后，材料无明显裂缝、脱层，其强度不低于冻融试验前的 75%。

墙体片石砌筑材料，厚度不应小于 15 cm，宽度及长度不小于厚度的 1.5 倍，质量约 30 kg。用作镶面的片石，宜选择表面较平整、尺寸较大者，并应加工修整，其强度应不小于 30 MPa。

墙体块石砌筑材料，形状应大致方正，上下面大致平整，厚度不小于 20 cm，宽度宜为厚度的 1~1.5 倍，长度为厚度的 1.5~3 倍。块石用作镶面时，由外露面四周向内加以修凿，其强度应不小于 30 MPa。

墙体粗料石砌筑材料，外形应方正呈六面体，厚度 20~30 cm，宽度为厚度的 1~1.5 倍，长度为厚度的 2.5~4 倍，表面凹陷深度不大于 2 cm。用作镶面的粗料石，其丁石长度应比相邻顺石宽度大 15 cm，修凿面每 10 cm 长须有錾路 4~5 条，正面凹陷深度不超过 1.5 cm，外露面应有细凿边缘，宽度为 3~5 cm。粗石料强度应不小于 30 MPa。

墙体混凝土预制砌筑材料，强度应符合设计要求，其规格可与粗石料相同，或根据砌体形式的需要和起吊搬运能力，决定预制块的形状、尺寸。砌体表面应整齐美观。

（二）砂浆

测定砂浆强度时，应制作尺寸为 7.07 cm×7.07 cm×7.07 cm 的试件，在标准养护条件下（温度 20 ℃±3 ℃，相对湿度 60%~80%），取其 28 d 的抗压强度（单位为 MPa）。

砂浆的类别和强度，应符合设计规定。砂宜采用中砂或粗砂，当用于砌筑片石时，最大粒径不宜超过 5 mm，砌筑块石、粗料石、混凝土块时，不宜超过 2.5 mm。当采用细砂时，应适当增加水泥用量。

采用水泥石灰浆时，使用的石灰，宜在Ⅲ级以上。其中 CaO+MgO 含量和细度要求，应符合《公路桥涵施工技术规范》（JTG/T 3650—2020）的规定。

砂浆须具有良好的和易性，砌体缝隙应填满压实，绞结牢固。对于吸水率较大的石料或在干燥多风季节，宜选用较大稠度。

稠度以标准圆锥体沉入度表示，可参考下列规定：

（1）砌片石、块石：5~7 cm。

（2）砌料石、混凝土块：7~10 cm。

(3)灌浆:10~15 cm。

(4)零星工程可采用直观检查法,用手捏成小团,松手后不松散,又不会从灰刀上流下为度。

为改善砂浆和易性,可掺入无机或有机塑化剂,其掺量宜根据品种、厂家说明书和试验确定。当组成砂浆的材料变更时,配合比应重新试验。

砂浆的配合比可参照《砌筑砂浆配合比设计规程》(JGJ/T 98—2010),通过试验确定。砂浆应保证配合比称量准确。搅拌时颜色必须均匀一致,用料较多时,宜用机械搅拌,时间不少于 2.5 min。砂浆宜随拌随用,保持适当的稠度,一般宜在 3~4 h 用完,气温超过 30 ℃时,宜在 2~3 h 用完。如在运输过程中发生离析、泌水,应重新拌和,已凝结的砂浆不能使用。

(三)小石子混凝土

用于砌筑片石、块石墙体的小石子混凝土,其配合比设计、材料规定应符合《公路桥涵施工技术规范》(JTG/T 3650—2020)的规定。可用卵石或碎石为粗骨料,最大粒径不宜大于 2 cm。小石子混凝土拌和料,应具有良好的和易性,片石砌体塌落度为 5~7 cm,块石砌体 7~10 cm。为改善和易性及节约水泥,可通过试验,在拌和物中,掺加一定数量的外加剂或粉煤灰等混合材料。

圬工挡土墙常用材料最低标号要求应满足相关规范要求。

(四)砌筑工艺要求

挡土墙砌筑前应将石料表面泥垢清扫干净,石料表面和基础垫层,均应用水湿润。

砌筑挡土墙时,应两面立杆挂线或样板挂线,外面线应顺直整齐,逐层收坡;内面线可大致顺直,应保证砌体各部尺寸符合设计要求,砌筑中应经常校正线杆,避免误差。

浆砌石底面应卧浆铺砌,应将砌好的石层孔隙用砂浆填满,所有工作缝应留斜槎。

砌筑基础时,基坑抽水应保证砌体砂浆不受水流冲刷。砌筑时应选择合理的供应石料及砂浆的方法:在数量零散,距地面不高时,可用简单的马凳跳板直接运送;距地面较高时,可根据工地条件,采用开架式吊机、固定式动臂吊机或桅杆式动臂吊机,各种木质扒杆或绳索吊机等小型起重设备,以及铁链、吊筐、夹石钳等捆装设备;当工程量较大时,可采用卷扬机带动轻轨斗车上料或摇头摆杆式垂直提升,如图 5-23 和图 5-24 所示。

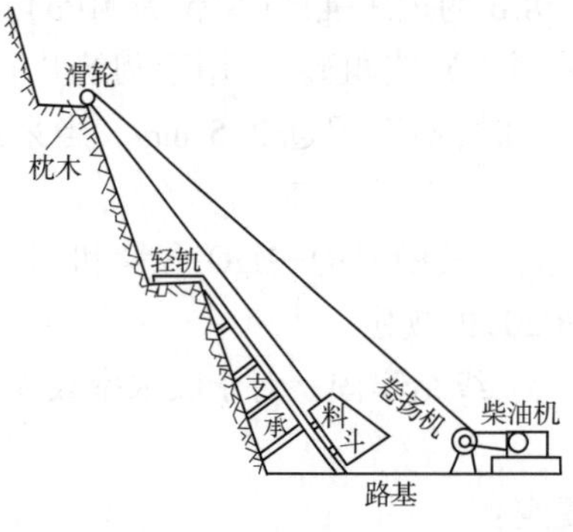

图 5-23　卷扬机带动轻轨斗车上料

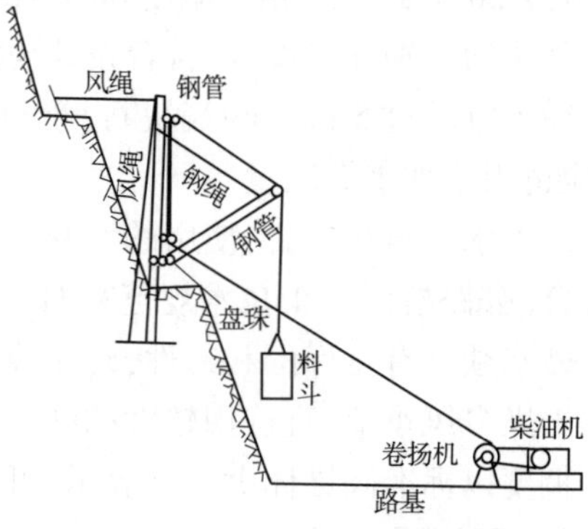

图 5-24　卷扬机带动摆杆式垂直提升

施工分段位置，宜在伸缩缝和沉降缝处，各段水平缝应基本一致，采用分段砌筑时，相邻高差不宜超过 1.2 m。

正确设置预埋管道及预制埋件泄水孔及沟槽等的位置。

砌体表面浆缝需留出 1~2 cm 深的缝槽施作砂浆勾缝，其强度应比砌体砂浆提高一级，砌体隐蔽面砌缝可随砌随刮平，不另勾缝。

挡土墙采用片石砌筑时，片石应分层砌筑，宜以 2~3 层为一工作层。每工作层的水平缝大致凿平，竖缝应错开，不得贯通。

墙体边廓定位行列和转角石，应选择形状方正、尺寸较大的石料，并长短相间地与里层砌体咬成一体，上下层石块应交错排列，避免砌缝重合，砌缝宽度不大于 4 cm。

较大的片石使用于下层。宽面朝下，块与块之间均应有砂浆隔开，不得直接接触。竖缝较宽时，可在砂浆中塞以小石子，但不得在砌块下面直接用小石子支垫。

砌体中石块应大小搭配，相互错叠，咬接紧密，并备有各种尺寸的小石块，作挤浆填缝用。挤浆时，可用小锤将小石子轻轻敲入缝中。

挡土墙采用片石砌筑时，必须设置丁石，并应均匀分布，相互错开，一般每 0.7 m^2 至少一块。

挡土墙采用块石砌筑时，块石应平砌。根据墙高进行分层配料，每层石料高度大致齐平。镶面块石的表面四周应加修整，尾部略微缩小，易于安砌，块石的镶面石应一丁一顺排列，灰缝宽度为 2~3 cm，上下层竖缝错开距离不小于 8 cm。

挡土墙采用料石及混凝土块砌筑时，每层镶面石应按规定的灰缝宽度及错缝要求配好石料，用铺浆法顺序砌筑，随砌随填立缝。砌筑工序应从曲线部分开始，先安角石，一层镶面石砌筑完毕，方可砌填心石，其高度应与镶面石平。如用水泥混凝土填心，可先砌 2~3 层后再浇筑混凝土。每层镶面石均应一丁一顺砌置，砌缝宽度均匀。当为粗料石时不大于 2 cm；当为混凝土块时不大于 1 cm。相邻两层的立缝错开不小于 10 cm，在丁石的上下层不得有竖缝。所有竖缝均应垂直，砌筑时须随时用水平尺及铅垂线校核。

挡土墙防护及其他砌筑工程质量检测与评定

一、砌体挡土墙

（一）基本要求

（1）石料或混凝土预制块的质量和规格应符合有关规范和设计要求。

（2）砂浆所用的水泥、砂、水的质量应符合有关规范的要求，按规定的配合比施工。

（3）地基承载力必须满足设计要求。

（4）砌筑应分层错缝。浆砌时坐浆挤紧，嵌填饱满密实，不得有空洞；干砌时不得松动、叠砌和浮塞。

（5）沉降缝、泄水孔、反滤层的设置位置、质量和数量应符合设计要求。

（二）实测项目及质量允许偏差

浆砌挡土墙干砌挡土墙、工程的实测项目及质量允许偏差分别如表 5-12、表 5-13

所示。

表 5-12　浆砌挡土墙实测项目及质量允许偏差

项次	检查项目		规定值或允许偏差	检查方法和频率
1△	砂浆强度/MPa		在合格标准内	按规范中方法检查
2	平面位置/mm		≤50	全站仪:测墙顶外边线,长度不大于 30 m 时测 5 点,每增加 10 m 增加 1 点
3	墙面坡度/%		≤0.5	铅锤法:长度不大于 30 m 时测 5 处,每增加 10 m 增加 1 处
4△	断面尺寸/mm		≥设计值	尺量:长度不大于 50 m 时测 10 个断面,每增加 10 m 增加 1 个断面
5	顶面高程/mm		±20	水准仪:长度不大于 30 m 时测 5 点,每增加 10 m 增加 1 点
6	表面平整度/mm	块石	≤20	2 m 直尺:每 20 m 测 3 处,每处测竖直、墙长两个方向
		片石	≤30	
		混凝土预制块、料石	≤10	

表 5-13　干砌挡土墙实测项目及质量允许偏差

项次	检查项目	规定值或允许偏差	检查方法和频率
1	平面位置/mm	≤50	全站仪:测墙顶外边线,长度不大于 30 m 时测 5 点,每增加 10 m 增加 1 点
2	墙面坡度/%	≤0.5	铅锤法:长度不大于 30 m 时测 5 处,每增加 10 m 增加 1 处
3△	断面尺寸/mm	≥设计值	尺量:长度不大于 50 m 时测 10 个断面,每增加 10 m 增加 1 个断面
4	顶面高程/mm	±50	水准仪:长度不大于 30 m 时测 5 点,每增加 10 m 增加 1 点
6	表面平整度/mm	≤50	2 m 直尺:每 20 m 测 3 处,每处测竖直、墙长两个方向

二、悬臂式和扶臂式挡土墙

(一)基本要求

(1)混凝土所用的水泥、石、砂、水和外掺剂的质量和规格应符合有关规范的要求,按规定的配合比施工。

(2)地基强度必须满足设计要求。

(3)不得有露筋和空洞现象。

(4)沉降缝、泄水孔的设置位置、质量和数量应符合设计要求。

(二)实测项目及质量允许偏差

悬臂式和扶臂式挡土墙工程的实测项目及质量允许偏差如表5-14所示。

表5-14　悬臂式和扶臂式挡土墙实测项目及质量允许偏差

项次	检查项目	规定值或允许偏差	检查方法和频率
1△	混凝土强度/MPa	在合格标准内	按规范中方法检查
2	平面位置/mm	≤30	全站仪:长度不大于30 m时测5点,每增加10 m增加1点
3	墙面坡度/%	≤0.3	铅锤法:长度不大于30 m时测5处,每增加10 m增加1处
4△	断面尺寸/mm	≥设计值	尺量:长度不大于50 m时测10个断面及10个扶壁,每增加10 m增加1个断面及1个扶壁
5	顶面高程/mm	±20	水准仪:长度不大于30 m时测5点,每增加10 m增加1点
6	表面平整度/mm	≤8	2 m直尺:每20 m测2处,每处测竖向、纵向两个方向

三、锚杆、锚定板和加筋土挡土墙

(一)基本要求

(1)混凝土所用的水泥、砂、石、水和外掺剂的质量和规格必须符合有关规范的要求,按规定的配合比施工。

(2)地基强度应符合设计要求。

(3)锚杆、拉杆或筋带的质量和规格,必须满足设计和有关规范的要求,根数不得少于设计数量。

(4)筋带须理顺,放平拉直,筋带与面板、筋带与筋带连接牢固。筋带实测项目及质量允许偏差如表5-15所示。

表5-15　筋带实测项目及质量允许偏差

项次	检查项目	规定值或允许偏差	检查方法和频率
1	筋带长度	≥设计值	尺量:每20 m测5根(束)
2	筋带与面板连接	满足设计要求	目测:全部
3	筋带与筋带连接	满足设计要求	目测:全部
4	筋带铺设	满足设计要求	目测:全部

(5)混凝土不得出现露筋和空洞现象。

(二)实测项目及质量允许偏差

锚杆、锚定板和加筋土挡土墙工程的实测项目及质量允许偏差如表 5-16～表 5-20 所示。

表 5-16　拉杆实测项目

项次	检查项目	规定值或允许偏差	检查方法和频率
1	长度	≥设计值	尺量:每 20 m 测 5 根
2	拉杆间距/mm	±100	尺量:每 20 m 测 5 根
3	拉杆与面板、锚定板连接	满足设计要求	目测:全部

表 5-17　锚杆实测项目

项次	检查项目	规定值或允许偏差	检查方法和频率
1△	注浆强度/MPa	在合格标准内	按规范中方法检查
2	锚孔孔深/mm	≥设计值	尺量:抽查 20%
3	锚孔孔径/mm	满足设计要求	尺量:抽查 20%
4	锚孔轴线倾斜/%	2	倾角仪:抽查 20%
5	锚孔间距/mm	±100	尺量:抽查 20%
6△	锚杆抗拔力/kN	满足设计要求。设计未要求时,抗拔力平均值≥设计值;80%锚杆的抗拔力≥设计值;最小抗拔力≥0.9 设计值	抗拔力试验:检查数量按设计要求,设计未要求时按锚杆数的 5%,且不少于 3 根检查
7	锚杆与面板连接	满足设计要求	目测:全部

表 5-18　面板预制实测项目

<table>
<tr><th>项次</th><th colspan="2">检查项目</th><th>规定值或允许偏差</th><th>检查方法和频率</th></tr>
<tr><td>1△</td><td colspan="2">混凝土强度/MPa</td><td>在合格标准内</td><td>按规范中方法检查</td></tr>
<tr><td rowspan="2">2</td><td rowspan="2">边长/mm</td><td>边长小于 1 m</td><td>±5</td><td rowspan="2">尺量:抽查 10%,每板长宽各测 1 次</td></tr>
<tr><td>其他</td><td>±0.5%边长</td></tr>
<tr><td rowspan="2">3</td><td rowspan="2">两对角线差/mm</td><td>边长小于 1 m</td><td>≤10</td><td rowspan="2">尺量:抽查 10%,每板测 2 对角线</td></tr>
<tr><td>其他</td><td>≤0.7%最大对角线长</td></tr>
<tr><td>4</td><td>厚度/mm</td><td></td><td>+5,−3</td><td>尺量:抽查 10%,每板测 2 处</td></tr>
<tr><td>5</td><td>表面平整度/mm</td><td></td><td>≤5</td><td>2 m 直尺:抽查 10%,每板长方向测 1 处</td></tr>
<tr><td>6</td><td>预埋件位置/mm</td><td></td><td>≤5</td><td>尺量:抽查 10%</td></tr>
</table>

表 5-19 面板安装实测项目

项次	检查项目	规定值或允许偏差	检查方法和频率
1	每层面板顶高程/mm	±10	水准仪:长度不大于 30 m 时测 5 组,每增加 10 m 增加 1 组
2	轴线偏位/mm	≤10	挂线、尺量:长度不大于 30 m 时测 5 点,每增加 10 m 增加 1 点
3	面板坡度/%	+0,-0.5	铅锤法:长度不大于 30 m 时测 5 处,每增加 10 m 增加 1 处
4	相邻面板错台/mm	≤5	尺量:长度不大于 30 m 时测 5 条缝最大处,每增加 10 m 增加 1 条
5	面板缝宽/mm	≤10	尺量:每 30 m 检查 5 条,每增加 10 m 增加 1 条

注:面板安装以同层相邻两板为一组。

表 5-20 锚杆、锚定板和加筋土挡土墙总体实测项目

<table>
<tr><th>项次</th><th>检查项目</th><th colspan="2">规定值或允许偏差</th><th>检查方法和频率</th></tr>
<tr><td rowspan="2">1</td><td rowspan="2">墙顶和肋柱平面位置/mm</td><td>路堤式</td><td>+50,-100</td><td rowspan="2">全站仪:长度不大于 30 m 时测 5 点,每增加 10 m 增加 1 点</td></tr>
<tr><td>路肩式</td><td>±50</td></tr>
<tr><td rowspan="2">2</td><td rowspan="2">墙顶和柱顶高程/mm</td><td>路堤式</td><td>±50</td><td rowspan="2">水准仪:长度不大于 30 m 时测 5 点,每增加 10 m 增加 1 点</td></tr>
<tr><td>路肩式</td><td>±30</td></tr>
<tr><td>3</td><td>肋柱间距/mm</td><td colspan="2">±15</td><td>尺量:每柱间</td></tr>
<tr><td>4</td><td>墙面平整度/mm</td><td colspan="2">≤15</td><td>2 m 直尺:每 20 m 测 3 处,每处测竖直、墙长两个方向</td></tr>
</table>

注:平面位置和倾斜度“+”指向外,“-”指向内。

四、砌石构筑物

(一)基本要求

(1)石料质量、规格及砂浆所用材料的质量应符合设计要求。

(2)砌块应错缝砌筑、相互咬紧;浆砌时砌块应坐浆挤紧,嵌缝后砂浆饱满,无空洞现象;干砌时不松动、无叠砌和浮塞。

(二)实测项目及质量允许偏差

砌石构筑物的实测项目及质量允许偏差如表 5-21、表 5-22 所示。

表 5-21　浆砌砌体实测项目及质量允许偏差

<table>
<tr><th>项次</th><th colspan="2">检查项目</th><th>规定值或允许偏差</th><th>检查方法和频率</th></tr>
<tr><td>1△</td><td colspan="2">砂浆强度/MPa</td><td>在合格标准内</td><td>按规范中方法检查</td></tr>
<tr><td rowspan="2">2</td><td rowspan="2">顶面高程/mm</td><td>料、块石</td><td>±15</td><td rowspan="2">水准仪:长度不大于 30 m 时测 5 点,每增加 10 m 增加 1 点</td></tr>
<tr><td>片石</td><td>±20</td></tr>
<tr><td rowspan="2">3</td><td rowspan="2">坡度/%</td><td>料、块石</td><td>≤0.3</td><td rowspan="2">铅锤法:长度不大于 30 m 时测 5 处,每增加 10 m 增加 1 处</td></tr>
<tr><td>片石</td><td>≤0.5</td></tr>
<tr><td rowspan="3">4△</td><td rowspan="3">断面尺寸/mm</td><td>料石</td><td>±20</td><td rowspan="3">尺量:长度不大于 50 m 时测 10 个断面,每增加 10 m 增加 1 个断面</td></tr>
<tr><td>块石</td><td>±30</td></tr>
<tr><td>片石</td><td>±50</td></tr>
<tr><td rowspan="3">5</td><td rowspan="3">表面平整度/mm</td><td>料石</td><td>≤15</td><td rowspan="3">2 m 直尺:每 20 m 测 3 处,每处测竖直、水平两个方向</td></tr>
<tr><td>块石</td><td>≤25</td></tr>
<tr><td>片石</td><td>≤35</td></tr>
</table>

表 5-22　干砌片石实测项目

<table>
<tr><th>项次</th><th colspan="2">检查项目</th><th>规定值或允许偏差</th><th>检查方法和频率</th></tr>
<tr><td>1</td><td colspan="2">顶面高程/mm</td><td>±30</td><td>水准仪:长度不大于 30 m 时测 5 点,每增加 10 m 增加 1 点</td></tr>
<tr><td>2</td><td rowspan="3">断面尺寸/mm</td><td rowspan="2">高度</td><td rowspan="2">±100</td><td rowspan="2">尺量:长度不大于 30 m 时测 5 处,每增加 10 m 增加 1 处</td></tr>
<tr><td rowspan="2">3</td></tr>
<tr><td>厚度</td><td>±50</td><td>尺量:每 20 m 检查 3 处</td></tr>
<tr><td>4</td><td colspan="2">表面平整度/mm</td><td>≤50</td><td>2 m 直尺:每 20 m 测 3 处,每处测竖直、水平两个方向</td></tr>
</table>

其他的工程,如排水泵站、抗滑桩、锥坡、护坡、石笼防护等的实测项目及质量允许偏差详见《公路工程质量检验评定标准 第一册 土建工程》(JTG F80/1—2017)。

其他类型挡土墙施工

一、衡重式挡土墙

衡重式挡土墙利用衡重台上填土和全墙重心后移增加墙身稳定,减小断面尺寸;且因其墙面胸坡很陡,下墙墙背仰斜,可降低墙高,减少开挖工作量,避免过多牵动山体的稳定,适用于山区、地面横坡较陡的地方。作为路堑墙时,有时还可以利用台后净空拦挡山坡落石。衡重式挡土墙基底面积较小,对地基承载力要求较高,因此应设置在较坚实的地基上。

衡重式挡土墙(见图5-25)的胸坡通常采用1∶0.05,上墙墙背俯斜,坡率1∶0.25~1∶0.45,下墙墙背仰斜,坡率1∶0.25,上墙下墙的高度比采用2∶3,衡重台宽度由检算确定。

衡重式挡土墙的构造及其他要求与普通重力挡土墙相同。

二、加筋土挡土墙

加筋土挡土墙具有圬工工程量少,地基强度要求不高,抗震性能好,造价低,施工方便,进度快等特点,在公路工程中已广泛应用于挡土墙和桥台部位。

(一)加筋土挡土墙的构造

加筋土挡土墙(见图5-26)是由墙面板、筋带、加筋体填料、基础四部分组成的,依靠填料与筋带的摩擦力来平衡面板所受的水平土压力(加筋土挡土墙的内部稳定),并以这一复合结构去抵抗筋带尾部所产生的土压力(加筋土挡土墙的外部稳定)。

墙面板一般采用混凝土预制件,其强度等级不应低于C20,厚度不应小于8 cm。混凝土面板外形可选用十字形、槽形、六角形、L形、矩形等,墙顶和角隅处可采用异形面板和角隅面板。

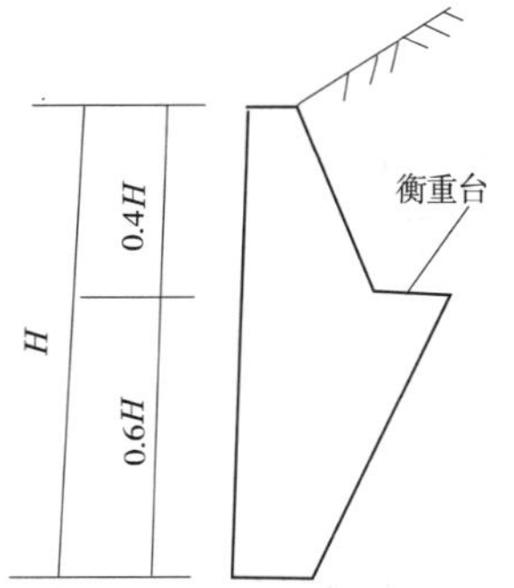

图5-25　衡重式挡土墙示意

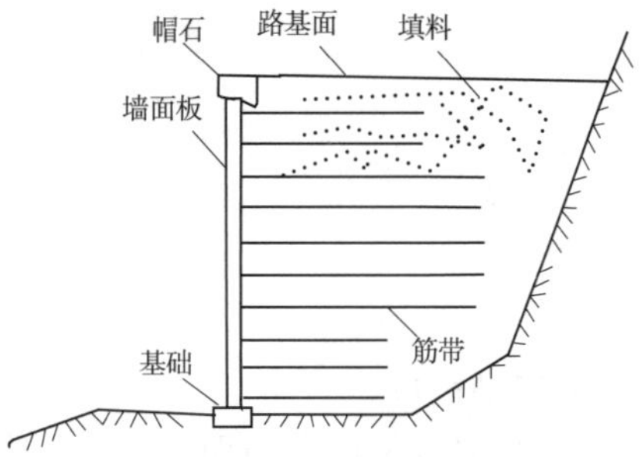

图5-26　加筋土挡土墙结构示意

筋带有扁钢带、钢筋混凝土带、聚丙烯土工带等材料,但高等级公路应采用扁钢带或钢筋混凝土带。

扁钢带宽度不应小于30 mm,厚度不应小于3 mm,宜用软钢(3号钢)轧制,光面或有肋均可,表面一般应镀锌或采取其他措施进行防锈处理。

钢筋混凝土带应分节预制,分节长度一般宜小于300 cm,平面为长条形或楔形,断面宽10~25 cm,厚6~10 cm,内布设直径不小于8 mm的钢筋网。混凝土的强度等级不宜低于C18。预制件的接长或与面板连接,可采用焊接或螺栓结合,结点应作防锈处理。

加筋体填料最好采用有一定级配的砾类土和砂类土;也可采用碎石土、黄土、中低液限黏性土、稳定土及满足质量要求的工业废渣;在采取可靠技术措施后方可采用高液限黏性土及其他特殊土,禁止采用腐殖土、冻结土、白垩土及硅藻土等。浸水部分应采用水稳性好的填料。

加筋土挡土墙的基础是指墙面板下的基础,其主要作用是便于安砌墙面板。因此,这种基础可以做得很小,其断面视地基、地形条件而定,一般用宽大于 0. 3m,高度大于 0. 15 m 的条形基础即可。

(二)加筋土挡土墙的施工工艺

加筋土挡土墙的施工程序为:基底处理→基础浇筑→预制墙面板→安装、调整墙面板→铺设拉筋→填土、碾压。现分述如下。

1. 基底处理

基底土要求反复碾压达到95%的压实度。如因基底土质不良无法满足压实度要求,则必须进行处理。

2. 基础浇筑

按照测量放线的位置安装基础横板,在基础内侧,根据基础顶面标高划出墨线,按此墨线钉上塑料三角条,现浇混凝土时,用此三角条控制基顶标高。在条形基础上,测定底层墙板边线,并用 10 cm 见方木料设置墙板临时支撑,如图 5-27 所示。条形基础一般为 C20 混凝土。

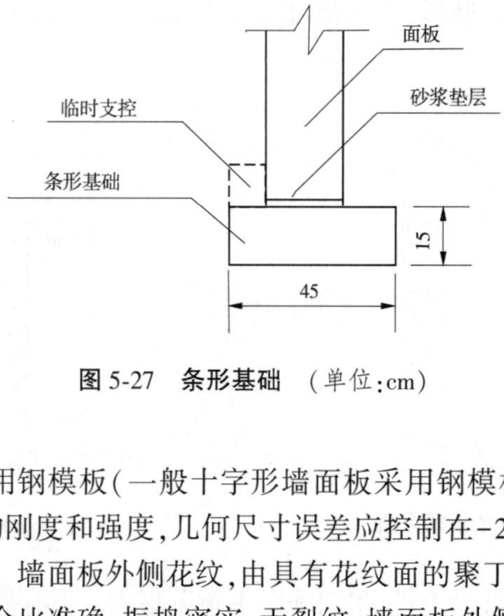

图 5-27　条形基础　(单位:cm)

3. 预制墙面板

预制墙面板采用专用钢模板(一般十字形墙面板采用钢模板,L 形墙面板采用木模板)。模板要求有足够的刚度和强度,几何尺寸误差应控制在-2~0 mm,组装拆模方便,并具有一模多用等特点。墙面板外侧花纹,由具有花纹面的聚丁橡胶模垫预先铺于模板内形成。预制时要求配合比准确,振捣密实,无裂纹,墙面板外侧平整(或花纹要清晰),墙面板内侧要粗糙。养护 28 d 其强度应达到设计要求。

4. 安装、调整墙板

当挡土墙的基础混凝土强度达到 70%以上时,即可安装第一层墙面板。安装墙面板用吊车、大平板车各一辆。首先,在条形基础上铺以砂浆垫层,起吊底层墙板安置定位,墙面板内外侧均支以撑木,以防倾倒。然后,在底层墙板的预留孔中插入长度为 120 cm 的传力杆,将标准板安置于底层板之间。墙板在起吊升降定位时要求平稳,慢速轻放,切忌碰撞。所有墙面板在安装前必须仔细检查,有裂纹、缺陷者,一律弃之不用。

墙面板安装就位后,其竖向应符合设计边坡要求,横向应使每层墙面板均在同一水平线上。因此,必须对墙面板进行调整。

5. 铺设拉筋

待填土达到一定位置时,即可铺设第一层拉筋,拉筋铺设时应水平散开呈扇形,筋条之间不要重叠以防减少拉筋与填料之间的摩擦力。

6. 填土、碾压

每层筋条的填料一般分两层填铺,用平地机整平,每次松铺厚度一般为 20~30 cm,碾压后的压实度,要求达到 95%,如经工地快速试验未达到压实度标准,必须将该层填土翻松,调整土的含水量(若水分偏多,则让其自然蒸发;若水分偏少,则用洒水车适量洒水),然后重新整平碾压,直至符合标准。按照经验,距离墙板 2 m 内的填土采用 1.5 t 小型压路机碾压,2 m 以外用 12~15 t 压路机碾压。

三、锚杆式挡土墙和锚定板式挡土墙

(一)锚杆式挡土墙

锚杆式挡土墙是由钢筋混凝土墙面和锚杆组成的支挡构造物,如图 5-28 所示,它依靠锚固在稳定地层的锚杆所提供的拉力维持挡土墙的平衡,多用于具有较完整岩石地段的路堑边坡支挡。深路堑锚杆挡土墙可以自上而下逐级施工,比较方便和安全。

锚杆式挡土墙一般由立柱、挡土板和灌浆锚杆组成,可以采用拼装式,也可以就地灌注。为便于施工,一般为直立式,根据不同的地形地质条件,可做成单级和多级。多级墙的上、下两级之间应设置平台,平台的宽度通常不小于 1.5 m,每级墙的高度一般不宜大于 6 m。

锚杆孔采用钻机钻孔。一般向下倾斜 10°~45°,直径为 100~150 mm,间距不小于 2.0 m。孔内安放钢筋或钢丝束,用灌注水泥砂浆的方法,使其锚固于稳定的地层内。水泥砂浆的标号不应低于 30 号。灌浆锚杆也可用于土层,但由于土层与锚杆间的锚固力较低,需采用扩孔和加压灌浆等方法提高锚杆的抗拔力。

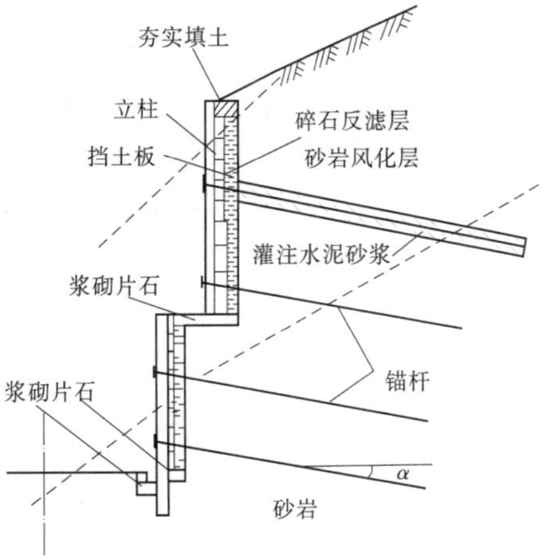

图 5-28　锚杆式挡土墙

立柱的间距一般为 2~3 m,立柱的截面多为矩形,也有的为 T 形。为安放挡土板和设置锚杆孔,截面的宽度不宜小于 30 cm。立柱的底端,一般做成自由端和铰接端,如基础埋置深,且为坚硬岩石,也可做成固结端。

挡土板可采用钢筋混凝土槽形板、空心板和矩形板。矩形板的厚度一般不得小于 15 cm。挡土板两端与立桩的搭接长度不得小于 10 cm。

(二)锚定板式挡土墙

锚定板式挡土墙是一种适用于填方的轻型挡土结构。如图5-29所示,它依靠埋置于填料中的锚定板所提供的抗拔力维持挡土墙的稳定。其主要特点是结构轻、柔性大。

锚定板式挡土墙由立柱、挡土板、锚定板、钢拉杆、连接件和填料组成,一般还设有基础,如图5-29所示。单级的墙高不宜大于6 m;双级的上、下两级之间,宜设平台,平台宽度不小于1.5 m,上、下两级墙的立柱错开布置。

锚定板式挡土墙的立柱和挡土板与锚杆式挡土墙的相似。

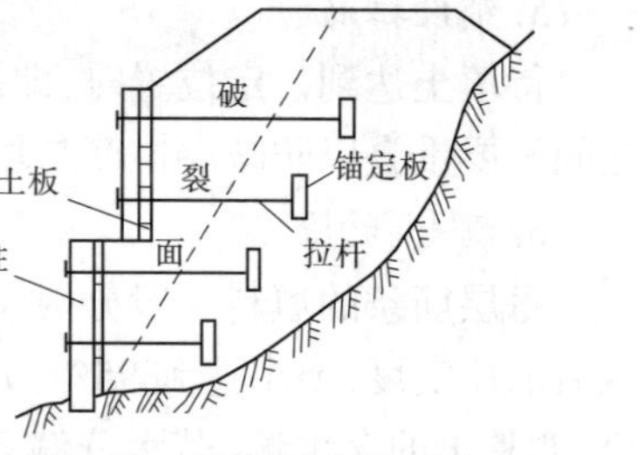

图5-29　锚定板式挡土墙

锚定板通常采用方形钢筋混凝土板,亦可采用矩形板,其面积不小于0.5 m^2。拉杆宜采用螺纹钢筋,其直径不宜小于22 mm,亦不宜大于32 mm。通常拉杆用单根钢筋,必要时亦可用两根钢筋组成。

锚定板挡土墙后的填料,应采用砾石土及细粒土,不得采用膨胀土、盐渍土、有机质土及巨粒土。

立柱基础可采用混凝土条形基础或杯座式基础等,立柱基础厚度不宜小于50 cm,襟边不宜小于10 cm。

四、悬臂式挡土墙和扶壁式挡土墙

悬臂式挡土墙和扶壁式挡土墙分别如图5-30、图5-31所示,是轻型支挡结构物。依靠墙身自重和墙底板上填土(包括车辆荷载)的重量维持挡土墙的稳定,适用于石料缺乏和地基承载力较低的填方地段。

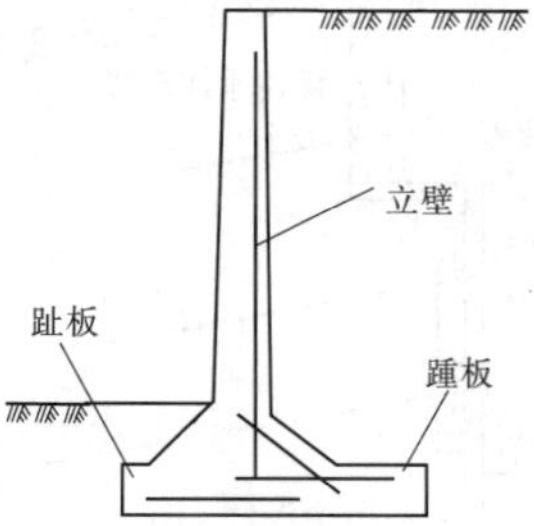

图5-30　悬臂式挡土墙

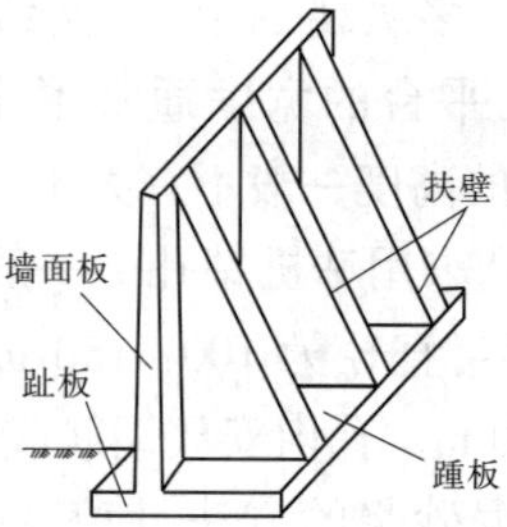

图5-31　扶壁式挡土墙

(一)悬臂式挡土墙

悬臂式挡土墙由立壁和墙底板组成。墙高一般不大于6 m。当墙高大于4 m时,宜在立臂前设置加筋肋;为了增加挡土墙的抗滑稳定性,减少墙踵板的长度,通常在墙踵板的底部设置凸榫(防滑键)。

立壁为固结于墙底板的悬臂梁。为了便于施工,立壁的背坡一般为竖直,胸坡一般为1∶0.02~1∶0.05。墙顶的最小厚度通常采用15~25 cm,路肩挡土墙不宜小于20 cm。当墙身较高时,宜在立壁的下部将截面加厚。

墙底板由踵板和趾板两部分组成。墙踵板顶面水平,其长度由全墙的抗滑稳定验算确定，厚度通常为墙高的1/12～1/10且不应小于80 cm。墙趾板的长度根据全墙的抗倾覆、基底应力和偏心距等条件确定。墙趾板与立壁衔接处的厚度与墙踵板相同，朝墙趾方向一般设置向下倾斜的坡度，墙趾端的最小厚度为30 cm。

（二）扶壁式挡土墙

扶壁式挡土墙由墙面板、墙趾板、墙踵板和扶壁组成。墙高一般不宜大于10 m。墙趾板的构造与悬臂式挡土墙相同。

墙面板通常为等厚的竖直板，与扶壁和墙踵板固结相连。其厚度，低墙取决于板的最小厚度，高墙则根据配筋要求确定。墙面板的最小厚度与悬臂式挡土墙相同。

习题演练

学习模块五　课后习题

参考文献

[1] 中华人民共和国交通运输部行业标准. 公路工程技术标准:JTG B01—2014[S]. 北京:人民交通出版社,2014.

[2] 中华人民共和国交通运输部行业标准. 公路工程质量检验评定标准 第一册 土建工程:JTG F 80/1—2017[S]. 北京:人民交通出版社,2018.

[3] 中华人民共和国交通运输部行业标准. 公路路基设计规范:JTG D 30—2015[S]. 北京:人民交通出版社,2015.

[4] 中华人民共和国交通运输部行业标准. 公路路基施工技术规范:JTG/T 3610—2019[S]. 北京:人民交通出版社,2019.

[5] 中华人民共和国交通运输部行业标准. 公路土工试验规程:JTG 3430—2020[S]. 北京:人民交通出版社,2020.

[6] 中华人民共和国交通运输部行业标准. 公路路基路面现场测试规程:JTG 3450—2019[S]. 北京:人民交通出版社,2019.

[7] 交通运输部公路工程定额站,湖南省交通厅. 公路工程工程量清单计量规则[M]. 北京:人民交通出版社,2019.

[8] 殷青英. 路基施工技术[M]. 北京:人民交通出版社,2019.

[9] 刘志. 路基施工技术[M]. 北京:人民交通出版社,2011.

[10] 欧阳伟,陈晓麟. 道路工程施工技术[M]. 沈阳:东北大学出版社,2006.

[11] 彭以丹,陈晓麟. 路基工程技术[M]. 北京:人民交通出版社,2014.

[12] 金仲秋. 公路工程[M]. 北京:人民交通出版社,2010.

[13] 赵毅,李中秋. 路基施工技术[M]. 北京:北京邮电大学出版社,2015.

[14] 马敬坤,宁金成. 公路施工组织设计[M]. 北京:人民交通出版社,2008.

[15] 栗振峰,李素梅. 路基路面工程[M]. 北京:人民交通出版社,2010.

[16] 高宏新. 道路排水与防护工程施工[M]. 北京:人民交通出版社,2010.

[17] 于国锋. 路基工程施工[M]. 北京:人民交通出版社,2009.

[18] 沙爱民. 路基路面工程[M]. 北京: 高等教育出版社,2011.

[19] 俞高明,杨仲元. 公路施工技术[M]. 北京: 人民交通出版社, 2009.

[20] 冯春. 公路工程路基施工[M]. 北京:人民交通出版社, 2012.

[21] 齐秀廷,丁烈梅. 路基施工技术[M]. 北京:人民交通出版社, 2017.

[22] 全国一级建造师执行资格考试用书编写委员会. 公路工程管理与实务[M]. 北京:中国建筑工业出版社,2015.

[23] 全国二级建造师执行资格考试用书编写委员会. 公路工程管理与实务[M]. 北京:中国建筑工业出版社,2015.